TABLES
DE LOGARITHMES

POUR

LES NOMBRES ENTIERS

ET POUR

LES LIGNES TRIGONOMÉTRIQUES

AVEC

Sept décimales et leurs différences.

PARIS. — IMPRIMERIE DE BACHELIER, RUE DU JARDINET, N° 12.

TABLES
DE LOGARITHMES,

PAR JÉROME DE LA LANDE;

ÉTENDUES A SEPT DÉCIMALES

PAR F.-C.-M. MARIE.

Précédée d'une Instruction dans laquelle on fait connaître les limites des erreurs qui peuvent résulter de l'emploi des Logarithmes des nombres et des lignes trigonométriques;

PAR LE BARON REYNAUD,
Examinateur pour l'admission des Élèves qui se destinent à l'École Polytechnique, à la Marine, à l'École militaire de Saint-Cyr, et à l'École forestière; Chevalier de la Légion-d'honneur et de Saint-Michel, etc.

ÉDITION STÉRÉOTYPÉE.

PARIS,
BACHELIER, IMPRIMEUR-LIBRAIRE
DE L'ÉCOLE POLYTECHNIQUE, DU BUREAU DES LONGITUDES,
DE L'ÉCOLE CENTRALE DES ARTS ET MANUFACTURES, etc.,
Quai des Augustins, n° 55.
1829.

5e TIRAGE 1841.

OUVRAGES DE F.-C.-M. MARIE.

Principes du dessin et du lavis de la carte topographique, présentés d'une manière élémentaire et méthodique, avec les développemens nécessaires aux personnes qui n'ont pas l'habitude du dessin ; accompagnés de 9 modèles, dont 8 sont coloriés avec soin. 1 vol. in-4., oblong ; 1825. 15 fr

Principes des écritures, en caractères ordinaires et en caractères moulés, appliqués aux plans et aux cartes, dans lesquels on fait connaître les proportions et les dispositions des Écritures dans les Plans, etc. ; suivis de dix modèles, gravés avec soin. 1 vol. in-4., oblong ; 1829. 6 fr.

Tables de logarithmes, étendues à sept décimales, etc., 1 vol. in-12 (édition stéréotype). 3 fr. 50 c.

Géométrie stéréographique, ou *Reliefs des polyèdres*, pour faciliter l'étude des corps ; en 25 planches gravées, dont 24 sur carton et découpées : d'après l'ouvrage anglais de *John-Logde-Cowley*. Avec des Notes contenant les démonstrations des formules pour calculer les tables des surfaces et volumes des polyèdres réguliers. 1 vol. in-8. ; 1835. 8 fr.

L'auteur enseigne les Mathématiques à l'usage des aspirans aux Écoles militaires, le Dessin de la Topographie et de la Fortification, ainsi que le Lever des plans ; il se charge du Dessin et de l'execution des Cartes.

On aura sa demeure en s'adressant au libraire-éditeur.

AVERTISSEMENT.

Une décision nouvelle, relative aux examens pour l'admission à l'école Polytechnique, à l'école Militaire de Saint-Cyr et dans la Marine, oblige les candidats à faire usage, dans leurs calculs, de *Logarithmes à sept décimales*, nous avons donc cru faire une chose utile en publiant une *édition* STÉRÉOTYPE *des tables de* JÉROME DE LA LANDE, *étendues à sept décimales*.

Ces tables sont précédées d'une instruction divisée en trois parties. Les deux premières traitent de la disposition et des usages des tables de logarithmes, des nombres et des lignes trigonométriques. Dans la troisième partie nous avons fait connaître les limites des erreurs qui peuvent résulter de l'emploi des logarithmes à *sept décimales*, et nous avons indiqué quelles sont les lignes trigonométriques qui conduisent aux valeurs les plus approchées des angles que l'on cherche. Nous avons ajouté des tableaux à l'aide desquels on peut effectuer les calculs trigonométriques avec un très-grand degré d'approximation. Enfin nous avons mis tous nos soins pour que ces nouvelles tables soient de la plus grande exactitude.

TABLE DES MATIÈRES

PREMIÈRE PARTIE.

DEUXIÈME PARTIE.

TROISIÈME PARTIE.

DE LA DISPOSITION ET DES USAGES

DES

TABLES DE LOGARITHMES*.

PREMIÈRE PARTIE.

De la Table de Logarithmes des nombres entiers.

1. Les logarithmes des nombres entiers compris entre 1, 10, 100, 1000, etc., étant *incommensurables*, on n'a pu mettre dans la *table* que leurs valeurs approchées; et afin de rendre les erreurs les plus petites possibles, on a d'abord calculé les logarithmes avec une décimale de plus qu'on ne voulait en conserver dans la *table*, et on a supprimé ensuite cette décimale, d'après la règle connue (*Arithmétique*, *n*°. 105**); de sorte que, *dans les logarithmes tabulaires, l'erreur résultante des décimales qui ont été supprimées, est toujours moindre qu'une demi-unité décimale du dernier ordre conservé.*

La *table* contient les logarithmes de tous les nombres entiers, depuis 1 jusqu'à 10000. Les logarithmes des 990 premiers nombres ont huit décimales; les autres logarithmes n'ont que sept décimales.

Les nombres entiers sont dans les colonnes verticales intitulées Nomb., et leurs logarithmes sont à droite dans les

---

* Tous les logarithmes se rapportent à la *base* 10.

** Tous les renvois à l'Arithmétique se rapportent à la 18e. édition de mon Arithmétique.

colonnes verticales intitulées LOGARIT. On voit ainsi que
$log.\ 29 = 1{,}4623980o$, $log.\ 1893 = 3{,}2771506$*.

La différence entre les logarithmes de deux nombres entiers consécutifs, compris entre 990 et 10000, se trouve sur leur droite, dans la colonne intitulée DIFF.; le premier chiffre à droite de cette différence exprime des dix millioniémes d'unité. On voit ainsi que la différence entre

log. 1368 et *log*. 1369 est 0,0003173.

Les différences entre les logarithmes des nombres entiers moindres que 990, ne sont pas dans la table, parce qu'on peut se dispenser d en faire usage.

2. La *base* du système des logarithmes étant 10, on sait que les logarithmes jouissent des propriétés suivantes :

1° Les logarithmes des nombres plus grands que l'unité sont *positifs***, et d'autant plus grands que les nombres auxquels ils appartiennent sont plus grands. Les nombres positifs moindres que l'unité ont des logarithmes négatifs qui sont d'autant plus grands négativement, que ces nombres sont plus petits; le logarithme de zéro est l'infini négatif.

2°. Les nombres 1, 10, 100, 1000, 10000 ...., etc.. ont pour logarithmes 0, 1, 2, 3, 4, ..., etc.

3°. La CARACTÉRISTIQUE du logarithme d'un nombre entier ou décimal plus grand que l'unité, contient autant d'unités moins une, qu'il y a de chiffres dans la partie entière de ce nombre.

---

* Nous distinguerons le chiffre des unités en mettant sur sa droite une *virgule décimale* de la forme ,. Mais dans les tables, nous avons remplacé cette *virgule* par un *point*.

Pour abréger, nous désignerons le logarithme d'un nombre en mettant devant ce nombre le signe *log.*, ou simplement la lettre initiale *l.*, et nous ferons usage des *signes*

$+$	$-$	$\times$	$=$

qui signifient respectivement

plus	*moins*	*multiplié par*	*égale.*

** Suivant qu'un nombre est précédé du signe + ou du signe — on dit que ce nombre est *positif* ou *négatif*. Les nombres qui ne sont précédés d'aucun signe sont censés affectés du signe + et sont par conséquent *positifs*.

4°. Le logarithme d'un produit est égal à la somme des logarithmes des facteurs de ce produit.

5°. Le logarithme du quotient est égal au logarithme du dividende, moins le logarithme du diviseur.

6°. Le logarithme d'une fraction est égal au logarithme du numérateur, moins le logarithme du dénominateur.

7°. Quand on connaît le logarithme d'un nombre, pour en déduire le logarithme du produit ou du quotient de ce nombre par l'unité suivie de plusieurs zéro, il suffit d'augmenter ou de diminuer le logarithme donné, d'autant d'unités qu'il y a de zéro.

8°. Lorsqu'on augmente ou qu'on diminue le logarithme d'un nombre de plusieurs unités, le résultat est le logarithme du produit ou du quotient de ce nombre, par l'unité suivie d'un nombre de zéro égal au nombre des unités dont on a augmenté ou diminué le logarithme donné.

9°. Le logarithme d'une puissance d'un nombre est égal au produit du logarithme de ce nombre par le degré de la puissance.

10°. Le logarithme de la racine d'un certain degré d'un nombre, s'obtient en divisant le logarithme de ce nombre par le degré de la racine qu'on veut extraire *.

3. Pour être en état d'opérer avec la table de logarithmes des nombres entiers, il suffit de savoir résoudre les deux problèmes suivans :

Ier PROBLÈME. *Trouver le logarithme d'un nombre donné.*

Ier. CAS. Lorsque *le nombre donné est entier et moindre que* 10000, on cherche ce nombre dans les colonnes intitulées NOMB., et son logarithme est placé sur sa droite dans la colonne intitulée LOGARIT.

IIe. CAS. Lorsque *le nombre donné est entier et plus grand que* 10000, on ramène toujours la question à déterminer le loga-

* Toutes ces propriétés sont démontrées dans le huitième chapitre de mon Arithmétique.

rithme d'un nombre décimal compris entre 1000 et 10000,

EXEMPLE. *Calculer le logarithme de* 189367.

Le nombre 189367 étant égal à 1893,67 × 100, il résulte du principe du N°. 2 (4°.), qu'on obtiendra le logarithme de 189367 en ajoutant 2 unités au logarithme 1893,67.

Il suffit donc de *calculer le logarithme de* 1893,67. A cet effet, on observe que 1893, 67 tombant entre 1893 et 1894, le logarithme de 1893,67 est compris entre les logarithmes *tabulaires* 3,2771506 et 3,2773800, de 1893 et 1894. Pour trouver la quantité x qu'il faut ajouter au logarithme 3 2771506 de 1893, pour obtenir le logarithme de 1893,67, on prend dans la table la différence entre *log.* 1893 et *log.* 1894, qui est 0,0002294, et on pose cette proportion,

La différence 1 *entre les deux nombres entiers consécutifs* 1893, 1894, *qui comprennent le nombre donné* 1893,67, *est à la différence* 0,67 *entre le nombre donné et le nombre entier immédiatement plus petit, comme la différence* 0,0002294 *entre les deux logarithmes tabulaires des deux nombres entiers qui comprennent le nombre donné, est à la différence x entre le plus petit de ces deux logarithmes tabulaires et le logarithme cherché.* On a donc,

$$1 : 0,67 :: 0\ 0002294 : x;\ \text{d'où } x = 0,0001537.$$

On ajoute cette valeur de x au logarithme 3,2771506 de 1893, la somme 3,2773043 est le logarithme de 1893,67

Le logarithme de 189367 est donc 5,2773043.

On obtiendra de cette manière le logarithme d'un nombre entier quelconque.

IIIe. CAS *Pour calculer le logarithme d'une fraction, on retranche le logarithme du dénominateur de celui du numérateur, le reste exprime le logarithme demandé* (*N*°. 2, 6°).

Quand la fraction est plus grande que l'unité, la soustraction indiquée s'effectue sans difficulté, et donne un logarithme *positif*.

Quand la fraction est moindre que l'unité, on retranche le logarithme du numérateur de celui du dénominateur, et on place le signe — devant le reste; le résultat est le logarithme de la fraction proposée.

REMARQUE. En général, *toutes les fois que le nombre à soustraire est plus grand que celui dont il faut le soustraire, on retranche le plus petit nombre du plus grand, et on place le signe — devant la différence; le nombre* NÉGATIF *qui en résulte, exprime le reste cherché* (*Arithmétique*, *page* 240, *n*° 207)

On trouve de cette manière

log. $\frac{451}{7} = 1{,}81100016$ et *log.* $\frac{7}{451} = -1{,}81100016$

IVe. CAS. *Calculer le logarithme d'un nombre décimal.*

Tout nombre décimal étant égal à une fraction ordinaire, dont le numérateur est le nombre décimal, abstraction faite de la virgule, et dont le dénominateur est l'unité suivie d'autant de zéro qu'il y a de chiffres à droite de la *virgule*, on déduit de la règle qui vient d'être donnée pour trouver le logarithme d'une fraction ordinaire, que *le logarithme d'un nombre décimal peut s'obtenir en cherchant d'abord le logarithme du nombre entier qui résulte de la suppression de la virgule dans le nombre proposé, et en retranchant de ce logarithme autant d'unités qu'il y a de chiffres décimaux dans le nombre donné*; car le logarithme de l'unité suivie d'un certain nombre de zéro, est un nombre composé d'autant d'unités qu'il y a de zéro, (No. 2, 2°).

Lorsque le nombre décimal proposé est plus grand que l'unité, son logarithme est positif.

EXEMPLE. *Trouver le logarithme de* 18,9367.

On cherche le logarithme de 189367 qui est 5,2773043; on retranche 4 unités de ce logarithme (à cause des 4 décimales du nombre donné); le reste 1 2773043 est le logarithme demandé.

Quand le nombre décimal proposé est moindre que l'unité, son logarithme est négatif.

EXEMPLE. *Trouver le logarithme de* 0 00189367.

On fait d'abord abstraction de la *virgule*, et on cherche le logarithme de 189367; on trouve que le logarithme de 189367 est 5,2773043. Le nombre donné ayant 8 décimales, on obtiendra son logarithme en retranchant 8 unités de 5,2773043; de sorte que le logarithme cherché est 5,2773043 — 8.

Pour faire cette soustraction, on ôte 5,2773043 de 8, et on

met le signe — devant le reste (*page* xj) ; le résultat — 2,7226957 est le logarithme de 0,0018936 7.

On peut donner une autre forme au logarithme demandé, en observant que

Log. 0,0018936 7 = 5,2773043 — 8 = 5 + 0,2773043 — 8 = 5 — 8 + 0,2773043 = — 3 + 0,2773043 = $\bar{3}$,2773043.

Le signe — placé au-dessus de la caractéristique 3, *sert à indiquer qu'elle est seule négative;* de sorte que la partie décimale 0,2773043 doit être ajoutée à — 3.

4. IIe. PROBLÈME. *Trouver à quel nombre appartient un logarithme donné.*

Ier CAS. *Lorsque le logarithme donné est positif*, il appartient à un nombre plus grand que l'unité ; et d'après le principe du N°. 2 (3°.), la caractéristique augmentée d'une unité, indique combien il y a de chiffres dans la partie entière du nombre auquel appartient le logarithme donné. Cela posé :

1°. *Quand la caractéristique du logarithme donné est* 3, le nombre cherché est compris entre 1000 et 10000.

Pour trouver ce nombre, on cherche le logarithme donné dans les colonnes intitulees LOGARIT.

Lorsque le logarithme donné se trouve dans la table, le nombre cherché est placé à sa gauche dans la colonne intitulée NOMB.

On voit que les logarith. 3,6560982, 3,2771506, 3,2773800, appartiennent aux nombres 4530, 1893, 1894.

Quand le logarithme donné, dont la caractéristique est 3, *ne se trouve pas dans la table*, il tombe nécessairement entre les logarithmes tabulaires de deux nombres entiers consécutifs de quatre chiffres ; le plus petit de ces deux nombres exprime la *partie entière* du nombre décimal auquel appartient le logarithme donné.

La *partie décimale* du nombre cherché est déterminee par cette proportion :

La différence entre les deux logarithmes tabulaires qui comprennent le logarithme donné, est à la différence entre le logarithme donné et le plus petit de ces deux logarithmes tabulaires, comme l'unité est à la partie décimale x du nombre auquel appartient le logarithme donné. On calcule *x* avec trois décimales

Exemple. *Déterminer à quel nombre appartient le logarithme* 3,2773043.

On voit dans la table que ce logarithme tombe entre les logarithmes 3,2771506, 3,2773800 des nombres 1893 et 1894; la *partie entière* du nombre cherché est donc 1893.

Pour calculer la *partie décimale* x de ce nombre, on prend dans la colonne intitulée Diff., la différence entre log. 1893 et log. 1894, qui est 0,0002294; on cherche la différence 0,0001537 entre le logarithme donné et le logarithme tabulaire immédiatement plus petit, et on pose la proportion,

0,0002294 : 0,0001537 : : 1 : x, qui revient à

2294 : 1537 : : 1 : x; d'où $x = 0,670$.

Le logarithme 3,2773043 appartient donc au nombre 1893,67.

2°. Lorsque *la caractéristique du logarithme positif donné n'est pas* 3, on ramène ce cas au précédent en augmentant ou en diminuant la caractéristique d'assez d'unités pour qu'elle devienne égale à 3, afin de trouver, au moyen de la *table*, le plus de chiffres possible du nombre demandé; on cherche le nombre auquel appartient le nouveau logarithme (on calcule ce nombre avec trois décimales), et on avance la *virgule* d'autant de rangs vers la gauche ou vers la droite de ce nombre, qu'on a ajouté d'unités à la caractéristique, ou qu'on a ôté d'unités de cette caractéristique.

Exemple. *Trouver à quel nombre appartient le logarithme* 1,2773043.

On ajoute 2 unités à la caractéristique 1, et on trouve que le logarithme 3,2773043 qui en résulte, appartient au nombre 1893,67. On avance la *virgule* de deux rangs à gauche, à cause des 2 unités ajoutées au logarithme donné, le résultat 18,9367 est le nombre demandé.

IIe. Cas. Lorsque *le logarithme donné est entièrement négatif*, on lui ajoute assez d'unités pour que le résultat soit entièrement positif et affecté de la caractéristique 3 (cela revient à ajouter quatre unités de plus qu'il n'y en a dans la caractéristique); on cherche le nombre auquel appartient ce nouveau logarithme, et on avance la virgule d'autant de rangs vers la gauche de ce nombre, qu'on a ajouté d'unités au logarithme donné.

EXEMPLE. *Déterminer à quel nombre appartient le logarithme entièrement négatif* — 2,7226957.

On ajoute 2 + 4 ou 6 unités à — 2,7226957 ; la *somme* est 6 — 2,7226957 ou 3,2773043. On cherche le nombre 1893,67 auquel appartient le logarithme 3,2773043, et on avance la virgule de six rangs à gauche dans 1893,67 à cause des 6 unités ajoutées au logarithme donné ; le résultat 0,00189367 est le nombre cherché.

IIIe. CAS. Enfin, quand *la caractéristique seule est négative*, on lui ajoute assez d'unités pour qu'elle devienne positive et égale à 3 (ce qui revient à supposer que la partie décimale du logarithme donné est affectée d'une caractéristique positive égale à 3) ; on cherche à quel nombre appartient ce nouveau logarithme, et on avance la *virgule* d'autant de rangs vers la gauche de ce nombre, qu'on avait ajouté d'unités à la caractéristique.

EXEMPLE. *Trouver à quel nombre appartient le logarithme* $\bar{3}$,2773043.

Il suit de la convention établie (page xij), que

$$\bar{3},2773043 = -3 + 0,2773043.$$

Par conséquent, si l'on ajoute 6 unités au logarithme donné, le résultat sera

$$6 - 3 + 0,2773043, \text{ ou } 3 + 0,2773043, \text{ ou } 3,2773043.$$

On cherchera le nombre auquel appartient le logarithme 3, 2773043 ; on trouvera que ce nombre est 1893,67 ; on avancera la *virgule* de six rangs à gauche, a cause des 6 unités ajoutées au logarithme donné ; le résultat 0,00189367 sera le nombre cherché.

Ire. REMARQUE. *Lorsqu'on cherche le logarithme d'un nombre qui ne se trouve pas dans la table, les méthodes précédentes* (no. 3) *donnent toujours ce logarithme, à moins d'une unité du septième ordre décimal.*

IIe. REMARQUE. *Étant donné un logarithme qui ne se trouve pas dans la table et dont on suppose la caractéristique ramenée à* 3 (no. 4), *si l'on cherche le nombre correspondant, on trouvera im-*

médiatement dans la table la partie entière de ce nombre, qui sera composé de quatre chiffres ; ensuite la proportion du n° 4 (Ier. Cas) *fournira les trois premières décimales du nombre cherché ; l'erreur ne pourra jamais excéder deux millièmes ;* de sorte qu'on aura obtenu les sept premiers chiffres, à partir du premier chiffre significatif, à gauche du résultat.

5. La table des logarithmes des nombres entiers, 1, 2, 3, ..., 10000, fournit le moyen de *convertir directement en secondes un temps moindre que* 10000 *secondes ou que* 2 *heures* 46 *minutes* 40 *secondes, et de trouver immédiatement le logarithme du nombre total de secondes contenu dans ce temps.*

Par exemple, pour convertir en secondes un temps composé de 2 heures 42 minutes, plus d'un nombre de secondes moindre que 30, on cherche dans la table des logarithmes des nombres entiers, la colonne verticale, dont le titre supérieur est 2. 42′ 0″; on voit que cette colonne est la deuxième de la page 109 ; le nombre de secondes demandé se trouve dans la première colonne verticale à gauche, intitulée Nomb.
On reconnaît ainsi que les temps indiqués par

2^h 42′, 2^h 42′ 1″, 2^h 42′, 2″, ..., 2^h 42′ 30″,

valent respectivement

9720″, 9721″, 9722″,... ..., 9750″.

Les logarithmes de ces nombres de secondes sont sur leur droite dans la colonne verticale, intitulée 2. 42′ 0″.

On trouve dans la même page, que les nombres de secondes contenus dans

2^h 42′ 30″, 2^h 42′ 31″, 2^h 42′ 32″, ..., 2^h 42′ 60″,

sont respectivement

9750, 9751, 9752, ..., 9780.

Les logarithmes de ces nombres sont sur leur droite dans la colonne intitulée 2. 42′ 30 .

On obtiendra de la même manière le nombre total de secondes contenu dans un angle moindre que 10000″, ou que 2 degrés 46 minutes 40 secondes ; car les subdivisions du degré en minutes et en secondes sont les mêmes que celles de l'heure. Le logarithme de ce nombre de secondes sera à sa droite dans la colonne intitulée Logarit.

DEUXIÈME PARTIE.

De la table des logarithmes des lignes trigonométriques. De la conversion des degrés nouveaux en anciens et réciproquement.

6. Cette *table* se rapporte à l'ancienne division de la circonférence en 360 *degrés ;* le degré vaut 60 *minutes*, la minute vaut 60 *secondes*, etc. Pour indiquer des degrés, des minutes et des secondes, on fait usage des *signes* °, ′, ″. Par exemple, on désigne 34 degrés 27 minutes 5 secondes de cette manière, 34° 27′ 5″.

Toutes les lignes trigonométriques ont été calculées dans le cercle dont le rayon est 10^{10}, ou 10000000000; de sorte que *le logarithme du rayon est égal à dix.*

7. La *table* contient les logarithmes à sept décimales, des *sinus*, des *cosinus*, des *tangentes* et des *cotangentes*, pour tous les degrés et minutes du quart de la circonférence. Ces logarithmes sont placés dans les colonnes dont les titres respectifs sont, SINUS, COSIN., TANG., COTANG. Pour tous les angles moindres que 45°, les degrés sont placés en haut des pages, et les minutes se trouvent dans la première colonne à gauche, intitulée ′ (minute.) Pour les angles compris entre 45° et 90°, les degrés sont placés en bas des pages, et les minutes correspondantes se trouvent dans la première colonne à droite de chaque page intitulée ′ (minute).

On trouve de cette manière, que

log. sin. 17° 23′ = *log. cosin.* 72° 37′ = 9,4753271.
log. sin. 72° 18′ = *log. cosin.* 17° 42′ = 9,9789386.
log. tang. 17° 23′ = *log. cotang.* 72° 37′ = 9,4956298.
log. tang. 86° 10′ = *log. cotang.* 3° 50′ = 11,1738974.

REMARQUE. Le *sinus* et la *tangente* d'un angle nul étant *zéro*, et le logarithme de zéro étant l'*infini négatif*, les logarithmes de *sin.* 0 et de *tang.* 0, sont indiqués dans la table (page 114), par l'expression abrégée INF. NÉG.; de même la cotangente d'un angle nul étant l'*infini positif*, le logarithme de cette ligne est indiqué dans la table par INF. POS.

La différence entre les logarithmes des sinus et des cosinus de deux angles qui diffèrent d'une minute, est placée dans la colonne intitulée DIFF., à droite de l'espace qui sépare ces deux logarithmes; cette différence exprime des dix-millioniémes d'unité.

On a placé dans les colonnes intitulées DIFF. COM., les différences communes entre les logarithmes des tangentes et les cotangentes de deux angles qui diffèrent d'une minute; ces différences sont placées à côté de l'espace qui sépare les deux logarithmes; elles expriment des dix-millioniémes d'unité.

On voit ainsi que

$$\textit{log. sin. } 15^\circ\ 8' - \textit{log. sin. } 15^\circ\ 7' = 0{,}0004674$$
$$\textit{log. tang. } 15^\circ\ 8' - \textit{log. tang. } 15^\circ\ 7' = 0{,}0005016$$
$$\textit{log. cotang. } 15^\circ\ 7' - \textit{log. cotang. } 15^\circ\ 8' = 0{,}0005016.$$

REMARQUE. On n'a pas mis dans la table les différences entre les logarithmes des sinus, des tangentes et des cotangentes, des angles moindres que 2°. Ces différences sont remplacées (pages 114.. 117), par des logarithmes qui se trouvent entre les logarithmes des sinus et des tangentes. Nous ferons connaître par la suite l'emploi de ces logarithmes.

8. Ier. PROBLÈME. *Un angle étant donné, trouver, au moyen de la table, le logarithme du Sinus, du Cosinus, de la Tangente et de la Cotangente de cet angle.*

Lorsque l'angle donné ne renferme que des degrés et des minutes, le logarithme cherché se trouve immédiatement dans la table (nº. 7). Il suffit donc de considérer le cas où l'angle donné contient des secondes.

9. Ier. CAS. *Calculer le logarithme du Sinus d'un angle donné.*

1°. *Quand l'angle donné est aigu*, on prend dans la table le logarithme du sinus des degrés et minutes qui entrent dans l'expression de cet angle. On calcule ensuite la quantité x qu'il faut ajouter à ce logarithme, pour obtenir le logarithme demandé, en supposant que, *lorsqu'un angle aigu (composé de degrés et de minutes), augmente d'un certain nombre de se-*

condes, qui n'excède pas 60, *le logarithme du sinus de cet angle augmente proportionnellement à ce nombre de secondes.* C'est-à-dire qu'on fait cette proportion,

Le nombre 60, *de secondes contenues dans une minute, est au nombre de secondes de l'angle donné, comme la différence entre les deux logarithmes tabulaires consécutifs des sinus, des angles (composés de degrés et minutes), qui comprennent l'angle donné, est à la quantité x qu'il faut ajouter au plus petit de ces deux logarithmes tabulaires, pour obtenir le logarithme demandé.*

10. EXEMPLE. *Calculer le logarithme du sinus de* 37° 5′ 9″. On observe que ce logarithme tombant entre *log. sin.* 37° 5′ et *log. sin.* 37° 6′, il suffit de trouver la quantité x qu'il faut ajouter à *log. sin.* 37° 5′, pour obtenir le logarithme de *sin.* 37° 5′ 9″. A cet effet, on pose cette proportion,

La différence 60″ entre les angles 37° 5′ et 37° 6′, qui comprennent l'angle donné, est à la différence 9″ entre l'angle donné et l'angle immédiatement plus petit 37° 5′, comme la différence 0,0001671 entre les logarithmes tabulaires des sinus des angles qui comprennent l'angle donné, est à la différence cherchée x entre *log. sin.* 37° 5′ et *log. sin.* 37° 5′ 9″; ce qui revient à la proportion indiquée.

$$60 : 9 :: 0{,}0001671 : x\text{; d'où } x = 0{,}0000251.$$

On ajoute 0,0000251 au logarithme 9,7803000 de *sin.* 37° 5′; la somme 9,7803251, exprime le logarithme demandé de *sin.* 37° 5′ 9″.

On trouvera de la même manière que le logarithme de *sin.* 52° 54′ 51″ est 9,9018576.

2°. Lorsque *l'angle donné est obtus*, on ramène ce cas au précédent, en observant que *le sinus d'un angle étant égal au sinus du supplément de cet angle*, il suffit de retrancher l'angle donné de 180°, et de chercher le logarithme du sinus de l'angle aigu qui résulte de cette soustraction.

11. IIe. CAS. *Calculer le logarithme de la tangente d'un angle donné.*

On obtient ce logarithme à l'aide de raisonnemens et de calculs parfaitement semblables à ceux dont on vient de faire usage pour le sinus.

12. Ier. Exemple. *Calculer le logarithme de la tangente de* 37° 5′ 9″.

On prend dans la table le logarithme de *tang.* 37° 5′, qui est 9,8784281, et la différence 0,0002626 entre les logarithmes des tangentes des angles 37° 5′, 37° 6′, qui comprennent l'angle donné 37° 5′ 9″. Pour trouver la quantité x qui, ajoutée à *log. tang.* 37° 5′, donne le logarithme demandé, on pose la proportion

$$60 : 9 :: 0{,}0002626 : x; \text{ d'où } x = 0{,}0000394.$$

On ajoute 0,0000394 à 9,8784281, la somme 9,8784675 exprime le logarithme demandé.

13. IIe. Exemple. *Calculer le logarithme de la tangente de* 52° 54′ 51″.

On cherche d'abord le logarithme de *tang.* 52° 54′ dans les colonnes verticales, dont les titres, placés au bas des pages, sont Tang. On trouve que ce logarithme est 10,1213093. Pour trouver la quantité x qui, ajoutée à ce logarithme, donne le logarithme cherché, on prend dans la table la différence 0,0002626 entre *log. tang.* 52° 54′ et *log. tang.* 52° 55′, et on fait la proportion

$$60 : 51 :: 0{,}0002626 : x; \text{ d'où } x = 0{,}0002232.$$

Cette valeur de x, ajoutée à 10,1213093, fournit le logarithme demandé que l'on trouve être 10,1215325.

Remarque. Pour trouver le logarithme de la tangente d'un angle obtus, on cherche simplement le logarithme de la tangente du supplément de cet angle ; mais pour indiquer que la tangente dont il s'agit est négative, on dépose le signe — à la droite du logarithme. On tient ensuite compte de ce signe lorsqu'on repasse des logarithmes aux nombres, ou aux angles. On devra donc écrire le logarithme de la tangente de 127° 5′ 9″ de cette manière : 10,1215325—.

La même remarque s'applique au logarithme du cosinus et de la cotangente d'un angle obtus.

14. IIIe. Cas. *Calculer le logarithme du cosinus ou de la cotangente d'un angle aigu donné.*

Ire. Méthode. Le cosinus et la cotangente d'un angle aigu a étant les mêmes que le sinus et que la tangente du complément 90° — a de a, *on peut ramener le cas actuel à l'un des deux précédens, en cherchant le logarithme du sinus ou de la tangente du complément de l'angle donné.*

15. Exemple. *Trouver le logarithme du cosinus et de la cotangente de* 52° 54′ 51″.

On prend d'abord le complément de 52° 54′ 51″, qui est 37° 5′ 9″, et on cherche ensuite le logarithme du sinus et de la tangente de 37° 5′ 9″. On trouve de cette manière que les logarithmes demandés sont 9,7803251 et 9,8784675.

IIe. Méthode. *Si l'on veut calculer directement le logarithme demandé*, on opérera comme pour les sinus et les tangentes, avec cette seule différence que le cosinus et la cotangente d'un angle aigu *diminuant* lorsque l'angle *augmente*, le quatrième terme de la proportion indiquée (nos. 10 et 12), exprime ce qu'il faut *soustraire* du plus grand des deux logarithmes tabulaires correspondans aux angles qui comprennent l'angle donné, pour obtenir le logarithme cherché.

16. Exemple. *Calculer le logarithme du cosinus de* 52° 54′ 51″.

L'angle donné étant compris entre 52° 54′ et 52° 55′, le logarithme cherché tombe entre les logarithmes tabulaires 9,7804671, 9,7803000, de *cos*. 52° 54′, et *cos*. 52° 55′; la différence entre ces deux derniers logarithmes étant 0,0001671, on voit que lorsque l'angle 52° 54′ *augmente* de 1′ ou 60″, le logarithme 9,7804671 du cosinus de cet angle *diminue* de 0,0001671; pour trouver de quelle quantité le même logarithme doit *diminuer* quand l'angle 52° 54′ *augmente* de 51″, on fait la proportion

$$60 : 51 :: 0{,}0001671 : x; \text{ d'où } x = 0{,}0001420.$$

On *retranche* 0,0001420, du logarithme 9,7804671, de *cos*. 52° 54′; le *reste* 9,7803251 est le logarithme demandé.

Remarque. Au lieu de chercher ce qu'on doit soustraire de *log. cos*. 52° 54′ pour obtenir *log. cos*. 52° 54′ 51″, on peut observer que la différence entre 52° 55′ et 52° 54′ 51″ étant 9″, il suffit de déterminer de combien le logarithme 9,7803000 de *cos*. 52° 55′ doit augmenter quand l'angle 52° 55′ diminuant de 9″, devient 52° 54′ 51″. On pose donc la proportion,

$$60 : 9 :: 0{,}0001671 : x; \text{ d'où } x = 0{,}0000251.$$

On ajoute cette valeur de x au logarithme 9,7803000 de *cos*. 52° 55′, la somme 9,7803251, est le logarithme demandé de *cos*. 52° 54′ 51″.

On trouvera, d'une manière absolument semblable, que le logarithme de *cot*. 52° 54′ 51″ est 9,8784675.

17. IIe PROBLÈME. *Étant donné le logarithme du sinus ou de la tangente, ou du cosinus, ou de la cotangente d'un angle inconnu x, calculer cet angle au moyen de la table.*

Lorsque le logarithme donné se trouve exactement dans la table, elle fournit immédiatement l'angle cherché. Il suffit donc de considérer le cas où ce logarithme n'est pas dans la table.

Ier. CAS. *Calculer un angle, connaissant le logarithme du sinus de cet angle.*

Ier. EXEMPLE. *Soit donné, log. sin.* $x = 9,7803251$.

Ce logarithme étant moindre que le logarithme 9,8494850 de *sin*. 45°, l'angle x est moindre que 45°. On doit donc chercher le logarithme donné dans les colonnes verticales dont le titre supérieur est SINUS; on voit qu'il tombe entre les logarithmes tabulaires 9,7803000, et 9,7804671 de *sin*. 37° 5′ et *sin*. 37° 6′. De sorte que l'angle x est composé de 37° 5′, plus d'un nombre z de secondes qu'il s'agit de calculer. A cet effet, on pose la proportion,

La différence 0,0001671 *entre les deux logarithmes tabulaires consécutifs qui comprennent le logarithme donné, est à la différence* 0,0000251 *entre le logarithme donné et le plus petit de ces deux logarithmes tabulaires, comme* 60 *est à* z.

Cette proportion donnant $z = 9''$, on voit que l'angle cherché x est d'environ 37° 5′ 9″.

IIe. EXEMPLE. *Soit donné log. sin.* $x = 9,9790313$.

Ce logarithme étant plus grand que celui de *sin*. 45°, l'angle x surpasse 45°; il faut donc chercher le logarithme donné dans les colonnes verticales dont le titre, placé en bas de la page, est SINUS; on voit ainsi que le logarithme donné tombe entre les logarithmes tabulaires 9,9790192 et 9,9790594, de *sin*. 72° 20′ et de *sin*. 72° 21′; de sorte que l'angle aigu cherché est composé de 72° 20′, plus d'un nombre z de secondes, que l'on détermine comme il a été indiqué dans le premier exemple. A cet effet, on prend dans la table la différence 0,0000402 entre les deux logarithmes tabulaires consécutifs qui comprennent le logarithme donné, et on calcule la différence 0,0000121 entre le logarithme donné, et le plus petit de ces deux logarithmes tabulaires ; la valeur de z dépend de la proportion,

$$0,0000402 : 0,0000121 :: 60 : z \text{ ; d'où } z = 18''.$$

La valeur approchée de l'angle cherché x est donc 72°20'18".

18. IIe. Cas. *Calculer un angle, connaissant le logarithme de la tangente de cet angle.*

Ier. Exemple. *Soit donné, log. tang.* $x = 9,8784675$.

Ce logarithme étant moindre que le logarithme 10 de la tangente de 45°, l'angle x est moindre que 45°. Il faut donc chercher ce logarithme dans les colonnes dont le titre supérieur est Tang.; on voit que le logarithme donné tombe entre les logarithmes tabulaires 9,8784281 et 9,8786907 de *tang.* 37° 5' et *tang.* 37° 6'; de sorte que l'angle cherché est composé de 37° 5', plus d'un nombre z de secondes que l'on calcule au moyen de la proportion indiquée (page xxj) ; cette proportion devient

$$0,0002626 : 0,0000394 :: 60 : z \text{ ; d'où } z = 9''.$$

La valeur approchée de l'angle aigu x demandé est donc de 37° 5' 9".

IIe. Exemple. *Soit donné, log. tang.* $x = 10,1741505$

Ce logarithme étant plus grand que *log tang.* 45°, on doit le chercher dans les colonnes dont le titre, placé au bas de la page, est Tang. On trouve qu'il tombe entre les logarithmes *log. tang.* 10,1740140 et 10,1742873 de *log. tang.* 56° 11' et 56° 12'. Pour trouver le nombre z des secondes qu'il faut ajouter à 56° 11', pour obtenir l'angle cherché, on prend dans la table la différence 0,0002733 entre *log. tang.* 56° 11' et *log. tang.* 56° 12' et on pose la proportion,

$$0,0002733 : 0,0001365 :: 60 : z \text{ ; d'où } z = 30''.$$

La valeur approchée de l'angle aigu x demandé, est donc de 56° 11' 30".

19. IIIe. CAS. *Connaissant le logarithme du cosinus, ou de a cotangente d'un angle aigu x, déterminer cet angle.*

Ire. MÉTHODE. Il est facile de *ramener ce cas à l'un des deux précédens;* car le cosinus et la cotangente de l'angle aigu x étant respectivement égaux au sinus et à la tangente du complément $90^\circ - x$ de x, si l'on désigne ce complément par y, on aura

$$log.\ cos.\ x = log.\ sin.\ y, \qquad log.\ cot.\ x = log.\ tang.\ y, \text{ et } y = 90^\circ - x.$$

On connaîtra *log. sin. y*, ou *log. tang. y;* on en déduira la valeur de l'angle y, comme il a été indiqué dans le premier ou le deuxieme cas, et en retranchant cette valeur de y, de 90°, le reste exprimera l'angle cherché x.

EXEMPLE. *Soit donné*, $log.\ cosin.\ x = 9{,}4753271$.

On pose $y = 90^\circ - x$; d'où $x = 90^\circ - y$ et

$$log.\ cos.\ x = log.\ sin.\ y = 9{,}4753271.$$

Le logarithme de *sin.* y étant $9{,}4753271$, on en déduit que $y = 17^\circ\ 23'$ (page xvj); on retranche $17^\circ\ 23'$ de 90°, le reste $72^\circ\ 37'$ exprime l'angle cherché x.

IIe. MÉTHODE. Si l'on veut *calculer directement l'angle demandé*, on observera d'abord que lorsqu'un angle aigu augmente, son cosinus et sa cotangente diminuent; d'ailleurs,

$$log.\ cosin.\ 0 = 10, \qquad log.\ cosin.\ 45^\circ = 9{,}8494850,$$
$$log.\ cosin.\ 89^\circ\ 59' = 6{,}4637261, \quad log.\ cotang.\ 0 = l'infini,$$
$$log.\ cotang.\ 45^\circ = 10, \qquad log.\ cotang.\ 89^\circ\ 59' = 6{,}4637261.$$

Par conséquent : lorsque la valeur de *log. cosin* x tombe entre 10 et $9{,}8494850$, l'angle x tombe entre 0° et 45°; lorsque le logarithme de *cosin.* x tombe entre $9{,}8494850$ et $6{,}4637261$, l'angle x tombe entre 45° et $89^\circ\ 59'$; quand *log. cotang.* x est plus grand que 10, l'angle x est moindre que 45°, et quand *log. cotang.* x tombe entre 10 et $6{,}4637261$, l'angle x tombe entre 45° et $89^\circ\ 59'$.

Ier. EXEMPLE. *Soit donné*, $log.\ cosin.\ x = 9{,}9789386$.

Le logarithme $9{,}9789386$ de *cos.* x étant plus grand que le logarithme $9{,}8494850$ de *cosin.* 45°, l'angle demandé est moindre que 45°. On cherche le logarithme 9,9789386 dans les colonnes dont le titre placé au haut de la page, est Cosin. On trouve ce logarithme dans la colonne verticale dont le titre supérieur est Cosin. 17°, et le nombre 42 (placé à gauche dans la colonne des minutes à la fin de la ligne horizontale qui contient le logarithme donné), indique les minutes de l'angle x ; de sorte que $x = 17^\circ\ 42'$

IIe. Exemple. *Soit donné, log. cosin.* $x = 9{,}4753271$.

Le logarithme 9,4753271 de *cosin.* x étant moindre que le logarithme 9,8494850 de *cosin.* 45°, l'angle cherché x est plus grand que 45°. On doit donc chercher le logarithme 9,4753271 dans les colonnes dont le titre placé en bas de la page, est Cosinus. On trouve ce logarithme dans la colonne verticale dont le titre inférieur est Cosin. 72°, et le nombre 37 (placé à droite dans la colonne des minutes, à la fin de la ligne horizontale qui contient le logarithme donné), indique les minutes de l'angle x ; de sorte que $x = 72^\circ\ 37'$.

IIIe. Exemple. *Soit donné, log. cos.* $x = 9{,}7803251$.

Le logarithme 9,7803251 de *cos.* x étant moindre que le logarithme 9,8494850 de *cos.* 45°, l'angle x est plus grand que 45° ; on doit donc chercher le logarithme 9,7803251 dans les colonnes verticales qui portent en bas de la page le titre Cosin. On voit que ce logarithme tombe entre les deux logarithmes tabulaires consécutifs 9,7803000, 9,7804671, de *cos.* 52° 55′ et *cos.* 52° 54′ ; l'angle cherché x est donc compris entre 52° 55′ et 52° 54′. Pour évaluer l'angle cherché à moins d'une seconde, on fera une proportion analogue à celle du N°. 17 (page xxj), et le quatrième terme de cette proportion indiquera ce qu'il faut retrancher de 52° 55′, pour obtenir l'angle cherché ; on trouvera $x = 52^\circ\ 54'\ 51''$.

IVe. Exemple. *Soit donné log. cot.* $x = 9{,}8784675$

On trouvera que $x = 52^\circ\ 54'\ 51''$.

Ve. Exemple. *Soit donné log. cot.* $x = 10{,}4970219$.

On trouvera que $x = 17^\circ\ 39'\ 42''$.

20. IIIe. PROBLÈME. *Calculer le logarithme de la sécante ou de la cosécante d'un angle donné;* et réciproquement, *connaissant le logarithme de la sécante ou de la cosécante d'un certain angle, trouver cet angle.*

Les logarithmes des sécantes et des cosécantes ne sont pas dans nos tables, mais il est facile de calculer ces logarithmes, car le logarithme du rayon r étant égal à 10, les formules connues

$$\text{séc. } x = \frac{r^2}{\cos. x}, \quad \text{coséc.} x = \frac{r^2}{\sin. x}, \text{ donnent}$$

$$\log. \text{ séc. } x = 20 - \log. \cos. x,$$
$$\log. \text{ coséc. } x = 20 - \log. \sin. x.$$

Ier. EXEMPLE. *Soit donné, l'angle* $x = 17^\circ 42'$; on trouve,

$$\log. \text{ cosin. } 17^\circ 42' = 9{,}9789386 \text{ ; d'où}$$
$$\log. \text{ séc. } x = 20 - 9{,}9789386 = 10{,}0210614.$$

IIe. EXEMPLE. *Soit donné, l'angle* $x = 72^\circ 18'$; on trouve,

$$\log. \text{ sinus } 72^\circ 18' = 9{,}9789386 \text{ ; d'où}$$
$$\log. \text{ coséc. } x = 20 - 9{,}9789386 = 10{,}0210614.$$

RÉCIPROQUEMENT, *connaissant le logarithme de la sécante ou de la cosécante d'un angle inconnu* x, *il sera facile de trouver l'angle* x, car les relations ci-dessus donnant

$\log. \cos. x = 20 - \log. \text{ séc. } x$ et $\log. \sin. x = 20 - \log. \text{ coséc. } x$,

on obtiendra *log. cosin.* x en ôtant de 20 le logarithme de *séc.* x qui est donné, et on trouvera *log. sin.* x en ôtant de 20 le logarithme de *coséc.* x qui est donné. Connaissant alors le logarithme de *cos.* x ou de *sin.* x, on en déduira l'angle inconnu x par les méthodes indiquées dans les nos. 17 ou 19.

Ier. EXEMPLE. *Soit donné, log. séc.* $x = 10{,}0210614$;
on aura *log. cosin.* $x = 20 - 10{,}0210614 = 9{,}9789386$; d'où
$x = 17^\circ 42'$.

IIe. EXEMPLE. *Soit donné, log. coséc.* $x = 10{,}0210614$;
on aura, *log. sin.* $x = 20 - 10{,}0210614 = 9{,}9789386$; d'où
$x = 72^\circ 18'$.

Conversion des degrés nouveaux en degrés anciens et réciproquement.

Si les angles étaient exprimés en degrés nouveaux, on les convertirait d'abord en degrés anciens, et la question serait ramenée à un des cas précédens. Pour effectuer cette conversion, il suffit de connaître le rapport du degré ancien au degré nouveau. D'après la nouvelle division de la circonférence, l'angle droit vaut 100 degrés, le degré vaut 100 minutes, la minute vaut 100 secondes, etc., de sorte que 27°, 3689 exprime 27° 36′ 89″. De même 137° 55′ 7″ de la nouvelle division, s'écrivent 137°, 5507. Cela posé comme le quadrans, mesure de l'angle droit, se divise en 100 degrés nouveaux, ou en 90° anciens; 100 degrés nouveaux valent 90 degrés anciens, le degré nouveau est donc la centième partie de 90 degrés anciens, ou les $\frac{9}{10}$ d'un degré ancien. Il en résulte que, *pour convertir des degrés nouveaux en degrés anciens, il suffit d'en prendre les $\frac{9}{10}$, ce qui revient à en ôter le dixième.* Ainsi, pour convertir 100 degrés nouveaux en degrés anciens, on en ôte le dixième, le reste 90 est le résultat demandé; et en effet, 100 degrés nouveaux en valent 90 des anciens.

Pour convertir 70° nouveaux en degrés anciens, on en ôtera le dixième, le reste 63° est le résultat cherché. Si les degrés nouveaux sont exprimés par 72° 27′ 10″, ou 72°,2710; on tranchera de 72°,2710 leur dixième, 7°,22710, le reste 65°,0439 sera la valeur des degrés nouveaux en degrés anciens. Pour convertir la partie décimale 0° 0439 en minutes et secondes de l'ancienne division, on pourrait remarquer que 0°,0439 valent $\frac{439}{10000}$, ou 2′ 38″ $\frac{4}{100}$ (Arith.); mais il est plus simple d'observer que 1° valant 60′, pour convertir des degrés en minutes, il suffit de les multiplier par 60; or, pour multiplier par 60, il suffit de multiplier par 10, ce qui revient à avancer la virgule d'un rang vers la droite, et de multiplier le résultat par 6. Conséquemment, pour convertir 0°,0439 en minutes, on avancera la virgule d'un rang à droite, le résultat 0,439 multiplié par 6, donnera 2′,634; on convertira de même 0,634 en secondes, en avançant la virgule d'un rang à droite, et en multipliant le résultat 6,34 par 6, ce qui donnera 38″,04, ou 38″ $\frac{4}{100}$. On trouve ainsi que 72°, 2710 de la nouvelle division, valent 65° 2′ 38″ $\frac{4}{100}$ de l'ancienne division.

Réciproquement, *pour convertir des degrés anciens en degrés nouveaux, il suffit d'ajouter aux degrés anciens leur neuvième. S'il y avait des minutes, secondes, etc., on les réduirait d'abord en parties décimales de l'ancien degré.* (*Arith.*) Ainsi, 90° anciens, convertis en degrés nouveaux, valent 90° plus $\frac{90}{9}$, ou 100°; de même 63° anciens valent en legrés nouveaux 63° plus $\frac{63°}{9}$, où 70°. Enfin, pour convertir 65° 2′ 38″ $\frac{4}{100}$ de l'ancienne division, en degrés nouveaux, on réduira les 65° 2′ 38″ $\frac{4}{100}$ en décimales de l'ancien degré, ce qui donnera 65°,0439; ajoutant à ce dernier nombre son neuvième 7°,2271, la somme 72°,2710 sera le résultat cherché. De sorte que 65° 2′ 38″ $\frac{4}{100}$ de l'ancienne division, valent en degrés nouveaux 72° 2710, ou 72° 27′ 10″.

TROISIÈME PARTIE.

Des cas dans lesquels on ne peut pas faire la proportion et des limites des erreurs qui résultent de l'emploi des Logarithmes. Du degré d'approximation avec lequel on obtient les angles cherchés, et du choix des lignes trigonométriques qui donnent la plus grande exactitude possible.

Des cas dans lesquels on ne peut pas faire la proportion et des limites des erreurs dues à l'emploi des logarithmes.

21. *On peut toujours faire la proportion* (page x, IIe. cas), *tant que la différence entre deux différences tabulaires consécutives est moindre que* 8; ce qui a lieu dans toute l'étendue de notre table de logarithmes des nombres.

Ainsi, comme nous l'avons dit (page xiv), quand on cherche le logarithme d'un nombre donné ramené à avoir quatre chiffres à la partie entière, l'erreur contenue dans ce logarithme n'excède jamais une unité décimale du septième ordre.

Dans la recherche du nombre correspondant à un logarithme donné, l'erreur contenue dans le résultat est toujours moindre que la puissance de 10, dont l'exposant est égal à la caractéristique diminuée de 3, divisée par la différence entre les logarithmes tabulaires consécutifs, qui comprennent le logarithme donné, ramené à la caractéristique 3.

On trouvera ainsi, comme nous l'avons dit (page xv), que le nombre cherché, correspondant à un logarithme donné, se compose généralement de sept chiffres significatifs à partir de la gauche du résultat.

22. On obtient d'ailleurs le degré d'approximation avec lequel les logarithmes déterminent les nombres correspondans, en divisant l'unité par la différence tabulaire employée. On

trouve ainsi que nos tables de logarithmes à sept décimales fournissent les sept premiers chiffres significatifs des nombres, à deux unités près, du dernier ordre, dans le cas le plus défavorable.

23. Dans la recherche des logarithmes des lignes trigonométriques, on s'est constamment proposé d'obtenir ces logarithmes, à moins d'une unité décimale du septième ordre.

Lorsqu'on calcule, avec tout le soin possible, les angles qui correspondent à des logarithmes donnés des lignes trigonométriques, l'erreur de chaque résultat se détermine toujours en divisant la différence entre deux angles consécutifs de la table par celle qui existe entre les logarithmes des lignes trigonométriques de ces angles. Ainsi, pour nos tables, ce sera toujours 60″ qu'il faudra diviser par la différence des logarithmes. On verra, au reste, ci-après (nos. 31, 32, 33) quelles sont celles des lignes trigonométriques qu'il convient d'employer pour obtenir un degré d'approximation donné et compatible avec des tables à sept décimales.

Pour la table de logarithmes des lignes trigonométriques, la différence entre deux différences tabulaires quelconques n'étant pas toujours moindre que 8, il en résulte que l'on ne peut faire usage de la proportion indiquée (n°. 9), que dans les cas suivans :

1°. Pour les logarithmes des sinus, depuis 12° jusqu'à 90°.
2°. Pour les logarithmes des cosinus, depuis 0° jusqu'à 78°.
3°. Pour les logarithmes des tangentes, depuis 12° jusqu'à 78°.
4°. Pour les log. des cotang., aussi depuis 12° jusqu'à 78°.

Nous verrons ci-après comment l'interpolation doit se faire dans les autres cas.

Pour les logarithmes des sinus et des tangentes, depuis 0° jusqu'à 2°. et pour les logarithmes des cosinus et des cotangentes, depuis 88° jusqu'à 90°, les différences sont remplacées par des logarithmes qui sont les logarithmes des rapports de ces lignes trigonométriques aux secondes des angles correspondans (pages 114, 117); nous en ferons connaître l'usage (pages xxxiij et xxxviij ; nos. 27 et 30.)

24. Pour corriger les erreurs qui proviennent de l'emploi de la proportion, quand les *différences secondes* * sont plus grandes que 8, on fera usage de la TABLE A (page 204); la première et la cinquième colonne de cette table indiquent des secondes, la deuxième et la quatrième colonne indiquent les coefficiens des différences secondes ** des logarithmes (désignées par (C. Δ^2) et la troisième colonne indique les différences de ces coefficiens.

Ier. PROBLÈME. *Un angle étant donné, calculer le logarithme du sinus, du cosinus, de la tangente et de la cotangente, lorsque cet angle contient des secondes et n'est pas renfermé dans les tables.*

---

* On entend par *différences secondes*, les différences des différences premières; *pour avoir une différence seconde il faut trois nombres; il faut quatre nombres pour avoir deux différences secondes*, et

Soient les nombres 56, 59, 68 et 79,

Nombres.	Différences 1res.	Différences 2es.
56		
	3	
59		6
	9	
68		2
	11	
79		

On désigne les différences premières par Δ, les différences secondes par Δ^2, etc. Pour calculer les limites des erreurs, on a fait usage de la formule d'interpolation

$$u_n = u + \frac{n}{1} \Delta u + \frac{n(n-1)}{1 \cdot 2} \Delta^2 u + \text{etc.}$$

** Les coefficiens des différences secondes résultent des valeurs absolues que prend le coefficient

$$\frac{n(n-1)}{1 \cdot 2} \quad \text{de} \quad \Delta^2 u,$$

lorsqu'on donne successivement à n les valeurs

$$n = \frac{0}{60},\ n = \frac{1}{60},\ n = \frac{2}{60},\ \ldots\ldots n = \frac{30}{60}.$$

25. Ier. CAS. *On demande le logarithme du sinus d'un angle compris entre 2° et 12°.*

Ier. EXEMPLE. *Calculer le logarithme du sinus de 4° 17′ 21″* On trouvera d'abord, par le procédé ordinaire (N°. 9), que

log. sin. 4° 17′ 21″ = 8,8738438.

Ce résultat étant un peu trop faible * pour le corriger, on cherchera dans la TABLE A (page 204) le nombre qui correspond à 21″, et l'on trouvera 0,114; d'un autre côté, les différences qui correspondent aux logarithmes des sinus de 4° 17′, et de 4° 18′ étant 16835 et 16769, la différence entre ces deux nombres est 66; multipliant donc 0,114 par 66, et réduisant le produit 7,524 à 8 entiers qui représentent ici des unités décimales du septième ordre, il faudra ajouter ces 8 unités au logarithme trouvé ci-dessus par la proportion, et l'on aura enfin très-exactement

log. sin. 4° 17′ 21″ = 8,8738446.

Les n°s. 22 et 31 feront connaître le degré d'approximation.

IIe. EXEMPLE. *Calculer le logarithme du sinus de* 2° 3′ 47″,64. On trouvera d'abord, par le procédé ordinaire,

log. sin. 2° 3′ 47″,64 = 8,5563295.

Pour corriger ce résultat, on cherche dans la TABLE A (page 204) le nombre qui correspond à 47″,64, on trouve qu'il est compris entre 0,085 et 0,080; pour connaître sa valeur précise, on interpolera la table ** par la proportion :

La différence 1″ *entre* 47″ *et* 48″, *est à la différence* 5 *entre* 0,085 *et* 0,080, *comme* 0,″64, *différence de* 47″, 64 *à* 47″ *est à* x.

$$1 : 5 :: 0,64 : x = 3,20,$$

et l'on verra qu'il faut *retrancher* 3 de 85, d'où l'on conclura

---

* Ce résultat est trop faible parce que les différences secondes sont négligées.

** Interpoler une table, c'est insérer dans cette table, au moyen des nombres qu'elle contient, d'autres nombres assujettis à la mêm loi, sans qu'il soit nécessaire de connaître cette loi.

que le nombre qui correspond à 47″,64 est 0,082 ; multipliant maintenant ce nombre par la différence 282, entre les deux différences tabulaires 35150 et 34868, on trouvera pour produit 23,124, que l'on réduira à 23. Ajoutant enfin 23 au logarithme déjà trouvé, on aura très-exactement

log. sin. 2° 3′ 47″,64 = 8,5563318.

Nota. Comme on aurait pu se dispenser d'interpoler la Table A (page 204) dans cet exemple, en prenant à vue le nombre 0,080, on pourra généralement s'en dispenser, car cet exemple est l'un des plus défavorables à cause de la grandeur de la différence 282.

Si l'on avait à trouver le logarithme du cosinus d'un angle renfermé entre 78° et 88°, et non compris dans la table, il suffirait d'en prendre le complément et de chercher ensuite le logarithme du sinus de ce complément, comme on vient de l'enseigner.

26. IIe. Cas. *On demande le logarithme de la tangente d'un angle compris entre 2° et 12°, lorsque cet angle n'est pas renfermé dans la table.*

Ier. Exemple. *Calculer le logarithme de la tangente de 4° 17′ 21″.* On trouvera d'abord par le procédé ordinaire (N°. 11.)

log. tang. 4° 17′ 21″ = 8,8750619.

Ce résultat étant un peu trop faible, (note *, pag. xxxj), on multipliera le nombre de la Table A (pag. 204) qui correspond à 21″, c'est-à-dire, 0,114, par la différence 65 des deux différences tabulaires 16929 et 16864 qui suivent immédiatement le logarithme de la tangente de 4° 17′, et l'on ajoutera la partie entière 7 du produit 7,410 au logarithme déjà trouvé, et l'on aura très-exactement

log. tang. 4° 17′ 21″ = 8,8750626.

IIe. Exemple. *Calculer le logarithme de la tangente de 2° 3′ 47″,64.* On trouvera d'abord, par le procédé ordinaire,

log. tang. 2° 3′ 47″,64 = 8,5566112.

Pour corriger ce résultat, on cherche dans la Table A (page 204) le nombre qui correspond à 47″,64 ; on trouve que ce nombre est 0,082; multipliant ce nombre par la différence 282 entre les deux différences tabulaires 35196 et 34914, et réduisant le produit à sa partie entière, on trouvera 23 qui, ajouté au logarithme déjà trouvé, donnera exactement

$$log.\ tang.\ 2^{\circ}\ 3'\ 47''{,}64 = 8{,}5566135.$$

Si l'on avait à trouver le logarithme de la tangente d'un angle compris entre 78° et 88°, on chercherait d'abord le logarithme de la tangente de son complément, qui serait alors renfermé entre 2° et 12°, puis on retrancherait le résultat de 20, log. du quarré du rayon.

Si l'on avait à trouver le logarithme de la cotangente d'un angle compris entre 2° et 12°, on chercherait d'abord le logarithme de la tangente du même angle qu'on retrancherait ensuite de 20, log. du quarré du rayon.

Enfin, si l'on avait à trouver le logarithme de la cotangente d'un angle compris entre 78° et 88°, tout se réduirait à chercher le logarithme de la tangente du complément, qui serait alors compris entre 2° et 12°.

27. IIIe. Cas. *On demande le logarithme du sinus ou de la tangente d'un angle moindre que 2°.*

On cherchera d'abord dans la table des logarithmes des nombres, le logarithme de l'angle proposé exprimé en secondes (N°. 5); on prendra ensuite (pages 114 et 117), dans la table des lignes trigonométriques, *le logarithme du rapport du sinus ou de la tangente à l'angle exprimé en secondes* dont les quatre premiers chiffres sont constamment 4,685, et dont les quatre derniers chiffres se trouvent immédiatement à la droite de la colonne des logarithmes des sinus, s'il s'agit d'un sinus, ou immédiatement à la gauche de la colonne des logarithmes des tangentes, s'il s'agit d'une tangente. Pour obtenir ces logarithmes, il suffit de retrancher les logarithmes des angles exprimés en secondes des logarithmes des sinus et des tangentes qui se trouvent dans la table. On ajoutera ce logarithme à celui qui a été trouvé dans la table des logarithmes des nombres, et l'on aura ainsi très-exactement le logarithme du sinus ou de la tangente.

Ier. Exemple. Soit proposé de trouver le logarithme du sinus de 1° 17′ 43″, 68. On trouvera d'abord, page 52, et vis-à-vis du nombre 4663 qui est le nombre des secondes contenues dans l'angle proposé, que

$$log.\ 1^\circ\ 17'\ 43'' = 3,6686654;$$ mais

comme il s'agit de trouver le logarithme de 1° 17′ 43″, 68, il faudra opérer absolument comme lorsqu'il s'agit de calculer le logarithme de 4663, 68; on trouvera ainsi que

$$log.\ 1^\circ\ 17'\ 43'',68 = 3,6687287.$$

On trouvera ensuite (page 116), que le logarithme du rapport du sinus à l'angle est

pour 1° 17′, 4,6855385,
et pour 1° 18′, 4,6855376;

interpolant ces deux logarithmes, et désignant généralement le rapport du sinus à l'angle par S, on trouvera, relativement à l'angle proposé,

$$log.\ S = 4,6855378.$$

Additionnant les deux logarithmes trouvés

$$log.\ 1^\circ\ 17'\ 43'',68 = 3,6687287,$$
$$log.\ S = 4,6855378,$$

on trouvera enfin le logarithme demandé *,

$$log.\ sin.\ 1^\circ\ 17'\ 43'',68 = 8,3542665.$$

S'il s'agissait de trouver le logarithme du cosinus d'un angle plus grand que 88°, on chercherait le logarithme du sinus du complément, comme ci-dessus.

IIe. Exemple. *Calculer le logarithme de la tangente de* 1° 17′

---

* En effet, soit X le nombre de secondes contenues dans l'angle x et posons,

$$\frac{sin.\ x}{X} = S \text{ nous aurons } log.\left(\frac{sin.\ x}{X}\right) = log.\ S, \text{ et}$$

$$log.\ sin.\ x = log.\ S + log.\ X.$$

Il en est de même de la tangente.

43'',68. On trouvera d'abord, comme dans l'exemple précédent, que

$$log.\ 1^\circ\ 17'\ 43'',68 = 3,6687287.$$

On trouvera ensuite que le logarithme du rapport de la tangente à l'angle est

pour 1° 17′ ——— 4,6856475,
et pour 1° 18′ ——— 4,6856494.

Interpolant ces deux logarithmes, et désignant généralement le rapport de la tangente à l'angle par T, on trouvera, relativement à l'angle proposé,

$$\log.\ T = 4,6856489.$$

Additionnant maintenant les deux logarithmes trouvés,

$$log.\ 1^\circ\ 17'\ 43'',68 = 3,6687287,$$
$$log.\ T \text{———} = 4,6856489,$$

on trouvera enfin le logarithme demandé.

$$log.\ tang.\ 1^\circ\ 17'\ 43'',68 = 8,3543776.$$

S'il s'agissait de trouver le logarithme de la tangente d'un angle plus grand que 88°, ou le logarithme de la cotangente d'un angle plus petit que 2°, ou plus grand que 88°, on ramènerait la question à trouver le logarithme de la tangente d'un angle moindre que 2°, comme dans le second cas, et on opérerait comme on vient de le voir.

IIe. PROBLÈME. *Étant donné le logarithme du sinus ou de la tangente, ou du cosinus ou de la cotangente d'un angle inconnu x, calculer cet angle, lorsque le logarithme donné ne se trouve pas dans la table.*

28. Ier. Cas. *Étant donné le logarithme du sinus d'un angle, trouver cet angle lorsque le logarithme donné est compris entre les logarithmes* 8,5428192 et 9,3178789, *des sinus des angles de 2° et de 12°.*

Ier. Exemple. *Soit log. sin.* $x = 8,8738446$.

On trouvera d'abord, comme dans le No 17, en se bornant aux secondes, que

$$x = 4^\circ\ 17'\ 21''.$$

Pour obtenir la valeur de x à un centième de seconde près on multipliera la différence 66 entre les deux différences consécutives 16835 et 16769, par le nombre 0,114 de la Table A (page 204) qui correspond à 21″, et l'on retranchera le produit 7,524, ou plutôt 8, du logarithme proposé 8,8738446; il restera le logarithme 8,8738438, avec lequel opérant comme dans le n°. 17, on trouvera, à un centième de seconde près,

$$x = 4^\circ\ 17'\ 21'', 00.$$

IIe. Exemple. *Soit log. sin.* $x = 8,5563318$.

On trouvera d'abord, comme dans le N°. 17, que

$$x = 2^\circ\ 3'\ 48''.$$

Pour obtenir la valeur de x à un centième de seconde près, on multipliera la différence 282 entre les deux différences consécutives 35150 et 34868, par le nombre 0,080 de la Table A (page 204), qui correspond à 48″, et l'on retranchera le produit 22,560, ou plutôt 23, du logarithme proposé 8,5563318; il restera le logarithme 8,5563295, avec lequel, opérant de nouveau comme dans le n°. 17, on trouvera, à un centième de seconde près,

$$x = 2^\circ\ 3'\ 47'', 64.$$

Si l'on donnait le logarithme d'un cosinus qui ne fût pas compris dans la table, et que l'angle correspondant dût tomber entre 78° et 88°; on regarderait ce logarithme comme appartenant à un sinus, puis ayant trouvé l'angle correspondant, qui serait alors compris entre 2° et 12°, il ne resterait plus qu'à en prendre le complément pour obtenir x.

29. IIe. Cas. *Etant donné le logarithme de la tangente d'un angle, trouver cet angle, lorsque le logarithme donné est compris entre les logarithmes* 8,5430838 et 9,3274745 *des tangentes de* 2° *et de* 12°.

Ier. Exemple. *Soit log. tang.* $x = 8,8750626$.

On trouvera d'abord, comme dans le N° 18, en se bornant aux secondes,

$$x = 4^\circ\ 17'\ 21''.$$

Pour obtenir le résultat à un centième de seconde près,

on multipliera la différence 65 entre les deux différences consécutives 16929 et 16864, par le nombre 0,114 de la TABLE A (page 204), qui répond à 21″, et l'on retranchera le produit 7,410, ou plutôt 7, du logarithme proposé 8,8750626; il restera le logarithme 8,8750619, avec lequel, opérant de nouveau comme dans le N°. 18, on trouvera, à un centième de seconde près,

$$x = 4^\circ\ 17'\ 21'',00.$$

IIe. EXEMPLE. Soit proposé de trouver l'angle x qui correspond à

$$\textit{log. tang. } x = 8,5566135.$$

On trouvera d'abord, comme dans le n°. 18,

$$x = 2^\circ\ 3'\ 48''.$$

Pour obtenir l'angle x à un centième de seconde près, on multipliera la différence 282 entre les deux différences consécutives 35196 et 34914, par le nombre 0,080 de la TABLE A (page 204), qui répond à 48″, et l'on retranchera le produit 22,560, ou plutôt 23, du logarithme proposé 8,5566135; il restera le logarithme 8,5566112, avec lequel, opérant de nouveau comme dans le N°. 18, on trouvera, à un centième de seconde près,

$$x = 2^\circ\ 3'\ 47'',64.$$

Si le logarithme donné appartenait à la tangente d'un angle compris entre 78° et 88°, on commencerait par retrancher ce logarithme de 20, et le reste serait le logarithme de la tangente du complément de l'angle cherché; ayant trouvé ce dernier angle, qui serait alors compris entre 2° et 12°, il ne resterait plus qu'à en prendre le complément pour avoir l'angle demandé.

Si le logarithme donné appartenait à la cotangente d'un angle compris entre 2° et 12°, on commencerait par retrancher ce logarithme de 20, qui est le logarithme du quarré du rayon, et le reste serait le logarithme de la tangente du même angle, cela résulte de la formule connue

$$\textit{tang. } a = \frac{r^2}{\textit{cot. } a}.$$

Enfin, si le logarithme donné appartenait à la cotangente d'un angle compris entre 78° et 88°, ce logarithme serait celui de la tangente du complément de cet angle, lequel serait alors compris entre 2° et 12°; ayant trouvé ce dernier angle, il ne resterait plus qu'à en prendre le complément pour avoir l'angle demandé.

30. IIIe. Cas. *Etant donné le logarithme du sinus ou de la tangente d'un angle, trouver cet angle, lorsque le logarithme donné appartient à un angle moindre que 2°.*

On cherchera d'abord le logarithme du rapport du sinus ou de la tangente à l'angle, qui répond au logarithme le plus approchant du logarithme donné; on le retranchera du logarithme donné, ce qui fournira, à fort peu de chose près, le logarithme du nombre des secondes contenues dans l'angle cherché.

Pour apprécier le degré d'exactitude de cette première approximation, j'observe que la plus grande erreur que l'on puisse commettre sur *log. S* ou *log. T*, est moindre que 14 unités décimales du septième ordre, puisque la plus grande différence entre deux valeurs consécutives de *log. S* ou de *log. T*, a lieu entre les valeurs de *log. T*, qui répondent à 1° 59′, et 2°, différence qui est alors de 29. Or, dans l'endroit de la table des logarithmes des nombres qui répond à 2°, la différence entre deux logarithmes consécutifs est de 603; ainsi une erreur de 603 sur le logarithme produirait une erreur d'une seconde sur l'angle cherché; par conséquent, une erreur de 14 unités du dernier ordre ne pourra produire qu'une erreur de 0″,023 sur l'angle. Donc, puisque c'est là l'erreur la plus forte que l'on puisse commettre, on voit qu'on pourra se borner à la première approximation, lorsqu'on ne voudra obtenir l'angle cherché qu'à moins de deux centièmes de seconde près.

Avec cette première approximation de l'angle cherché, on calculera le logarithme du rapport du sinus ou de la tangente à l'angle, on le retranchera du logarithme donné, et l'on aura très-exactement le logarithme du nombre des secondes contenues dans l'angle cherché ; il ne restera plus alors qu'à chercher le nombre correspondant pour avoir l'angle demandé, avec toute la précision possible.

Ier. Exemple. *Soit log. sin.* $x = 8{,}3542665$.

Si l'on cherche d'abord le logarithme sinus qui approche le plus, *en plus ou en moins*, du logarithme proposé, on trouvera que c'est celui du sinus de 1° 18', et que la valeur correspondante du log. S est

$$\log. S = 4{,}6855376 \,;$$

retranchant ce logarithme du logarithme donné,

$$\begin{aligned} \log.\sin.x &= 8{,}3542665\,, \\ \log. S &= 4{,}6855376\,, \\ \hline \log. x &= 3{,}6687289 = \log.\ 1^\circ\ 17'\ 43'',68\,, \end{aligned}$$

et cherchant le nombre qui correspond au logarithme restant, on trouvera un nombre de secondes qui, à l'inspection de la table, répond à 1° 17' 43'', 68 ; calculant maintenant la valeur de log. S qui correspond à ce dernier angle, on trouve

$$\log. S = 4{,}6855378 \,;$$

retranchant ce logarithme du logarithme proposé, on trouvera

$$\log. x = 3{,}6687287\,,$$

qui correspond à $x = 1^\circ\ 17'\ 43'',680$,

Si on avait voulu se borner aux centiemes de secondes, on voit que la première approximation aurait suffi.

Si le logarithme donné était celui du cosinus d'un angle plus grand que 88°, on regarderait ce logarithme comme celui d'un sinus ; puis ayant trouvé l'angle correspondant qui serait alors moindre que 2°, il ne resterait plus qu'à en prendre le complément.

IIe. Exemple. Soit proposé de trouver l'angle x qui correspond à

$$\log.\ \text{tang}.\ x = 8{,}3543776.$$

Si l'on cherche d'abord le logarithme-tangente qui approche le plus, *en plus ou en moins*, du logarithme proposé, on trouvera que c'est celui de la tangente de 1° 18', et que la valeur correspondante de log. T est

$$log.\ T = 4{,}6856494,$$

retranchant ce logarithme du logarithme donné,

$$\begin{aligned} log.\ tang.\ x &= 8\ 3543776, \\ log.\ T &= \underline{4{,}6856494,} \\ log.\ x &= 3{,}6687282 = log.\ 1^\circ\ 17'\ 43'',\ 68, \end{aligned}$$

et cherchant le nombre qui correspond au logarithme restant, on trouvera un nombre de secondes qui, à l'inspection de la table, répond à 1° 17′ 43″, 68. Calculant maintenant la valeur de log. T qui correspond à ce dernier angle, on trouvera

$$log.\ T = 4{,}6856489;$$

retranchant ce logarithme du logarithme proposé, on trouvera

$$log.\ x = 3{,}668\ 7287,$$

qui correspond à $x = 1^\circ\ 17'\ 43'',\ 680.$

On voit encore qu'on aurait pu se dispenser de recourir à une seconde approximation, si l'on avait voulu se borner aux centièmes de seconde.

Si le logarithme donné appartenait à la tangente d'un angle plus grand que 88°, ou à la cotangente d'un angle moindre que 2°, ou enfin à la cotangente d'un angle plus grand que 88°, on ramènerait la question à trouver l'angle qui correspond au logarithme de la tangente d'un angle moindre que 2°, comme dans le second cas, puis on déduirait l'angle cherché de l'angle trouvé, comme il a été dit dans ce cas.

De l'approximation de la valeur des angles et du choix des lignes trigonométriques qu'il convient d'employer pour avoir le plus d'exactitude possible.

31. *Limites en deçà desquelles on peut employer le sinus.*

On voit, par les proportions que l'on a fait (Nos. 10 et 17), et par ce qui a été dit (No. 23), que, pour obtenir le degré d'approximation avec lequel on peut avoir l'angle cherché, il suffit de diviser 60″ par la différence des tables qui correspond à l'angle cherché. Ainsi la différence des tables qui correspond au logarithme du sinus de 37° 5′ étant 1671, l'erreur que l'on pourra commettre sera moindre que

$$\frac{60''}{1671} \text{ ou que } 0'' 036.$$

On aurait donc pu, dans l'exemple (N° 17), trouver l'angle correspondant à moins d'un dixième de seconde. D'après cela, il sera facile de s'assurer qu'une table de logarithme-sinus * à 7 décimales donnera les angles

à 1′	près jusqu'à	89° 57′.
1″	——	87° 16′.
0″, 1	——	64° 35′.
0″, 01	——	11° 53′.
0″, 001	——	1° 12′

32. *Limites en deçà et au delà desquelles on peut employer la tangente.*

D'après les proportions des N°s. 11 et 18, et ce qui a été dit (N°. 23), on voit qu'en divisant 60″ par 2626, qui est la différence correspondante au logarithme de *tang*. 37° 5′, l'erreur que l'on peut commettre sera moindre que $\frac{60}{2626}$ ou que 0,023. On aurait donc pu, dans l'exemple du N°. 18, trouver l'angle correspondant à moins d'un dixième de seconde.

D'après cela, il sera facile de s'assurer qu'une table de logarithmes-tangentes à sept décimales, donnera les angles

à 0″, 05 près	——	toujours.		
0″, 01	près jusqu'à	12° 27′	et au-dessus de	77° 33′.
0″, 005	——	6° 4′	——	83° 56′.
0″, 001	——	1° 12′	——	88° 48′.
0″, 0005	——	0° 36′	——	89° 24′.
0″, 0001	——	0° 7′	——	89° 53′.

Au reste, il est important de remarquer que les angles calculés au moyen des logarithmes des tangentes, auront tou-

* *Logarithme-sinus*, *logarithme-tangente*, etc., sont les expressions abrégées de *logarithme du sinus*, *logarithme de la tangente*, etc.

jours plus de précision que les mêmes angles calculés au moyen des logarithmes des sinus, parce que les différences des logarithmes des tangentes sont toujours plus grandes, dans le même endroit de la table, que celles des logarithmes des sinus.

33. *Limites au delà desquelles on peut employer le cosinus.*

On déterminera, comme à l'ordinaire (No. 23), c'est-à-dire, en divisant 60″ par la différence des tables, le degré d'approximation avec lequel on peut obtenir l'angle qui correspond à un logarithme-cosinus. On s'assurera de cette manière qu'une table de logarithmes-cosinus à sept décimales donne les angles.

a 1′	près au-dessus de	0° 3′.
1″	——	2° 44′.
0″, 1	——	25° 25′.
0″, 01	——	78° 7′.
0″, 001	——	88° 48′.

Remarque. Quant à la table des logarithmes-cotangentes elle donne exactement les mêmes approximations que celle des logarithmes-tangentes (No 32), ce qui tient à ce que les différences sont les mêmes pour les deux tables.

Les exemples que nous avons donnés suffisent pour mettre le Calculateur en état d'effectuer avec précision tous les calculs dans lesquels on emploie les logarithmes.

Cette troisième partie est l'extrait d'un travail de M. Loupot, *professeur de mathématiques au Collége royal de Bourbon.*

TABLE

DES

LOGARITHMES

DES

NOMBRES ENTIERS,

DEPUIS UN JUSQU'A DIX MILLE,

AVEC

Sept décimales et leurs différences.

Nomb	0. 0′ 0″ Logarit.	Nomb	0. 0′ 30″ Logarit.	Nomb	0. 1′ 0″ Logarit.
0	inf. nég.	30	1.47712125	60	1.77815125
1	0 00000000	31	1.49136169	61	1.78532984
2	0.30103000	32	1.50514998	62	1.79239169
3	0.47712125	33	1.51851394	63	1.79934055
4	0 60205999	34	1.53147892	64	1.80617997
5	0.69897000	35	1.54406804	65	1.81291336
6	0.77815125	36	1.55630250	66	1.81954394
7	0.84509804	37	1.56820172	67	1.82607480
8	0.90308999	38	1.57978360	68	1.83250891
9	0.95424251	39	1.59106461	69	1.83884909
10	1.00000000	40	1.60205999	70	1.84509804
11	1.04139269	41	1.61278386	71	1.85125835
12	1.07918125	42	1.62324929	72	1.85733250
13	1.11394335	43	1.63346846	73	1.86332286
14	1.14612804	44	1.64345268	74	1.86923172
15	1.17609126	45	1.65321251	75	1.87506126
16	1.20411998	46	1.66275783	76	1.88081359
17	1.23044892	47	1.67209786	77	1.88649073
18	1.25527251	48	1.68124124	78	1.89209460
19	1.27875360	49	1.69019608	79	1.89762709
20	1.30103000	50	1.69897000	80	1.90308999
21	1.32221929	51	1.70757018	81	1.90848502
22	1.34242268	52	1.71600334	82	1.91381385
23	1.36172784	53	1.72427587	83	1.91907809
24	1.38021124	54	1.73239376	84	1.92427929
25	1.39794001	55	1.74036269	85	1.92941893
26	1.41497335	56	1.74818803	86	1.93449845
27	1.43136376	57	1.75587486	87	1.93951925
28	1.44715803	58	1.76342799	88	1.94448267
29	1.46239800	59	1.77085201	89	1.94939001
30	1.47712125	60	1.77815125	90	1.95424251

Nomb	o. 1′ 30″ Logarit.	Nomb	o. 2′ 0″ Logarit.	Nomb	o. 2′ 30″ Logarit.
90	1.95424251	120	2.07918125	150	2.17609126
91	1.95904139	121	2.08278537	151	2.17897695
92	1.96378783	122	2.08635983	152	2.18184359
93	1.96848295	123	2.08990511	153	2.18469143
94	1.97312785	124	2.09342169	154	2.18752072
95	1.97772361	125	2.09691001	155	2.19033170
96	1.98227123	126	2.10037055	156	2.19312460
97	1 98677173	127	2.10380372	157	2.19589965
98	1.99122608	128	2.10720997	158	2.19865709
99	1.99563519	129	2.11058971	159	2.20139712
100	2.00000000	130	2.11394335	160	2.20411998
101	2.00432137	131	2.11727130	161	2.20682588
102	2.00860017	132	2.12057393	162	2.20951501
103	2.01283722	133	2.12385164	163	2.21218760
104	2 01703334	134	2.12710480	164	2.21484385
105	2.02118930	135	2.13033377	165	2.21748394
106	2.02530587	136	2.13353891	166	2.22010809
107	2.02938378	137	2.13672057	167	2.22271647
108	2.03342376	138	2.13987909	168	2.22530928
109	2.03742650	139	2.14301480	169	2.22788670
110	2.04139269	140	2.14612804	170	2.23044892
111	2.04532298	141	2.14921911	171	2.23299611
112	2.04921802	142	2.15228834	172	2.23552845
113	2.05307844	143	2.15533604	173	2.23804610
114	2.05690485	144	2.15836249	174	2.24054925
115	2.06069784	145	2.16136800	175	2.24303805
116	2.06445799	146	2.16435286	176	2.24551267
117	2.06818586	147	2.16731733	177	2.24797327
118	2.07188201	148	2.17026172	178	2.25042000
119	2.07554696	149	2.17318627	179	2.25285303
120	2.07918125	150	2.17609126	180	2.25527251

Nomb	0. 3′ 0″ Logarit.	Nomb	0. 3′ 30″ Logarit.	Nomb	0. 4′ 0″ Logarit.
180	2 25527251	210	2.32221929	240	2.38021124
181	2.25767857	211	2.32428246	241	2.38201704
182	2.26007139	212	2.32633586	242	2.38381537
183	2 26245109	213	2.32837960	243	2.38560627
184	2.26481782	214	2.33041377	244	2.38738983
185	2.26717173	215	2.33243846	245	2.38916608
186	2.26951294	216	2.33445375	246	2.39093511
187	2.27184161	217	2.33645973	247	2.39269695
188	2.27415785	218	2.33845649	248	2.39445168
189	2.27646180	219	2.34044411	249	2.39619935
190	2.27875360	220	2.34242268	250	2.39794001
191	2.28103337	221	2.34439227	251	2.39967372
192	2.28330123	222	2.34635297	252	2.40140054
193	2.28555731	223	2.34830486	253	2.40312052
194	2.28780173	224	2.35024802	254	2.40483372
195	2.29003461	225	2.35218252	255	2.40654018
196	2.29225607	226	2.35410844	256	2.40823997
197	2.29446623	227	2.35602586	257	2.40993312
198	2.29666519	228	2.35793485	258	2.41161971
199	2.29885308	229	2.35983548	259	2.41329976
200	2.30103000	230	2.36172784	260	2.41497335
201	2.30319606	231	2.36361198	261	2 41664051
202	2.30535137	232	2.36548798	262	2.41830129
203	2.30749604	233	2.36735592	263	2.41995575
204	2.30963017	234	2.36921586	264	2.42160393
205	2.31175386	235	2.37106786	265	2.42324587
206	2.31386722	236	2.37291200	266	2.42488164
207	2.31597035	237	2.37474835	267	2.42651126
208	2.31806333	238	2.37657696	268	2.42813479
209	2.32014629	239	2.37839790	269	2.42975228
210	2.32221929	240	2.38021124	270	2.43136376

Nomb	o. 4′ 30″ Logarit.	Nomb	o. 5′ o″ Logarit.	Nomb	o 5′ 30″ Logarit.
270	2.43136376	300	2.47712125	330	2.51851394
271	2.43296929	301	2.47856650	331	2.51982799
272	2.43456890	302	2.48000694	332	2.52113808
273	2.43616265	303	2.48144263	333	2.52244423
274	2.43775056	304	2.48287358	334	2.52374647
275	2.43933269	305	2.48429984	335	2.52504481
276	2.44090908	306	2.48572143	336	2.52633928
277	2.44247977	307	2.48713838	337	2.52762990
278	2.44404480	308	2.48855072	338	2.52891670
279	2.44560420	309	2.48995848	339	2.53019970
280	2.44715803	310	2.49136169	340	2.53147892
281	2.44870632	311	2.49276039	341	2.53275438
282	2.45024911	312	2.49415459	342	2.53402611
283	2.45178644	313	2.49554434	343	2.53529412
284	2.45331834	314	2.49692965	344	2.53655844
285	2.45484486	315	2.49831055	345	2.53781910
286	2.45636603	316	2.49968708	346	2.53907610
287	2.45788190	317	2.50105926	347	2.54032947
288	2.45939249	318	2.50242712	348	2.54157924
289	2.46089784	319	2.50379068	349	2.54282543
290	2.46239800	320	2.50514998	350	2.54406804
291	2.46389299	321	2.50650503	351	2.54530712
292	2.46538285	322	2.50785587	352	2.54654266
293	2.46686762	323	2.50920252	353	2.54777471
294	2.46834733	324	2.51054501	354	2.54900326
295	2.46982202	325	2.51188336	355	2.55022835
296	2.47129171	326	2.51321760	356	2.55145000
297	2.47275645	327	2.51454775	357	2.55266822
298	2.47421626	328	2.51587384	358	2.55388303
299	2.47567119	329	2.51719590	359	2.55509445
300	2.47712125	330	2.51851394	360	2.55630250

Nomb	o. 6′ o″ Logarit.	Nomb	o. 6′ 30″ Logarit.	Nomb	o. 7′ o″ Logarit.
360	2.55630250	390	2.59106461	420	2.62324929
361	2.55750720	391	2.59217676	421	2.62428210
362	2.55870857	392	2.59328607	422	2.62531245
363	2.55990663	393	2.59439255	423	2.62634037
364	2.56110138	394	2.59549622	424	2.62736586
365	2.56229286	395	2.59659710	425	2 62838893
366	2.56348109	396	2.59769519	426	2 62940960
367	2.56466606	397	2.59879051	427	2.63042788
368	2.56584782	398	2.59988307	428	2.63144377
369	2.56702637	399	2.60097290	429	2.63245729
370	2.56820172	400	2.60205999	430	2.63346846
371	2.56937391	401	2.60314437	431	2.63447727
372	2.57054294	402	2.60422605	432	2.63548375
373	2.57170883	403	2.60530505	433	2.63648790
374	2.57287160	404	2.60638137	434	2.63748973
375	2.57403127	405	2.60745502	435	2.63848926
376	2.57518784	406	2.60852603	436	2.63948649
377	2.57634135	407	2.60959441	437	2.64048144
378	2.57749180	408	2.61066016	438	2.64147411
379	2.57863921	409	2.61172331	439	2.64246452
380	2.57978360	410	2.61278386	440	2.64345268
381	2.58092498	411	2.61384182	441	2.64443859
382	2.58206336	412	2.61489722	442	2.64542227
383	2.58319877	413	2.61595005	443	2.64640373
384	2.58433122	414	2.61700034	444	2 64738297
385	2.58546073	415	2.61804810	445	2.64836001
386	2.58658730	416	2.61909333	446	2.64933486
387	2.58771097	417	2.62013605	447	2.65030752
388	2.58883173	418	2.62117628	448	2.65127801
389	2.58994960	419	2.62221402	449	2.65224634
390	2.59106461	420	2.62324929	450	2.65321251

Nomb	0. 7′ 30″ Logarit.	Nomb	0. 8′ 0″ Logarit.	Nomb	0. 8′ 30″ Logarit.
450	2.65321251	480	2.68124124	510	2.70757018
451	2.65417654	481	2.68214508	511	2.70842090
452	2.65513843	482	2.68304704	512	2.70926996
453	2.65609820	483	2.68394713	513	2.71011737
454	2.65705585	484	2.68484536	514	2.71096312
455	2.65801140	485	2.68574174	515	2.71180723
456	2.65896484	486	2.68663627	516	2.71264970
457	2.65991620	487	2.68752896	517	2.71349054
458	2.66086548	488	2.68841982	518	2.71432976
459	2.66181269	489	2.68930886	519	2.71516736
460	2.66275783	490	2.69019608	520	2.71600334
461	2.66370093	491	2.69108149	521	2.71683772
462	2.66464198	492	2.69196510	522	2.71767050
463	2.66558099	493	2.69284692	523	2.71850169
464	2.66651798	494	2.69372695	524	2.71933129
465	2.66745295	495	2.69460520	525	2.72015930
466	2.66838592	496	2.69548168	526	2.72098574
467	2.66931688	497	2.69635639	527	2.72181062
468	2.67024585	498	2.69722934	528	2.72263392
469	2.67117284	499	2.69810055	529	2.72345567
470	2.67209786	500	2.69897000	530	2.72427587
471	2.67302091	501	2.69983773	531	2.72509452
472	2.67394200	502	2.70070372	532	2.72591163
473	2.67486114	503	2.70156799	533	2.72672721
474	2.67577834	504	2.70243054	534	2.72754126
475	2.67669361	505	2.70329138	535	2.72835378
476	2.67760695	506	2.70415052	536	2.72916479
477	2.67851838	507	2.70500796	537	2.72997429
478	2.67942790	508	2.70586371	538	2.73078228
479	2.68033551	509	2.70671778	539	2.73158877
480	2.68124124	510	2.70757018	540	2.73239376

Nomb	0. 9′ 0″ Logarit.	Nomb	0. 9′ 30″ Logarit.	Nomb	0. 10′ 0″ Logarit.
540	2.73239376	570	2.75587486	600	2.77815125
541	2.73319727	571	2 75663611	601	2.77887447
542	2.73399929	572	2.75739603	602	2.77959649
543	2.73479983	573	2.75815462	603	2.78031731
544	2.73559890	574	2.75891189	604	2.78103694
545	2.73639650	575	2.75966784	605	2.78175537
546	2.73719264	576	2.76042248	606	2.78247262
547	2.73798733	577	2.76117581	607	2.78318869
548	2.73878056	578	2.76192784	608	2.78390358
549	2.73957234	579	2.76267856	609	2.78461729
550	2.74036269	580	2.76342799	610	2.78532984
551	2.74115160	581	2.76417613	611	2.78604121
552	2.74193908	582	2.76492298	612	2.78675142
553	2.74272513	583	2.76566855	613	2.78746047
554	2.74350976	584	2.76641285	614	2.78816837
555	2.74429298	585	2.76715587	615	2.78887512
556	2.74507479	586	2.76789762	616	2.78958071
557	2.74585520	587	2.76863810	617	2.79028516
558	2.74663420	588	2.76937733	618	2.79098848
559	2.74741181	589	2.77011529	619	2.79169065
560	2.74818803	590	2.77085201	620	2.79239169
561	2.74896286	591	2.77158748	621	2.79309160
562	2.74973632	592	2.77232171	622	2.79379038
563	2.75050839	593	2.77305469	623	2.79448805
564	2.75127910	594	2.77378644	624	2.79518459
565	2.75204845	595	2.77451697	625	2.79588002
566	2.75281643	596	2.77524626	626	2.79657433
567	2.75358306	597	2.77597433	627	2.79726754
568	2.75434834	598	2.77670118	628	2.79795964
569	2.75511227	599	2.77742682	629	2.79865065
570	2.75587486	600	2.77815125	630	2.79934055

Nomb	0. 10′ 30″ Logarit.	Nomb	0. 11′ 0″ Logarit.	Nomb	0. 11′ 30″ Logarit.
630	2.79934055	660	2.81954394	690	2.83884909
631	2.80002936	661	2.82020146	691	2.83947805
632	2.80071708	662	2.82085799	692	2.84010609
633	2.80140371	663	2.82151353	693	2.84073323
634	2.80208926	664	2.82216808	694	2.84135947
635	2.80277373	665	2.82282165	695	2.84198480
636	2.80345712	666	2.82347423	696	2.84260924
637	2.80413943	667	2.82412583	697	2.84323278
638	2.80482068	668	2.82477646	698	2.84385542
639	2.80550086	669	2.82542612	699	2.84447718
640	2.80617997	670	2.82607480	700	2.84509804
641	2.80685803	671	2.82672252	701	2.84571802
642	2.80753503	672	2.82736927	702	2.84633711
643	2.80821097	673	2.82801506	703	2.84695533
644	2.80888587	674	2.82865990	704	2.84757266
645	2.80955971	675	2.82930377	705	2.84818912
646	2.81023252	676	2.82994670	706	2.84880470
647	2.81090428	677	2.83058867	707	2.84941941
648	2.81157501	678	2.83122969	708	2.85003326
649	2.81224470	679	2.83186977	709	2.85064624
650	2.81291336	680	2.83250891	710	2.85125835
651	2.81358099	681	2.83314711	711	2.85186960
652	2.81424760	682	2.83378437	712	2.85247999
653	2.81491318	683	2.83442070	713	2.85308953
654	2.81557775	684	2.83505610	714	2.85369821
655	2.81624130	685	2.83569057	715	2.85430604
656	2.81690384	686	2.83632412	716	2.85491302
657	2.81756537	687	2.83695674	717	2.85551916
658	2.81822589	688	2.83758844	718	2.85612444
659	2.81888541	689	2.83821922	719	2.85672889
660	2.81954394	690	2.83884909	720	2.85733250

Nomb	0. 12′ 0″ Logarit	Nomb	0. 12′ 30″ Logarit.	Nomb	0. 13′ 0″ Logarit.
720	2.85733250	750	2.87506126	780	2.89209460
721	2.85793526	751	2.87563994	781	2.89265103
722	2.85853720	752	2.87621784	782	2.89320675
723	2.85913830	753	2.87679498	783	2.89376176
724	2.85973857	754	2.87737135	784	2.89431606
725	2.86033801	755	2.87794695	785	2.89486966
726	2.86093662	756	2.87852180	786	2.89542255
727	2.86153441	757	2.87909588	787	2.89597473
728	2.86213138	758	2.87966921	788	2.89652622
729	2.86272753	759	2.88024178	789	2.89707700
730	2.86332286	760	2.88081359	790	2.89762709
731	2.86391738	761	2.88138466	791	2.89817648
732	2.86451108	762	2.88195497	792	2.89872518
733	2.86510397	763	2.88252454	793	2.89927319
734	2.86569606	764	2.88309336	794	2.89982050
735	2.86628734	765	2.88366144	795	2.90036713
736	2.86687781	766	2.88422877	796	2.90091307
737	2.86746749	767	2.88479536	797	2.90145832
738	2.86805636	768	2.88536122	798	2.90200289
739	2.86864444	769	2.88592634	799	2.90254678
740	2.86923172	770	2.88649073	800	2.90308999
741	2.86981821	771	2.88705438	801	2.90363252
742	2.87040391	772	2.88761730	802	2.90417437
743	2.87098881	773	2.88817949	803	2.90471555
744	2.87157294	774	2.88874096	804	2.90525605
745	2.87215627	775	2.88930170	805	2.90579588
746	2.87273883	776	2.88986172	806	2.90633504
747	2.87332060	777	2.89042102	807	2.90687353
748	2.87390160	778	2.89097960	808	2.90741136
749	2.87448182	779	2.89153746	809	2.90794852
750	2.87506126	780	2.89209460	810	2.90848502

Nomb	o. 13′ 30″ Logarit.	Nomb	o. 14′ 0″ Logarit.	Nomb	o. 14′ 30″ Logarit.
810	2.90848502	840	2.92427929	870	2.93951925
811	2.90902085	841	2.92479600	871	2.94001816
812	2.90955603	842	2.92531209	872	2.94051648
813	2.91009055	843	2.92582757	873	2.94101424
814	2.91062440	844	2.92634245	874	2.94151143
815	2.91115761	845	2.92685671	875	2.94200805
816	2.91169016	846	2.92737036	876	2.94250411
817	2.91222206	847	2.92788341	877	2.94299959
818	2.91275330	848	2.92839585	878	2.94349452
819	2.91328390	849	2.92890769	879	2.94398888
820	2.91381385	850	2.92941893	880	2.94448267
821	2.91434316	851	2.92992956	881	2.94497591
822	2.91487182	852	2.93043959	882	2.94546859
823	2.91539984	853	2.93094903	883	2.94596070
824	2.91592721	854	2.93145787	884	2.94645227
825	2.91645395	855	2.93196611	885	2.94694327
826	2.91698005	856	2.93247376	886	2.94743372
827	2.91750551	857	2.93298082	887	2.94792362
828	2.91803034	858	2.93348729	888	2.94841297
829	2.91855453	859	2.93399316	889	2.94890176
830	2.91907809	860	2.93449845	890	2.94939001
831	2.91960102	861	2.93500315	891	2.94987770
832	2.92012333	862	2.93550727	892	2.95036485
833	2.92064500	863	2.93601080	893	2.95085146
834	2.92116605	864	2.93651374	894	2.95133752
835	2.92168648	865	2.93701611	895	2.95182304
836	2.92220628	866	2.93751789	896	2.95230801
837	2.92272546	867	2.93801910	897	2.95279244
838	2.92324402	868	2.93851973	898	2.95327634
839	2.92376196	869	2.93901978	899	2.95375969
840	2.92427929	870	2.93951925	900	2.95424251

Nomb	0. 15′ 0″ Logarit.	Nomb	0. 15′ 30″ Logarit.	Nomb	0. 16′ 0″ Logarit.
900	2.95424251	930	2.96848295	960	2.98227123
901	2.95472479	931	2.96894968	961	2.98272339
902	2.95520654	932	2.96941591	962	2.98317507
903	2.95568775	933	2.96988164	963	2.98362629
904	2.95616843	934	2.97034688	964	2.98407703
905	2.95664858	935	2.97081161	965	2.98452731
906	2.95712820	936	2.97127585	966	2.98497713
907	2.95760729	937	2.97173959	967	2.98542647
908	2.95808585	938	2.97220284	968	2.98587536
909	2.95856388	939	2.97266559	969	2.98632378
910	2.95904139	940	2.97312785	970	2.98677173
911	2.95951838	941	2.97358962	971	2.98721923
912	2.95999484	942	2.97405090	972	2.98766626
913	2.96047078	943	2.97451169	973	2.98811284
914	2.96094620	944	2.97497199	974	2.98855896
915	2.96142109	945	2.97543181	975	2.98900462
916	2.96189547	946	2.97589114	976	2.98944982
917	2.96236934	947	2.97634998	977	2.98989456
918	2.96284268	948	2.97680834	978	2.99033885
919	2.96331551	949	2.97726621	979	2.99078269
920	2.96378783	950	2.97772361	980	2.99122608
921	2.96425963	951	2.97818052	981	2.99166901
922	2.96473092	952	2.97863695	982	2.99211149
923	2.96520170	953	2.97909290	983	2.99255352
924	2.96567197	954	2.97954837	984	2.99299510
925	2.96614173	955	2.98000337	985	2.99343623
926	2.96661099	956	2.98045789	986	2.99387691
927	2.96707973	957	2.98091194	987	2.99431715
928	2.96754798	958	2.98136551	988	2.99475694
929	2.96801571	959	2.98181861	989	2.99519629
930	2.96848295	960	2.98227123	990	2.99563519

Nomb	0. 16′ 30″ Logarit.	Diff.	Nomb	0. 17′ 0″ Logarit.	Diff.	Nomb	0. 17′ 30″ Logarit.	Diff.
990	2.9956352	4385	1020	3.0086002	4255	1050	3.0211893	4134
991	2.9960737	4380	1021	3.0090257	4252	1051	3.0216027	4130
992	2.9965117	4376	1022	3.0094509	4247	1052	3.0220157	4127
993	2.9969493	4371	1023	3.0098756	4244	1053	3.0224284	4122
994	2.9973864	4367	1024	3.0103000	4239	1054	3.0228406	4119
995	2.9978231	4362	1025	3.0107239	4235	1055	3.0232525	4114
996	2.9982593	4359	1026	3.0111474	4230	1056	3.0236639	4111
997	2 9986952	4353	1027	3.0115704	4227	1057	3 0240750	4107
998	2.9991305	4350	1028	3.0119931	4223	1058	3.0244857	4103
999	2.9995655	4345	1029	3.0124154	4218	1059	3.0248960	4099
1000	3.0000000	4341	1030	3.0128372	4215	1060	3.0253059	4095
1001	3.0004341	4336	1031	3.0132587	4210	1061	3.0257154	4091
1002	3.0008677	4332	1032	3.0136797	4206	1062	3.0261245	4088
1003	3.0013009	4328	1033	3.0141003	4202	1063	3.0265333	4083
1004	3.0017337	4324	1034	3.0145205	4199	1064	3.0269416	4080
1005	3.0021661	4319	1035	3.0149404	4194	1065	3.0273496	4076
1006	3.0025980	4315	1036	3.0153598	4190	1066	3.0277572	4072
1007	3.0030295	4310	1037	3.0157788	4186	1067	3.0281644	4069
1008	3.0034605	4307	1038	3.0161974	4182	1068	3.0285713	4064
1009	3.0038912	4302	1039	3.0166156	4177	1069	3.0289777	4061
1010	3.0043214	4298	1040	3.0170333	4174	1070	3.0293838	4057
1011	3.0047512	4293	1041	3.0174507	4170	1071	3.0297895	4053
1012	3.0051805	4290	1042	3.0178677	4166	1072	3.0301948	4049
1013	3.0056095	4285	1043	3.0182843	4162	1073	3.0305997	4046
1014	3.0060380	4280	1044	3 0187005	4158	1074	3.0310043	4042
1015	3.0064660	4277	1045	3.0191163	4154	1075	3.0314085	4038
1016	3.0068937	4273	1046	3.0195317	4150	1076	3.0318123	4034
1017	3.0073210	4268	1047	3.0199467	4146	1077	3.0322157	4031
1018	3.0077478	4264	1048	3.0203613	4142	1078	3.0326188	4026
1019	3.0081742	4260	1049	3.0207755	4138	1079	3.0330214	4024
1020	3.0086002		1050	3.0211893		1080	3.0334238	

Nomb	0. 18′ 0″ Logarit.	Diff.	Nomb	0 18′ 30″ Logarit.	Diff.	Nomb	0. 19′ 0″ Logarit.	Diff.
1080	3.0334238	4019	1110	3.0453230	3911	1140	3.0569049	3807
1081	3.0338257	4016	1111	3.0457141	3907	1141	3.0572856	3805
1082	3.0342273	4012	1112	3.0461048	3904	1142	3.0576661	3801
1083	3.0346285	4008	1113	3.0464952	3900	1143	3.0580462	3798
1084	3.0350293	4004	1114	3.0468852	3897	1144	3.0584260	3795
1085	3.0354297	4001	1115	3.0472749	3893	1145	3.0588055	3791
1086	3.0358298	3997	1116	3.0476642	3890	1146	3.0591846	3788
1087	3.0362295	3994	1117	3.0480532	3886	1147	3.0595634	3785
1088	3.0366289	3990	1118	3.0484418	3883	1148	3.0599419	3781
1089	3.0370279	3986	1119	3.0488301	3879	1149	3.0603200	3778
1090	3.0374265	3983	1120	3.0492180	3876	1150	3.0606978	3775
1091	3.0378248	3978	1121	3.0496056	3873	1151	3.0610753	3772
1092	3.0382226	3976	1122	3.0499929	3869	1152	3.0614525	3768
1093	3.0386202	3971	1123	3.0503798	3865	1153	3.0618293	3765
1094	3.0390173	3968	1124	3.0507663	3862	1154	3.0622058	3762
1095	3.0394141	3965	1125	3.0511525	3859	1155	3.0625820	3758
1096	3.0398106	3960	1126	3.0515384	3855	1156	3.0629578	3756
1097	3.0402066	3957	1127	3.0519239	3852	1157	3.0633334	3752
1098	3.0406023	3954	1128	3.0523091	3848	1158	3.0637086	3748
1099	3.0409977	3950	1129	3.0526939	3845	1159	3.0640834	3746
1100	3.0413927	3946	1130	3.0530784	3842	1160	3.0644580	3742
1101	3.0417873	3943	1131	3.0534626	3838	1161	3.0648322	3739
1102	3.0421816	3939	1132	3.0538464	3835	1162	3.0652061	3736
1103	3.0425755	3936	1133	3.0542299	3832	1163	3.0655797	3733
1104	3.0429691	3932	1134	3.0546131	3828	1164	3.0659530	3729
1105	3.0433623	3928	1135	3.0549959	3824	1165	3.0663259	3727
1106	3.0437551	3925	1136	3.0553783	3822	1166	3.0666986	3723
1107	3.0441476	3922	1137	3.0557605	3818	1167	3.0670709	3719
1108	3.0445398	3918	1138	3.0561423	3814	1168	3.0674428	3717
1109	3.0449316	3914	1139	3.0565237	3812	1169	3.0678145	3714
1110	3.0453230		1140	3.0569049		1170	3.0681859	

Nomb	0. 19′ 30″ Logarit.	Diff.	Nomb	0. 20′ 0″ Logarit.	Diff.	Nomb	0. 20′ 30″ Logarit.	Diff.
1170	3.0681859	3710	1200	3.0791812	3618	1230	3.0899051	3530
1171	3.0685569	3707	1201	3.0795430	3615	1231	3.0902581	3526
1172	3.0689276	3704	1202	3.0799045	3611	1232	3.0906107	3524
1173	3.0692980	3701	1203	3.0802656	3609	1233	3.0909631	3521
1174	3.0696681	3698	1204	3.0806265	3605	1234	3.0913152	3518
1175	3.0700379	3694	1205	3.0809870	3603	1235	3.0916670	3515
1176	3.0704073	3692	1206	3.0813473	3600	1236	3.0920185	3512
1177	3.0707765	3688	1207	3.0817073	3596	1237	3.0923697	3509
1178	3.0711453	3685	1208	3.0820669	3594	1238	3.0927206	3507
1179	3.0715138	3682	1209	3.0824263	3591	1239	3.0930713	3504
1180	3.0718820	3679	1210	3.0827854	3587	1240	3.0934217	3501
1181	3.0722499	3676	1211	3.0831441	3585	1241	3.0937718	3498
1182	3.0726175	3672	1212	3.0835026	3582	1242	3.0941216	3495
1183	3.0729847	3670	1213	3.0838608	3579	1243	3.0944711	3493
1184	3.0733517	3667	1214	3.0842187	3576	1244	3.0948204	3490
1185	3.0737184	3663	1215	3.0845763	3573	1245	3.0951694	3486
1186	3.0740847	3660	1216	3.0849336	3570	1246	3.0955180	3485
1187	3.0744507	3657	1217	3.0852906	3567	1247	3.0958665	3481
1188	3.0748164	3655	1218	3.0856473	3564	1248	3.0962146	3478
1189	3.0751819	3651	1219	3.0860037	3561	1249	3.0965624	3476
1190	3.0755470	3648	1220	3.0863598	3559	1250	3.0969100	3473
1191	3.0759118	3645	1221	3.0867157	3555	1251	3.0972573	3470
1192	3.0762763	3641	1222	3.0870712	3553	1252	3.0976043	3468
1193	3.0766404	3639	1223	3.0874265	3549	1253	3.0979511	3464
1194	3.0770043	3636	1224	3.0877814	3547	1254	3.0982975	3462
1195	3.0773679	3633	1225	3.0881361	3544	1255	3.0986437	3459
1196	3.0777312	3630	1226	3.0884905	3541	1256	3.0989896	3457
1197	3.0780942	3626	1227	3.0888446	3538	1257	3.0993353	3453
1198	3.0784568	3624	1228	3.0891984	3535	1258	3.0996806	3451
1199	3.0788192	3621	1229	3.0895519	3532	1259	3.1000257	3448
1200	3.0791813		1230	3.0899051		1260	3.1003705	

Nomb	0. 21′ 0″ Logarit.	Diff.	Nomb	0. 21′ 30″ Logarit.	Diff.	Nomb	0. 22′ 0″ Logarit.	Diff.
1260	3.1003705	3446	1290	3.1105897	3365	1320	3.1205739	3289
1261	3.1007151	3443	1291	3.1109262	3363	1321	3.1209028	3287
1262	3.1010594	3440	1292	3.1112625	3360	1322	3.1212315	3283
1263	3.1014034	3437	1293	3.1115985	3358	1323	3.1215598	3282
1264	3.1017471	3434	1294	3.1119343	3355	1324	3.1218880	3279
1265	3.1020905	3432	1295	3.1122698	3352	1325	3.1222159	3276
1266	3.1024337	3429	1296	3.1126050	3350	1326	3.1225435	3274
1267	3.1027766	3427	1297	3.1129400	3347	1327	3.1228709	3272
1268	3.1031193	3423	1298	3.1132747	3345	1328	3.1231981	3269
1269	3.1034616	3421	1299	3.1136092	3342	1329	3.1235250	3266
1270	3.1038037	3419	1300	3.1139434	3339	1330	3.1238516	3265
1271	3.1041456	3415	1301	3.1142773	3337	1331	3.1241781	3261
1272	3.1044871	3413	1302	3.1146110	3334	1332	3.1245042	3259
1273	3.1048284	3410	1303	3.1149444	3332	1333	3.1248301	3257
1274	3.1051694	3408	1304	3.1152776	3329	1334	3.1251558	3255
1275	3.1055102	3405	1305	3.1156105	3327	1335	3 1254813	3252
1276	3.1058507	3402	1306	3.1159432	3324	1336	3.1258065	3249
1277	3.1061909	3400	1307	3.1162756	3321	1337	3.1261314	3247
1278	3.1065309	3396	1308	3.1166077	3319	1338	3.1264561	3245
1279	3.1068705	3395	1309	3.1169396	3317	1339	3.1267806	3242
1280	3.1072100	3391	1310	3.1172713	3314	1340	3.1271048	3240
1281	3.1075491	3389	1311	3.1176027	3311	1341	3.1274288	3237
1282	3.1078880	3387	1312	3.1179338	3309	1342	3.1277525	3235
1283	3.1082267	3383	1313	3.1182647	3307	1343	3.1280760	3233
1284	3.1085650	3381	1314	3.1185954	3304	1344	3.1283993	3230
1285	3.1089031	3379	1315	3.1189258	3301	1345	3.1287223	3228
1286	3.1092410	3375	1316	3.1192559	3299	1346	3.1290451	3225
1287	3.1095785	3374	1317	3.1195858	3296	1347	3.1293676	3223
1288	3.1099159	3370	1318	3.1199154	3294	1348	3.1296899	3220
1289	3.1102529	3368	1319	3.1202448	3291	1349	3.1300119	3219
1290	3.1105897		1320	3.1205739		1350	3.1303338	

Nomb	0. 22′ 30″ Logarit.	Diff.	Nomb	0. 23′ 0″ Logarit.	Diff.	Nomb	0. 23′ 30″ Logarti.	Diff.
1350	3.1303338	3215	1380	3.1398791	3146	1410	3.1492191	3079
1351	3.1306553	3214	1381	3.1401937	3143	1411	3.1495270	3076
1352	3.1309767	3211	1382	3.1405080	3142	1412	3.1498347	3075
1353	3.1312978	3209	1383	3.1408222	3139	1413	3.1501422	3072
1354	3.1316187	3206	1384	3.1411361	3137	1414	3.1504494	3070
1355	3.1319393	3204	1385	3.1414498	3134	1415	3.1507564	3069
1356	3.1322597	3201	1386	3.1417632	3133	1416	3.1510633	3066
1357	3.1325798	3200	1387	3.1420765	3130	1417	3.1513699	3063
1358	3.1328998	3197	1388	3.1423895	3127	1418	3.1516762	3062
1359	3.1332195	3194	1389	3.1427022	3126	1419	3.1519824	3059
1360	3.1335389	3192	1390	3.1430148	3123	1420	3.1522883	3058
1361	3.1338581	3190	1391	3.1433271	3121	1421	3.1525941	3055
1362	3.1341771	3188	1392	3.1436392	3119	1422	3.1528996	3053
1363	3.1344959	3185	1393	3.1439511	3117	1423	3.1532049	3051
1364	3.1348144	3183	1394	3.1442628	3114	1424	3.1535100	3049
1365	3.1351327	3180	1395	3.1445742	3112	1425	3.1538149	3046
1366	3.1354507	3178	1396	3.1448854	3110	1426	3.1541195	3045
1367	3.1357685	3176	1397	3.1451964	3108	1427	3.1544240	3042
1368	3.1360861	3173	1398	3.1455072	3105	1428	3.1547282	3040
1369	3.1364034	3172	1399	3.1458177	3103	1429	3.1550322	3038
1370	3.1367206	3169	1400	3.1461280	3101	1430	3.1553360	3036
1371	3.1370375	3166	1401	3.1464381	3099	1431	3.1556396	3034
1372	3.1373541	3164	1402	3.1467480	3097	1432	3.1559430	3032
1373	3.1376705	3162	1403	3.1470577	3094	1433	3.1562462	3030
1374	3.1379867	3160	1404	3.1473671	3092	1434	3.1565492	3027
1375	3.1383027	3157	1405	3.1476763	3090	1435	3.1568519	3025
1376	3.1386184	3155	1406	3.1479853	3088	1436	3.1571544	3024
1377	3.1389339	3153	1407	3.1482941	3086	1437	3.1574568	3021
1378	3.1392492	3151	1408	3.1486027	3083	1438	3.1577589	3019
1379	3.1395643	3148	1409	3.1489110	3081	1439	3.1580608	3017
1380	3.1398791		1410	3.1492191		1440	3.1583625	

Nomb	0. 24′ 0″ Logarit.	Diff.	Nomb	0. 24′ 30″ Logarit.	Diff.	Nomb	0. 25′ 0″ Logarit.	Diff.
1440	3.1583625	3015	1470	3.1673173	2954	1500	3.1760913	2894
1441	3.1586640	3013	1471	3.1676127	2951	1501	3.1763807	2892
1442	3.1589653	3010	1472	3.1679078	2949	1502	3 1766699	2891
1443	3.1592663	3009	1473	3.1682027	2948	1503	3.1769590	2888
1444	3.1595672	3006	1474	3.1684975	2945	1504	3.1772478	2887
1445	3.1598678	3005	1475	3.1687920	2944	1505	3.1775365	2885
1446	3.1601683	3002	1476	3.1690864	2941	1506	3.1778250	2883
1447	3.1604685	3001	1477	3.1693805	2939	1507	3.1781133	2880
1448	3.1607686	2998	1478	3.1696744	2938	1508	3.1784013	2879
1449	3.1610684	2996	1479	3.1699682	2935	1509	3.1786892	2877
1450	3.1613680	2994	1480	3.1702617	2934	1510	3.1789769	2876
1451	3.1616674	2992	1481	3.1705551	2931	1511	3.1792645	2873
1452	3.1619666	2990	1482	3.1708482	2930	1512	3.1795518	2871
1453	3.1622656	2988	1483	3.1711412	2927	1513	3.1798389	2870
1454	3.1625644	2986	1484	3.1714339	2926	1514	3.1801259	2867
1455	3.1628630	2984	1485	3.1717265	2923	1515	3.1804126	2866
1456	3.1631614	2982	1486	3.1720188	2922	1516	3.1806992	2864
1457	3.1634596	2979	1487	3.1723110	2919	1517	3.1809856	2862
1458	3.1637575	2978	1488	3.1726029	2918	1518	3.1812718	2860
1459	3.1640553	2976	1489	3.1728947	2916	1519	3.1815578	2858
1460	3.1643529	2973	1490	3.1731863	2913	1520	3.1818436	2856
1461	3.1646502	2972	1491	3.1734776	2912	1521	3.1821292	2855
1462	3 1649474	2969	1492	3.1737688	2910	1522	3.1824147	2852
1463	3.1652443	2968	1493	3.1740598	2908	1523	3.1826999	2851
1464	3.1655411	2965	1494	3.1743506	2906	1524	3.1829850	2848
1465	3.1658376	2964	1495	3.1746412	2904	1525	3.1832698	2847
1466	3.1661340	2961	1496	3.1749316	2902	1526	3.1835545	2845
1467	3.1664301	2960	1497	3.1752218	2900	1527	3.1838390	2844
1468	3.1667261	2957	1498	3.1755118	2898	1528	3.1841234	2841
1469	3.1670218	2955	1499	3.1758016	2897	1529	3.1844075	2839
1470	3.1673173		1500	3.1760913		1530	3.1846914	

Nomb	0. 25′ 30″ Logarit.	Diff.	Nomb	0. 26′ 0″ Logarit.	Diff.	Nomb	0. 26′ 30″ Logarit.	Diff.
1530	3.1846914	2838	1560	3.1931246	2783	1590	3.2013971	2731
1531	3.1849752	2836	1561	3.1934029	2781	1591	3.2016702	2729
1532	3.1852588	2834	1562	3.1936810	2780	1592	3.2019431	2727
1533	3.1855422	2832	1563	3.1939590	2777	1593	3.2022158	2725
1534	3.1858254	2830	1564	3.1942367	2776	1594	3.2024883	2724
1535	3.1861084	2828	1565	3.1945143	2775	1595	3.2027607	2722
1536	3.1863912	2827	1566	3.1947918	2772	1596	3.2030329	2720
1537	3.1866739	2824	1567	3.1950690	2771	1597	3.2033049	2719
1538	3.1869563	2823	1568	3.1953461	2768	1598	3.2035768	2717
1539	3.1872386	2821	1569	3.1956229	2768	1599	3.2038485	2715
1540	3.1875207	2819	1570	3.1958997	2765	1600	3.2041200	2713
1541	3.1878026	2818	1571	3.1961762	2763	1601	3.2043913	2712
1542	3 1880844	2815	1572	3.1964525	2762	1602	3.2046625	2710
1543	3.1883659	2814	1573	3.1967287	2760	1603	3.2049335	2709
1544	3.1886473	2812	1574	3.1970047	2759	1604	3.2052044	2706
1545	3.1889285	2810	1575	3.1972806	2756	1605	3.2054750	2705
1546	3.1892095	2808	1576	3.1975562	2755	1606	3.2057455	2704
1547	3.1894903	2807	1577	3.1978317	2753	1607	3.2060159	2701
1548	3.1897710	2804	1578	3.1981070	2751	1608	3.2062860	2700
1549	3.1900514	2803	1579	3.1983821	2750	1609	3.2065560	2699
1550	3.1903317	2801	1580	3.1986571	2748	1610	3.2068259	2696
1551	3.1906118	2799	1581	3.1989319	2746	1611	3.2070955	2695
1552	3.1908917	2798	1582	3.1992065	2744	1612	3.2073650	2694
1553	3.1911715	2795	1583	3.1994809	2743	1613	3.2076344	2691
1554	3.1914510	2794	1584	3.1997552	2741	1614	3.2079035	2690
1555	3.1917304	2792	1585	3.2000293	2739	1615	3.2081725	2689
1556	3.1920096	2790	1586	3.2003032	2737	1616	3.2084414	2686
1557	3.1922886	2789	1587	3.2005769	2736	1617	3.2087100	2685
1558	3.1925675	2786	1588	3.2008505	2734	1618	3.2089785	2683
1559	3.1928461	2785	1589	3.2011239	2732	1619	3.2092468	2682
1560	3.1931246		1590	3.2013971		1620	3.2095150	

Nomb	0. 27′ 0″ Logarit.	Diff.	Nomb	0. 27′ 30″ Logarit.	Diff.	Nomb	0. 28′ 0″ Logarit.	Diff.
1620	3.2095150	2680	1650	3.2174839	2632	1680	3.2253093	2584
1621	3.2097830	2678	1651	3.2177471	2629	1681	3.2255677	2583
1622	3.2100508	2677	1652	3.2180100	2629	1682	3.2258260	2581
1623	3.2103185	2675	1653	3.2182729	2626	1683	3.2260841	2580
1624	3.2105860	2674	1654	3.2185355	2625	1684	3.2263421	2578
1625	3.2108534	2671	1655	3.2187980	2623	1685	3.2265999	2577
1626	3.2111205	2671	1656	3.2190603	2622	1686	3.2268576	2575
1627	3.2113876	2668	1657	3.2193225	2620	1687	3.2271151	2573
1628	3.2116544	2667	1658	3.2195845	2619	1688	3.2273724	2572
1629	3.2119211	2665	1659	3.2198464	2617	1689	3.2276296	2571
1630	3.2121876	2664	1660	3.2201081	2615	1690	3.2278867	2569
1631	3.2124540	2662	1661	3.2203696	2614	1691	3.2281436	2568
1632	3.2127202	2660	1662	3.2206310	2612	1692	3.2284004	2566
1633	3.2129862	2659	1663	3.2208922	2611	1693	3.2286570	2564
1634	3.2132521	2657	1664	3.2211533	2609	1694	3.2289134	2563
1635	3.2135178	2655	1665	3.2214142	2608	1695	3.2291697	2561
1636	3.2137833	2654	1666	3.2216750	2606	1696	3.2294258	2560
1637	3.2140487	2652	1667	3.2219356	2604	1697	3.2296818	2559
1638	3.2143139	2651	1668	3.2221960	2603	1698	3.2299377	2557
1639	3.2145790	2648	1669	3.2224563	2602	1699	3.2301934	2555
1640	3.2148438	2648	1670	3.2227165	2599	1700	3.2304489	2554
1641	3.2151086	2646	1671	3.2229764	2599	1701	3.2307043	2553
1642	3.2153732	2644	1672	3.2232363	2596	1702	3.2309596	2550
1643	3.2156376	2642	1673	3.2234959	2596	1703	3.2312146	2550
1644	3.2159018	2641	1674	3.2237555	2593	1704	3.2314696	2548
1645	3.2161659	2639	1675	3.2240148	2592	1705	3.2317244	2546
1646	3.2164298	2638	1676	3.2242740	2591	1706	3.2319790	2545
1647	3.2166936	2636	1677	3.2245331	2589	1707	3.2322335	2544
1648	3.2169572	2635	1678	3.2247920	2587	1708	3.2324879	2542
1649	3.2172207	2632	1679	3.2250507	2586	1709	3.2327421	2540
1650	3.2174839		1680	3.2253093		1710	3.2329961	

Nomb	0. 28′ 30″ Logarit.	Diff.	Nomb	0. 29′ 0″ Logarit.	Diff.	Nomb	0. 29′ 30″ Logarit.	Diff.
1710	3.2329961	2539	1740	3.2405492	2496	1770	3.2479733	2453
1711	3.2332500	2538	1741	3.2407988	2494	1771	3.2482186	2451
1712	3.2335038	2536	1742	3.2410482	2492	1772	3.2484637	2450
1713	3.2337574	2534	1743	3.2412974	2491	1773	3.2487087	2449
1714	3.2340108	2533	1744	3.2415465	2489	1774	3.2489536	2448
1715	3.2342641	2532	1745	3.2417954	2488	1775	3.2491984	2446
1716	3.2345173	2530	1746	3.2420442	2487	1776	3.2494430	2444
1717	3.2347703	2529	1747	3.2422929	2485	1777	3.2496874	2444
1718	3.2350232	2527	1748	3.2425414	2484	1778	3.2499318	2441
1719	3.2352759	2525	1749	3.2427898	2482	1779	3.2501759	2441
1720	3.2355284	2525	1750	3.2430380	2481	1780	3.2504200	2439
1721	3.2357809	2522	1751	3.2432861	2480	1781	3.2506639	2438
1722	3.2360331	2522	1752	3.2435341	2478	1782	3.2509077	2436
1723	3.2362853	2520	1753	3.2437819	2477	1783	3.2511513	2436
1724	3.2365373	2518	1754	3.2440296	2475	1784	3.2513949	2433
1725	3.2367891	2517	1755	3.2442771	2474	1785	3.2516382	2433
1726	3.2370408	2515	1756	3.2445245	2473	1786	3.2518815	2431
1727	3.2372923	2514	1757	3.2447718	2471	1787	3.2521246	2429
1728	3.2375437	2513	1758	3.2450189	2469	1788	3.2523675	2428
1729	3.2377950	2511	1759	3.2452658	2469	1789	3.2526103	2427
1730	3.2380461	2510	1760	3.2455127	2467	1790	3.2528530	2426
1731	3.2382971	2508	1761	3.2457594	2465	1791	3.2530956	2424
1732	3.2385479	2507	1762	3.2460059	2464	1792	3.2533380	2423
1733	3.2387986	2505	1763	3.2462523	2463	1793	3.2535803	2421
1734	3.2390491	2504	1764	3.2464986	2461	1794	3.2538224	2421
1735	3.2392995	2502	1765	3.2467447	2460	1795	3.2540645	2418
1736	3.2395497	2501	1766	3.2469907	2458	1796	3.2543063	2418
1737	3.2397998	2500	1767	3.2472365	2458	1797	3.2545481	2416
1738	3.2400498	2498	1768	3.2474823	2455	1798	3.2547897	2415
1739	3.2402996	2496	1769	3.2477278	2455	1799	3.2550312	2413
1740	3.2405492		1770	3.2479733		1800	3.2552725	

Nomb	0. 30′ 0″ Logarit.	Diff.	Nomb	0. 30′ 30″ Logarit.	Diff.	Nomb	0. 31′ 0″ Logarit.	Diff.
1800	3.2552725	2412	1830	3.2624511	2372	1860	3.2695129	2335
1801	3.2555137	2411	1831	3.2626883	2372	1861	3.2697464	2333
1802	3.2557548	2409	1832	3.2629255	2370	1862	3.2699797	2332
1803	3.2559957	2408	1833	3.2631625	2368	1863	3.2702129	2330
1804	3.2562365	2407	1834	3.2633993	2368	1864	3.2704459	2329
1805	3.2564772	2405	1835	3.2636361	2366	1865	3.2706788	2328
1806	3.2567177	2405	1836	3.2638727	2365	1866	3.2709116	2327
1807	3.2569582	2402	1837	3.2641092	2363	1867	3.2711443	2326
1808	3.2571984	2402	1838	3.2643455	2362	1868	3.2713769	2324
1809	3.2574386	2400	1839	3.2645817	2361	1869	3.2716093	2323
1810	3.2576786	2399	1840	3.2648178	2360	1870	3.2718416	2322
1811	3.2579185	2397	1841	3.2650538	2358	1871	3.2720738	2320
1812	3.2581582	2396	1842	3.2652896	2357	1872	3.2723058	2320
1813	3.2583978	2395	1843	3.2655253	2356	1873	3.2725378	2318
1814	3.2586373	2393	1844	3.2657609	2355	1874	3.2727696	2317
1815	3.2588766	2392	1845	3.2659964	2353	1875	3.2730013	2315
1816	3.2591158	2391	1846	3.2662317	2352	1876	3.2732328	2315
1817	3.2593549	2390	1847	3.2664669	2351	1877	3.2734643	2313
1818	3.2595939	2388	1848	3.2667020	2349	1878	3.2736956	2312
1819	3.2598327	2387	1849	3.2669369	2348	1879	3.2739268	2310
1820	3.2600714	2385	1850	3.2671717	2347	1880	3.2741578	2310
1821	3.2603099	2385	1851	3.2674064	2346	1881	3.2743888	2308
1822	3.2605484	2383	1852	3.2676410	2344	1882	3.2746196	2307
1823	3.2607867	2381	1853	3.2678754	2343	1883	3.2748503	2306
1824	3.2610248	2381	1854	3.2681097	2342	1884	3.2750809	2305
1825	3.2612629	2379	1855	3.2683439	2341	1885	3.2753114	2303
1826	3.2615008	2377	1856	3.2685780	2339	1886	3.2755417	2302
1827	3.2617385	2377	1857	3.2688119	2338	1887	3.2757719	2301
1828	3.2619762	2375	1858	3.2690457	2337	1888	3.2760020	2300
1829	3.2622137	2374	1859	3.2692794	2335	1889	3.2762320	2298
1830	3.2624511		1860	3.2695129		1890	3.2764618	

Nomb	o. 31′ 30″ Logarit.	Diff.	Nomb	o. 32′ 0″ Logarit.	Diff.	Nomb	o. 32′30″ Logarit.	Diff.
1890	3.2764618	2297	1920	3.2833012	2262	1950	3.2900346	2227
1891	3.2766915	2296	1921	3.2835274	2260	1951	3.2902573	2225
1892	3.2769211	2295	1922	3.2837534	2259	1952	3.2904798	2224
1893	3.2771506	2294	1923	3.2839793	2258	1953	3,2907022	2224
1894	3.2773800	2292	1924	3.2842051	2256	1954	3.2909246	2222
1895	3.2776092	2291	1925	3.2844307	2256	1955	3.2911468	2221
1896	3.2778383	2290	1926	3.2846563	2254	1956	3.2913689	2219
1897	3.2780673	2289	1927	3.2848817	2253	1957	3.2915908	2219
1898	3.2782962	2288	1928	3.2851070	2252	1958	3.2918127	2217
1899	3.2785250	2286	1929	3.2853322	2251	1959	3.2920344	2217
1900	3.2787536	2285	1930	3.2855573	2250	1960	3.2922561	2215
1901	3.2789821	2284	1931	3.2857823	2248	1961	3.2924776	2214
1902	3.2792105	2283	1932	3.2860071	2248	1962	3.2926990	2213
1903	3.2794388	2281	1933	3.2862319	2246	1963	3.2929203	2212
1904	3.2796669	2281	1934	3.2864565	2245	1964	3.2931415	2211
1905	3.2798950	2279	1935	3.2866810	2244	1965	3.2933626	2209
1906	3.2801229	2278	1936	3.2869054	2242	1966	3.2935835	2209
1907	3.2803507	2277	1937	3.2871296	2242	1967	3.2938044	2207
1908	3.2805784	2275	1938	3.2873538	2240	1968	3.2940251	2206
1909	3.2808059	2275	1939	3.2875778	2239	1969	3.2942457	2205
1910	3.2810334	2273	1940	3.2878017	2238	1970	3.2944662	2204
1911	3.2812607	2272	1941	3.2880255	2237	1971	3.2946866	2203
1912	3.2814879	2271	1942	3.2882492	2236	1972	3.2949069	2202
1913	3.2817150	2269	1943	3.2884728	2235	1973	3.2951271	2200
1914	3.2819419	2269	1944	3.2886963	2233	1974	3.2953471	2200
1915	3.2821688	2267	1945	3.2889196	2232	1975	3.2955671	2198
1916	3.2823955	2266	1946	3.2891428	2232	1976	3.2957869	2198
1917	3.2826221	2265	1947	3.2893660	2230	1977	3.2960067	2196
1918	3.2828486	2264	1948	3.2895890	2228	1978	3.2962263	2195
1919	3.2830750	2262	1949	3.2898118	2228	1979	3.2964458	2194
1920	3.2833012		1950	3.2900346		1980	3.2966652	

Nomb	o. 33′ o″ Logarit.	Diff.	Nomb	o. 33′ 30″ Logarit.	Diff.	Nomb	o. 34′ o″ Logarit.	Diff.
1980	3.2966652	2193	2010	3.3031961	2160	2040	3.3096302	2128
1981	3.2968845	2192	2011	3.3034121	2159	2041	3.3098430	2127
1982	3.2971037	2190	2012	3.3036280	2158	2042	3.3100557	2127
1983	3.2973227	2190	2013	3.3038438	2157	2043	3.3102684	2125
1984	3.2975417	2188	2014	3.3040595	2156	2044	3.3104809	2124
1985	3.2977605	2187	2015	3.3042751	2154	2045	3.3106933	2123
1986	3.2979792	2187	2016	3.3044905	2154	2046	3.3109056	2122
1987	3.2981979	2185	2017	3.3047059	2153	2047	3.3111178	2122
1988	3.2984164	2184	2018	3.3049212	2151	2048	3.3113300	2120
1989	3.2986348	2183	2019	3.3051363	2151	2049	3.3115420	2119
1990	3.2988531	2182	2020	3.3053514	2149	2050	3.3117539	2118
1991	3.2990713	2180	2021	3.3055663	2149	2051	3.3119657	2117
1992	3.2992893	2180	2022	3.3057812	2147	2052	3.3121774	2115
1993	3.2995073	2179	2023	3.3059959	2146	2053	3.3123889	2115
1994	3.2997252	2177	2024	3.3062105	2145	2054	3.3126004	2114
1995	3.2999429	2176	2025	3.3064250	2144	2055	3.3128118	2113
1996	3.3001605	2176	2026	3.3066394	2143	2056	3.3130231	2112
1997	3.3003781	2174	2027	3.3068537	2143	2057	3.3132343	2111
1998	3.3005955	2173	2028	3.3070680	2140	2058	3.3134454	2109
1999	3.3008128	2172	2029	3.3072820	2140	2059	3.3136563	2109
2000	3.3010300	2171	2030	3.3074960	2139	2060	3.3138672	2108
2001	3.3012471	2170	2031	3.3077099	2138	2061	3.3140780	2107
2002	3.3014641	2168	2032	3.3079237	2137	2062	3.3142887	2105
2003	3.3016809	2168	2033	3.3081374	2135	2063	3.3144992	2105
2004	3.3018977	2167	2034	3.3083509	2135	2064	3.3147097	2104
2005	3.3021144	2165	2035	3.3085644	2134	2065	3.3149201	2102
2006	3.3023309	2165	2036	3.3087778	2132	2066	3.3151303	2102
2007	3.3025474	2163	2037	3.3089910	2132	2067	3.3153405	2100
2008	3.3027637	2162	2038	3.3092042	2130	2068	3.3155505	2100
2009	3.3029799	2162	2039	3.3094172	2130	2069	3.3157605	2098
2010	3.3031961		2040	3.3096302		2070	3.3159703	

Nomb	o. 34′ 30″ Logarit.	Diff.	Nomb	o. 35′ o″ Logarit.	Diff.	Nomb	o. 35′ 30″ Logarit.	Diff.
2070	3.3159703	2098	2100	3.3222193	2068	2130	3.3283796	2038
2071	3.3161801	2097	2101	3.3224261	2066	2131	3.3285834	2038
2072	3.3163898	2095	2102	3.3226327	2066	2132	3.3287872	2037
2073	3.3165993	2095	2103	3.3228393	2064	2133	3.3289909	2035
2074	3.3168088	2093	2104	3.3230457	2064	2134	3.3291944	2035
2075	3.3170181	2092	2105	3.3232521	2063	2135	3.3293979	2033
2076	3.3172273	2092	2106	3.3234584	2061	2136	3.3296012	2033
2077	3.3174365	2090	2107	3.3236645	2061	2137	3.3298045	2032
2078	3.3176455	2090	2108	3.3238706	2060	2138	3.3300077	2031
2079	3.3178545	2088	2109	3.3240766	2059	2139	3.3302108	2030
2080	3.3180633	2088	2110	3.3242825	2057	2140	3.3304138	2029
2081	3.3182721	2086	2111	3.3244882	2057	2141	3.3306167	2028
2082	3.3184807	2086	2112	3.3246939	2056	2142	3.3308195	2027
2083	3.3186893	2084	2113	3.3248995	2055	2143	3.3310222	2026
2084	3.3188977	2084	2114	3.3251050	2054	2144	3.3312248	2025
2085	3.3191061	2082	2115	3.3253104	2053	2145	3.3314273	2024
2086	3.3193143	2081	2116	3.3255157	2052	2146	3.3316297	2023
2087	3.3195224	2081	2117	3.3257209	2051	2147	3.3318320	2023
2088	3.3197305	2079	2118	3.3259260	2050	2148	3.3320343	2021
2089	3.3199384	2079	2119	3.3261310	2049	2149	3.3322364	2021
2090	3.3201463	2077	2120	3.3263359	2048	2150	3.3324385	2019
2091	3.3203540	2077	2121	3.3265407	2047	2151	3.3326404	2019
2092	3.3205617	2075	2122	3.3267454	2046	2152	3.3328423	2017
2093	3.3207692	2075	2123	3.3269500	2045	2153	3.3330440	2017
2094	3.3209767	2073	2124	3.3271545	2044	2154	3.3332457	2016
2095	3.3211840	2073	2125	3.3273589	2044	2155	3.3334473	2015
2096	3.3213913	2071	2126	3.3275633	2042	2156	3.3336488	2013
2097	3.3215984	2071	2127	3.3277675	2041	2157	3.3338501	2013
2098	3.3218055	2069	2128	3.3279716	2041	2158	3.3340514	2012
2099	3.3220124	2069	2129	3.3281757	2039	2159	3.3342526	2012
2100	3.3222193		2130	3.3283796		2160	3.3344538	

Nomb	o. 36′ o″ Logarit.	Diff.	Nomb	o. 36′ 30″ Logarit.	Diff.	Nomb	o. 37′ o″ Logarit.	Diff.
2160	3.3344538	2010	2190	3.3404441	1983	2220	3.3463530	1956
2161	3.3346548	2009	2191	3.3406424	1981	2221	3.3465486	1955
2162	3.3348557	2008	2192	3.3408405	1981	2222	3.3467441	1954
2163	3.3350565	2008	2193	3.3410386	1980	2223	3.3469395	1953
2164	3.3352573	2006	2194	3.3412366	1979	2224	3.3471348	1952
2165	3.3354579	2006	2195	3.3414345	1978	2225	3.3473300	1952
2166	3.3356585	2004	2196	3.3416323	1978	2226	3.3475252	1950
2167	3.3358589	2004	2197	3.3418301	1976	2227	3.3477202	1950
2168	3.3360593	2003	2198	3.3420277	1975	2228	3.3479152	1949
2169	3.3362596	2001	2199	3.3422252	1975	2229	3.3481101	1948
2170	3.3364597	2001	2200	3.3424227	1973	2230	3.3483049	1947
2171	3.3366598	2000	2201	3.3426200	1973	2231	3.3484996	1946
2172	3.3368598	1999	2202	3.3428173	1972	2232	3.3486942	1945
2173	3.3370597	1998	2203	3.3430145	1971	2233	3.3488887	1945
2174	3.3372595	1998	2204	3.3432116	1970	2234	3.3490832	1943
2175	3.3374593	1996	2205	3.3434086	1969	2235	3.3492775	1943
2176	3.3376589	1995	2206	3.3436055	1968	2236	3.3494718	1942
2177	3.3378584	1995	2207	3.3438023	1968	2237	3.3496660	1941
2178	3.3380579	1993	2208	3.3439991	1966	2238	3.3498601	1940
2179	3.3382572	1993	2209	3.3441957	1966	2239	3.3500541	1939
2180	3.3384565	1992	2210	3.3443923	1964	2240	3.3502480	1939
2181	3.3386557	1990	2211	3.3445887	1964	2241	3.3504419	1937
2182	3.3388547	1990	2212	3.3447851	1963	2242	3.3506356	1937
2183	3.3390537	1989	2213	3.3449814	1962	2243	3.3508293	1936
2184	3.3392526	1988	2214	3.3451776	1961	2244	3.3510229	1934
2185	3.3394514	1988	2215	3.3453737	1961	2245	3.3512163	1935
2186	3.3396502	1986	2216	3.3455698	1959	2246	3.3514098	1933
2187	3.3398488	1985	2217	3.3457657	1958	2247	3.3516031	1932
2188	3.3400473	1985	2218	3.3459615	1958	2248	3.3517963	1932
2189	3.3402458	1983	2219	3.3461573	1957	2249	3.3519895	1930
2190	3.3404441		2220	3.3463530		2250	3.3521825	

Nomb	o. 37′ 30″ Logarit.	Diff.	Nomb	o. 38′ o″ Logarit.	Diff.	Nomb	o. 38′ 30″ Logarit.	Diff.
2250	3.3521825	1930	2280	3.3579348	1905	2310	3.3636120	1879
2251	3.3523755	1929	2281	3.3581253	1903	2311	3.3637999	1879
2252	3.3525684	1928	2282	3.3583156	1903	2312	3.3639878	1878
2253	3.3527612	1927	2283	3.3585059	1902	2313	3.3641756	1878
2254	3.3529539	1926	2284	3.3586961	1901	2314	3.3643634	1876
2255	3.3531465	1926	2285	3.3588862	1900	2315	3.3645510	1876
2256	3.3533391	1925	2286	3.3590762	1900	2316	3.3647386	1874
2257	3.3535316	1923	2287	3.3592662	1898	2317	3.3649260	1874
2258	3.3537239	1923	2288	3.3594560	1898	2318	3.3651134	1873
2259	3.3539162	1922	2289	3.3596458	1897	2319	3.3653007	1873
2260	3.3541084	1922	2290	3.3598355	1896	2320	3.3654880	1871
2261	3.3543006	1920	2291	3.3600251	1895	2321	3.3656751	1871
2262	3.3544926	1920	2292	3.3602146	1895	2322	3.3658622	1870
2263	3.3546846	1918	2293	3.3604041	1893	2323	3.3660492	1869
2264	3.3548764	1918	2294	3.3605934	1893	2324	3.3662361	1869
2265	3.3550682	1917	2295	3 3607827	1892	2325	3.3664230	1867
2266	3.3552599	1916	2296	3.3609719	1891	2326	3.3666097	1867
2267	3.3554515	1916	2297	3.3611610	1890	2327	3.3667964	1866
2268	3.3556431	1914	2298	3.3613500	1890	2328	3.3669830	1865
2269	3.3558345	1914	2299	3.3615390	1888	2329	3.3671695	1864
2270	3.3560259	1912	2300	3.3617278	1888	2330	3.3673559	1864
2271	3.3562171	1912	2301	3.3619166	1887	2331	3.3675423	1862
2272	3.3564083	1911	2302	3.3621053	1886	2332	3.3677285	1862
2273	3.3565994	1911	2303	3.3622939	1886	2333	3.3679147	1862
2274	3.3567905	1909	2304	3.3624825	1884	2334	3.3681009	1860
2275	3.3569814	1909	2305	3.3626709	1884	2335	3.3682869	1859
2276	3.3571723	1907	2306	3.3628593	1883	2336	3.3684728	1859
2277	3.3573630	1907	2307	3.3630476	1882	2337	3.3686587	1858
2278	3.3575537	1906	2308	3.3632358	1881	2338	3.3688445	1857
2279	3.3577443	1905	2309	3.3634239	1881	2339	3.3690302	1857
2280	3.3579348		2310	3.3636120		2340	3.3692159	

Nomb	o. 39′ 0″ Logarit.	Diff.	Nomb	o. 39′ 30″ Logarit.	Diff.	Nomb	o. 40′ 0″ Logarit.	Diff.
2340	3.3692159	1855	2370	3.3747483	1833	2400	3.3802112	1810
2341	3.3694014	1855	2371	3.3749316	1831	2401	3.3803922	1808
2342	3.3695869	1854	2372	3.3751147	1830	2402	3.3805730	1808
2343	3.3697723	1853	2373	3.3752977	1830	2403	3.3807538	1807
2344	3.3699576	1852	2374	3.3754807	1829	2404	3.3809345	1806
2345	3.3701428	1852	2375	3.3756636	1828	2405	3.3811151	1805
2346	3.3703280	1851	2376	3.3758464	1828	2406	3.3812956	1805
2347	3.3705131	1850	2377	3.3760292	1827	2407	3.3814761	1804
2348	3.3706981	1849	2378	3.3762119	1825	2408	3.3816565	1803
2349	3.3708830	1849	2379	3.3763944	1826	2409	3.3818368	1802
2350	3.3710679	1847	2380	3.3765770	1824	2410	3.3820170	1802
2351	3.3712526	1847	2381	3.3767594	1824	2411	3.3821972	1801
2352	3.3714373	1846	2382	3.3769418	1822	2412	3.3823773	1800
2353	3.3716219	1846	2383	3.3771240	1823	2413	3.3825573	1800
2354	3.3718065	1844	2384	3.3773063	1821	2414	3.3827373	1798
2355	3.3719909	1844	2385	3.3774884	1820	2415	3.3829171	1798
2356	3.3721753	1843	2386	3.3776704	1820	2416	3.3830969	1798
2357	3.3723596	1842	2387	3.3778524	1819	2417	3.3832767	1796
2358	3.3725438	1841	2388	3.3780343	1818	2418	3.3834563	1796
2359	3.3727279	1841	2389	3.3782161	1818	2419	3.3836359	1795
2360	3.3729120	1840	2390	3.3783979	1817	2420	3.3838154	1794
2361	3.3730960	1839	2391	3.3785796	1816	2421	3.3839948	1793
2362	3.3732799	1838	2392	3.3787612	1815	2422	3.3841741	1793
2363	3.3734637	1838	2393	3.3789427	1814	2423	3.3843534	1792
2364	3.3736475	1836	2394	3.3791241	1814	2424	3.3845326	1791
2365	3.3738311	1836	2395	3.3793055	1813	2425	3.3847117	1791
2366	3.3740147	1836	2396	3.3794868	1812	2426	3.3848908	1790
2367	3.3741983	1834	2397	3.3796680	1812	2427	3.3850698	1789
2368	3.3743817	1834	2398	3.3798492	1810	2428	3.3852487	1788
2369	3.3745651	1832	2399	3.3800302	1810	2429	3.3854275	1788
2370	3.3747483		2400	3.3802112		2430	3.3856063	

Nomb	0. 40′ 30″ Logarit.	Diff.	Nomb	0. 41′ 0″ Logarit.	Diff.	Nomb	0. 41′ 30″ Logarit.	Diff.
2430	3.3856063	1787	2460	3.3909351	1765	2490	3.3961993	1744
2431	3.3857850	1786	2461	3.3911116	1764	2491	3.3963737	1743
2432	3.3859636	1785	2462	3.3912880	1764	2492	3.3965480	1743
2433	3.3861421	1785	2463	3.3914644	1763	2493	3.3967223	1741
2434	3.3863206	1784	2464	3.3916407	1762	2494	3.3968964	1741
2435	3.3864990	1783	2465	3.3918169	1762	2495	3.3970705	1741
2436	3.3866773	1782	2466	3.3919931	1760	2496	3.3972446	1739
2437	3.3868555	1782	2467	3.3921691	1761	2497	3.3974185	1739
2438	3.3870337	1781	2468	3.3923452	1759	2498	3.3975924	1739
2439	3.3872118	1780	2469	3.3925211	1759	2499	3.3977663	1737
2440	3.3873898	1780	2470	3.3926970	1757	2500	3.3979400	1737
2441	3.3875678	1779	2471	3.3928727	1758	2501	3.3981137	1736
2442	3.3877457	1778	2472	3.3930485	1756	2502	3.3982873	1735
2443	3.3879235	1777	2473	3.3932241	1756	2503	3.3984608	1735
2444	3.3881012	1777	2474	3.3933997	1755	2504	3.3986343	1734
2445	3.3882788	1776	2475	3.3935752	1754	2505	3.3988077	1734
2446	3.3884565	1775	2476	3.3937506	1754	2506	3.3989811	1732
2447	3.3886340	1774	2477	3.3939260	1753	2507	3.3991543	1732
2448	3.3888114	1774	2478	3.3941013	1752	2508	3.3993275	1732
2449	3.3889888	1773	2479	3.3942765	1752	2509	3.3995007	1730
2450	3.3891661	1772	2480	3.3944517	1751	2510	3.3996737	1730
2451	3.3893433	1772	2481	3.3946268	1750	2511	3.3998467	1729
2452	3.3895205	1770	2482	3.3948018	1749	2512	3.4000196	1729
2453	3.3896975	1771	2483	3.3949767	1749	2513	3.4001925	1728
2454	3.3898746	1769	2484	3.3951516	1748	2514	3.4003653	1727
2455	3.3900515	1769	2485	3.3953264	1747	2515	3.4005380	1726
2456	3.3902284	1768	2486	3.3955011	1747	2516	3.4007106	1726
2457	3.3904052	1767	2487	3.3956758	1746	2517	3.4008832	1725
2458	3.3905819	1766	2488	3.3958504	1745	2518	3.4010557	1725
2459	3.3907585	1766	2489	3.3960249	1744	2519	3.4012282	1723
2460	3.3909351		2490	3.3961993		2520	3.4014005	

Nomb	o. 42′ o″ Logarit.	Diff.	Nomb	o. 42′ 30″ Logarit.	Diff.	Nomb	o 43′ o″ Logarit.	Diff.
2520	3.4014005	1723	2550	3.4065402	1703	2580	3.4116197	1683
2521	3.4015728	1723	2551	3.4067105	1702	2581	3.4117880	1682
2522	3.4017451	1722	2552	3.4068807	1701	2582	3.4119562	1682
2523	3.4019173	1721	2553	3.4070508	1701	2583	3.4121244	1681
2524	3.4020894	1720	2554	3.4072209	1700	2584	3.4122925	1680
2525	3.4022614	1719	2555	3.4073909	1699	2585	3.4124605	1680
2526	3.4024333	1719	2556	3.4075608	1699	2586	3.4126285	1679
2527	3.4026052	1719	2557	3.4077307	1698	2587	3.4127964	1679
2528	3.4027771	1717	2558	3.4079005	1698	2588	3.4129643	1678
2529	3.4029488	1717	2559	3.4080703	1697	2589	3.4131321	1677
2530	3.4031205	1716	2560	3.4082400	1696	2590	3.4132998	1676
2531	3.4032921	1716	2561	3.4084096	1695	2591	3.4134674	1676
2532	3.4034637	1715	2562	3.4085791	1695	2592	3.4136350	1675
2533	3.4036352	1714	2563	3.4087486	1694	2593	3.4138025	1675
2534	3.4038066	1714	2564	3.4089180	1694	2594	3.4139700	1674
2535	3.4039780	1712	2565	3.4090874	1693	2595	3.4141374	1673
2536	3.4041492	1713	2566	3.4092567	1692	2596	3.4143047	1672
2537	3.4043205	1711	2567	3.4094259	1691	2597	3.4144719	1672
2538	3.4044916	1711	2568	3.4095950	1691	2598	3.4146391	1672
2539	3.4046627	1710	2569	3.4097641	1690	2599	3.4148063	1670
2540	3.4048337	1710	2570	3.4099331	1690	2600	3.4149733	1671
2541	3.4050047	1708	2571	3.4101021	1689	2601	3.4151404	1669
2542	3.4051755	1709	2572	3.4102710	1688	2602	3.4153073	1669
2543	3.4053464	1707	2573	3.4104398	1687	2603	3.4154742	1668
2544	3.4055171	1707	2574	3.4106085	1687	2604	3.4156410	1667
2545	3.4056878	1706	2575	3.4107772	1687	2605	3.4158077	1667
2546	3.4058584	1705	2576	3.4109459	1685	2606	3.4159744	1666
2547	3.4060289	1705	2577	3.4111144	1685	2607	3.4161410	1666
2548	3.4061994	1704	2578	3.4112829	1684	2608	3.4163076	1665
2549	3.4063698	1704	2579	3.4114513	1684	2609	3.4164741	1664
2550	3.4065402			3.4116197		2610	3.4166405	

Nomb	o. 43′ 30″ Logarit.	Diff.	Nomb	o. 44′ 0″ Logarit.	Diff.	Nomb	o. 44′ 30″ Logarit.	Diff.
2610	3.4166405	1664	2640	3.4216039	1645	2670	3.4265113	1626
2611	3.4168069	1663	2641	3.4217684	1644	2671	3.4266739	1626
2612	3.4169732	1662	2642	3.4219328	1644	2672	3.4268365	1625
2613	3.4171394	1662	2643	3.4220972	1643	2673	3.4269990	1624
2614	3.4173056	1661	2644	3.4222615	1642	2674	3.4271614	1624
2615	3.4174717	1660	2645	3.4224257	1641	2675	3.4273238	1623
2616	3.4176377	1660	2646	3.4225898	1641	2676	3.4274861	1623
2617	3.4178037	1659	2647	3.4227539	1641	2677	3.4276484	1622
2618	3.4179696	1659	2648	3.4229180	1640	2678	3.4278106	1621
2619	3.4181355	1658	2649	3.4230820	1639	2679	3.4279727	1621
2620	3.4183013	1657	2650	3.4232459	1638	2680	3.4281348	1620
2621	3.4184670	1657	2651	3.4234097	1638	2681	3.4282968	1620
2622	3.4186327	1656	2652	3.4235735	1637	2682	3.4284588	1619
2623	3.4187983	1655	2653	3.4237372	1637	2683	3.4286207	1618
2624	3.4189638	1655	2654	3.4239009	1636	2684	3.4287825	1618
2625	3.4191293	1654	2655	3.4240645	1636	2685	3.4289443	1617
2626	3.4192947	1654	2656	3.4242281	1635	2686	3.4291060	1617
2627	3.4194601	1653	2657	3.4243916	1634	2687	3.4292677	1616
2628	3.4196254	1652	2658	3.4245550	1633	2688	3.4294293	1615
2629	3.4197906	1651	2659	3.4247183	1633	2689	3.4295908	1615
2630	3.4199557	1651	2660	3.4248816	1633	2690	3.4297523	1614
2631	3.4201208	1651	2661	3.4250449	1632	2691	3.4299137	1614
2632	3.4202859	1650	2662	3.4252081	1631	2692	3.4300751	1613
2633	3.4204509	1649	2663	3.4253712	1630	2693	3.4302364	1612
2634	3.4206158	1648	2664	3.4255342	1630	2694	3.4303976	1612
2635	3.4207806	1648	2665	3.4256972	1629	2695	3.4305588	1611
2636	3.4209454	1647	2666	3.4258601	1629	2696	3 4307199	1610
2637	3.4211101	1647	2667	3.4260230	1628	2697	3.4308809	1610
2638	3.4212748	1646	2668	3.4261858	1628	2698	3.4310419	1610
2639	3.4214394	1645	2669	3.4263486	1627	2699	3.4312029	1609
2640	3.4216039		2670	3.4265113		2700	3.4313638	

Nomb	0. 45′ 0″ Logarit.	Diff.	Nomb	0. 45′ 30″ Logarit.	Diff.	Nomb	0. 46′ 0″ Logarit.	Diff.
2700	3.4313638	1608	2730	3.4361626	1591	2760	3.4409091	1573
2701	3.4315246	1607	2731	3.4363217	1590	2761	3.4410664	1573
2702	3.4316853	1607	2732	3.4364807	1589	2762	3.4412237	1572
2703	3.4318460	1607	2733	3.4366396	1589	2763	3.4413809	1571
2704	3.4320067	1606	2734	3.4367985	1588	2764	3.4415380	1571
2705	3.4321673	1605	2735	3.4369573	1588	2765	3.4416951	1571
2706	3.4323278	1605	2736	3.4371161	1587	2766	3.4418522	1570
2707	3.4324883	1604	2737	3.4372748	1586	2767	3.4420092	1569
2708	3.4326487	1603	2738	3.4374334	1586	2768	3.4421661	1569
2709	3.4328090	1603	2739	3.4375920	1586	2769	3.4423230	1568
2710	3.4329693	1602	2740	3.4377506	1584	2770	3.4424798	1567
2711	3.4331295	1602	2741	3.4379090	1585	2771	3.4426365	1567
2712	3.4332897	1601	2742	3.4380675	1583	2772	3.4427932	1567
2713	3.4334498	1600	2743	3.4382258	1583	2773	3.4429499	1566
2714	3.4336098	1600	2744	3.4383841	1582	2774	3.4431065	1565
2715	3.4337698	1600	2745	3.4385423	1582	2775	3.4432630	1565
2716	3.4339298	1598	2746	3.4387005	1582	2776	3.4434195	1564
2717	3.4340896	1599	2747	3.4388587	1580	2777	3.4435759	1563
2718	3.4342495	1597	2748	3.4390167	1580	2778	3.4437322	1563
2719	3.4344092	1597	2749	3.4391747	1580	2779	3.4438885	1563
2720	3.4345689	1596	2750	3.4393327	1579	2780	3.4440448	1562
2721	3.4347285	1596	2751	3.4394906	1578	2781	3.4442010	1561
2722	3.4348881	1595	2752	3.4396484	1578	2782	3.4443571	1561
2723	3.4350476	1595	2753	3.4398062	1577	2783	3.4445132	1560
2724	3.4352071	1594	2754	3.4399639	1577	2784	3.4446692	1560
2725	3.4353665	1594	2755	3.4401216	1576	2785	3.4448252	1559
2726	3.4353259	1592	2756	3.4402792	1576	2786	3.4449811	1559
2727	3.4356851	1593	2757	3.4404368	1575	2787	3.4451370	1558
2728	3.4358444	1591	2758	3.4405943	1574	2788	3.4452928	1557
2729	3.4360035	1591	2759	3.4407517	1574	2789	3.4454485	1557
2730	3.4361626		2760	3.4409091		2790	3.4456042	

Nomb	0. 46′ 30″ Logarit.	Diff.	Nomb	0. 47′ 0″ Logarit.	Diff.	Nomb	0. 47′ 30″ Logarit.	Diff.
2790	3.4456042	1556	2820	3.4502491	1540	2850	3.4548449	1523
2791	3.4457598	1556	2821	3.4504031	1539	2851	3.4549972	1523
2792	3.4459154	1555	2822	3.4505570	1539	2852	3.4551495	1523
2793	3.4460709	1555	2823	3.4507109	1538	2853	3.4553018	1522
2794	3.4462264	1554	2824	3.4508647	1538	2854	3.4554540	1521
2795	3.4463818	1554	2825	3.4510185	1537	2855	3.4556061	1521
2796	3.4465372	1553	2826	3.4511722	1536	2856	3.4557582	1520
2797	3.4466925	1552	2827	3.4513258	1536	2857	3.4559102	1520
2798	3.4468477	1552	2828	3.4514794	1535	2858	3.4560622	1520
2799	3.4470029	1551	2829	3.4516329	1535	2859	3.4562142	1518
2800	3.4471580	1551	2830	3.4517864	1535	2860	3.4563660	1519
2801	3.4473131	1550	2831	3.4519399	1533	2861	3.4565179	1517
2802	3.4474681	1550	2832	3.4520932	1534	2862	3.4566696	1517
2803	3.4476231	1549	2833	3.4522466	1532	2863	3.4568213	1517
2804	3.4477780	1549	2834	3.4523998	1533	2864	3.4569730	1516
2805	3.4479329	1548	2835	3.4525531	1531	2865	3.4571246	1516
2806	3.4480877	1547	2836	3.4527062	1531	2866	3.4572762	1515
2807	3.4482424	1547	2837	3.4528593	1531	2867	3.4574277	1514
2808	3.4483971	1546	2838	3.4530124	1530	2868	3.4575791	1514
2809	3.4485517	1546	2839	3.4531654	1529	2869	3.4577305	1514
2810	3.4487063	1545	2840	3.4533183	1529	2870	3.4578819	1513
2811	3.4488608	1545	2841	3.4534712	1529	2871	3.4580332	1512
2812	3.4490153	1544	2842	3.4536241	1528	2872	3.4581844	1512
2813	3.4491697	1544	2843	3.4537769	1527	2873	3.4583356	1512
2814	3.4493241	1543	2844	3.4539296	1527	2874	3.4584868	1510
2815	3.4494784	1543	2845	3.4540823	1526	2875	3.4586378	1511
2816	3.4496327	1541	2846	3.4542349	1526	2876	3.4587889	1510
2817	3.4497868	1542	2847	3.4543875	1525	2877	3.4589399	1509
2818	3.4499410	1541	2848	3.4545400	1524	2878	3.4590908	1509
2819	3.4500951	1540	2849	3.4546924	1525	2879	3.4592417	1508
2820	3.4502491		2850	3.4548449		2880	3.4593925	

Nomb	o. 48′ o″ Logarit.	Diff.	Nomb	o. 48′ 30″ Logarit.	Diff.	Nomb	o. 49′ o″ Logarit.	Diff.
2880	3.4593925	1508	2910	3.4638930	1492	2940	3.4683473	1477
2881	3.4595433	1507	2911	3.4640422	1492	2941	3.4684950	1477
2882	3.4596940	1506	2912	3.4641914	1491	2942	3.4686427	1476
2883	3.4598446	1507	2913	3.4643405	1490	2943	3.4687903	1475
2884	3.4599953	1505	2914	3.4644895	1491	2944	3.4689378	1475
2885	3.4601458	1505	2915	3.4646386	1489	2945	3.4690853	1474
2886	3.4602963	1505	2916	3.4647875	1489	2946	3.4692327	1474
2887	3.4604468	1504	2917	3.4649364	1489	2947	3.4693801	1474
2888	3.4605972	1503	2918	3.4650853	1488	2948	3.4695275	1473
2889	3.4607475	1503	2919	3.4652341	1488	2949	3.4696748	1472
2890	3.4608978	1503	2920	3.4653829	1487	2950	3.4698220	1472
2891	3.4610481	1502	2921	3.4655316	1486	2951	3.4699692	1472
2892	3.4611983	1501	2922	3.4656802	1486	2952	3.4701164	1470
2893	3.4613484	1501	2923	3.4658288	1486	2953	3.4702634	1471
2894	3.4614985	1501	2924	3.4659774	1485	2954	3.4704105	1470
2895	3.4616486	1500	2925	3.4661259	1484	2955	3.4705575	1469
2896	3.4617986	1499	2926	3.4662743	1484	2956	3.4707044	1469
2897	3.4619485	1499	2927	3.4664227	1484	2957	3.4708513	1469
2898	3.4620984	1498	2928	3.4665711	1483	2958	3.4709982	1468
2899	3.4622482	1498	2929	3.4667194	1482	2959	3.4711450	1467
2900	3.4623980	1497	2930	3.4668676	1482	2960	3.4712917	1467
2901	3.4625477	1497	2931	3.4670158	1482	2961	3.4714384	1467
2902	3.4626974	1496	2932	3.4671640	1481	2962	3.4715851	1466
2903	3.4628470	1496	2933	3.4673121	1480	2963	3.4717317	1465
2904	3.4629966	1495	2934	3.4674601	1480	2964	3.4718782	1465
2905	3.4631461	1495	2935	3.4676081	1480	2965	3.4720247	1464
2906	3.4632956	1494	2936	3.4677561	1478	2966	3.4721711	1464
2907	3.4634450	1494	2937	3.4679039	1479	2967	3.4723175	1464
2908	3.4635944	1493	2938	3.4680518	1478	2968	3.4724639	1463
2909	3.4637437	1493	2939	3.4681996	1477	2969	3.4726102	1462
2910	3.4638930		2940	3.4683473		2970	3.4727564	

Nomb	0. 49′ 30″ Logarit.	Diff.	Nomb	0. 50′ 0″ Logarit.	Diff.	Nomb	0. 50′ 30″ Logarit.	Diff.
2970	3.4727564	1463	3000	3.4771213	1447	3030	3.4814426	1433
2971	3.4729027	1461	3001	3.4772660	1447	3031	3.4815859	1433
2972	3.4730488	1461	3002	3.4774107	1446	3032	3.4817292	1432
2973	3.4731949	1461	3003	3.4775553	1446	3033	3.4818724	1432
2974	3.4733410	1460	3004	3.4776999	1446	3034	3.4820156	1431
2975	3.4734870	1459	3005	3.4778445	1445	3035	3.4821587	1431
2976	3.4736329	1459	3006	3.4779890	1444	3036	3.4823018	1430
2977	3.4737788	1459	3007	3.4781334	1444	3037	3.4824448	1430
2978	3.4739247	1458	3008	3.4782778	1444	3038	3.4825878	1429
2979	3.4740705	1458	3009	3.4784222	1443	3039	3.4827307	1429
2980	3.4742163	1457	3010	3.4785665	1443	3040	3.4828736	1428
2981	3.4743620	1456	3011	3.4787108	1442	3041	3.4830164	1428
2982	3.4745076	1457	3012	3.4788550	1441	3042	3.4831592	1428
2983	3.4746533	1455	3013	3.4789991	1441	3043	3.4833020	1426
2984	3.4747988	1455	3014	3.4791432	1441	3044	3.4834446	1427
2985	3.4749443	1455	3015	3.4792873	1440	3045	3.4835873	1426
2986	3.4750898	1454	3016	3.4794313	1440	3046	3.4837299	1426
2987	3.4752352	1454	3017	3.4795753	1439	3047	3.4838725	1425
2988	3.4753806	1453	3018	3.4797192	1439	3048	3.4840150	1424
2989	3.4755259	1453	3019	3.4798631	1438	3049	3.4841574	1424
2990	3.4756712	1452	3020	3.4800069	1438	3050	3.4842998	1424
2991	3.4758164	1452	3021	3.4801507	1438	3051	3.4844422	1423
2992	3.4759616	1451	3022	3.4802945	1436	3052	3.4845845	1423
2993	3.4761067	1451	3023	3.4804381	1437	3053	3.4847268	1422
2994	3.4762518	1450	3024	3.4805818	1436	3054	3.4848690	1422
2995	3.4763968	1450	3025	3.4807254	1435	3055	3.4850112	1421
2996	3.4765418	1449	3026	3.4808689	1435	3056	3.4851533	1421
2997	3.4766867	1449	3027	3.4810124	1435	3057	3.4852954	1421
2998	3.4768316	1449	3028	3.4811559	1434	3058	3.4854375	1420
2999	3.4769765	1448	3029	3.4812993	1433	3059	3.4855795	1419
3000	3.4771213		3030	3.4814426		3060	3.4857214	

Nomb	0. 51′ 0″ Logarit.	Diff.	Nomb	0. 51′ 30″ Logarit.	Diff.	Nomb	0. 52′ 0″ Logarit.	Diff.
3060	3.4857214	1419	3090	3.4899585	1405	3120	3.4941546	1392
3061	3.4858633	1419	3091	3.4900990	1405	3121	3.4942938	1391
3062	3.4860052	1418	3092	3.4902395	1404	3122	3.4944329	1391
3063	3.4861470	1418	3093	3.4903799	1404	3123	3.4945720	1390
3064	3.4862888	1417	3094	3.4905203	1404	3124	3.4947110	1390
3065	3.4864305	1417	3095	3.4906607	1403	3125	3.4948500	1390
3066	3.4865722	1416	3096	3.4908010	1402	3126	3.4949890	1389
3067	3.4867138	1416	3097	3.4909412	1402	3127	3.4951279	1388
3068	3.4868554	1415	3098	3.4910814	1402	3128	3.4952667	1389
3069	3.4869969	1415	3099	3.4912216	1401	3129	3.4954056	1387
3070	3.4871384	1414	3100	3.4913617	1401	3130	3.4955443	1388
3071	3.4872798	1414	3101	3.4915018	1400	3131	3.4956831	1387
3072	3.4874212	1414	3102	3.4916418	1400	3132	3.4958218	1386
3073	3.4875626	1413	3103	3.4917818	1399	3133	3.4959604	1386
3074	3.4877039	1412	3104	3.4919217	1399	3134	3.4960990	1385
3075	3.4878451	1412	3105	3.4920616	1399	3135	3.4962375	1386
3076	3.4879863	1412	3106	3 4922015	1398	3136	3.4963761	1384
3077	3.4881275	1411	3107	3.4923413	1397	3137	3.4965145	1384
3078	3.4882686	1411	3108	3.4924810	1397	3138	3.4966529	1384
3079	3.4884097	1410	3109	3.4926207	1397	3139	3.4967913	1383
3080	3.4885507	1410	3110	3.4927604	1396	3140	3.4969296	1383
3081	3.4886917	1409	3111	3.4929000	1396	3141	3.4970679	1383
3082	3.4888326	1409	3112	3.4930396	1395	3142	3.4972062	1382
3083	3.4889735	1409	3113	3.4931791	1395	3143	3.4973444	1381
3084	3.4891144	1408	3114	3.4933186	1395	3144	3.4974825	1381
3085	3.4892552	1407	3115	3.4934581	1393	3145	3.4976206	1381
3086	3.4893959	1407	3116	3.4935974	1394	3146	3.4977587	1380
3087	3.4895366	1407	3117	3.4937368	1393	3147	3.4978967	1380
3088	3.4896773	1406	3118	3.4938761	1393	3148	3.4980347	1380
3089	3.4898179	1406	3119	3.4940154	1392	3149	3.4981727	1379
3090	3.4899585		3120	3.4941546		3150	3.4983106	

Nomb	0. 52′ 30″ Logarit.	Diff.	Nomb	0. 53′ 0″ Logarit.	Diff.	Nomb	0. 53′ 30″ Logarit.	Diff.
3150	3.4983106	1378	3180	3.5024271	1366	3210	3.5065050	1353
3151	3.4984484	1378	3181	3.5025637	1365	3211	3.5066403	1352
3152	3.4985862	1378	3182	3.5027002	1364	3212	3.5067755	1352
3153	3.4987240	1377	3183	3.5028366	1365	3213	3.5069107	1352
3154	3.4988617	1377	3184	3.5029731	1363	3214	3.5070459	1351
3155	3.4989994	1376	3185	3.5031094	1364	3215	3.5071810	1350
3156	3.4991370	1376	3186	3.5032458	1363	3216	3.5073160	1351
3157	3.4992746	1375	3187	3.5033821	1362	3217	3.5074511	1349
3158	3.4994121	1375	3188	3.5035183	1362	3218	3.5075860	1350
3159	3.4995496	1375	3189	3.5036545	1362	3219	3.5077210	1349
3160	3.4996871	1374	3190	3.5037907	1361	3220	3.5078559	1348
3161	3.4998245	1374	3191	3.5039268	1361	3221	3.5079907	1348
3162	3.4999619	1373	3192	3.5040629	1360	3222	3.5081255	1348
3163	3.5000992	1373	3193	3.5041989	1360	3223	3.5082603	1347
3164	3.5002365	1372	3194	3.5043349	1360	3224	3.5083950	1347
3165	3.5003737	1372	3195	3.5044709	1359	3225	3.5085297	1347
3166	3.5005109	1372	3196	3.5046068	1358	3226	3.5086644	1346
3167	3.5006481	1371	3197	3.5047426	1359	3227	3.5087990	1345
3168	3.5007852	1370	3198	3.5048785	1357	3228	3.5089335	1345
3169	3.5009222	1371	3199	3.5050142	1358	3229	3.5090680	1345
3170	3.5010593	1369	3200	3.5051500	1357	3230	3.5092025	1345
3171	3.5011962	1370	3201	3.5052857	1356	3231	3.5093370	1344
3172	3.5013332	1369	3202	3.5054213	1356	3232	3.5094714	1343
3173	3.5014701	1368	3203	3.5055569	1356	3233	3.5096057	1343
3174	3.5016069	1368	3204	3.5056925	1355	3234	3.5097400	1343
3175	3.5017437	1368	3205	3.5058280	1355	3235	3.5098743	1342
3176	3.5018805	1367	3206	3.5059635	1355	3236	3.5100085	1342
3177	3.5020172	1367	3207	3.5060990	1354	3237	3.5101427	1341
3178	3.5021539	1366	3208	3.5062344	1353	3238	3.5102768	1341
3179	3.5022905	1366	3209	3.5063697	1353	3239	3.5104109	1341
3180	3.5024271		3210	3.5065050		3240	3.5105450	

Nomb	o. 54′ o″ Logarit.	Diff.	Nomb	o. 54′ 30″ Logarit.	Diff	Nomb	o 55′ o″ Logarit.	Diff.
3240	3.5105450	1340	3270	3.5145478	1327	3300	3.5185139	1316
3241	3.5106790	1340	3271	3.5146805	1328	3301	3.5186455	1316
3242	3.5108130	1339	3272	3.5148133	1327	3302	3.5187771	1315
3243	3.5109469	1339	3273	3.5149460	1327	3303	3.5189086	1314
3244	3.5110808	1339	3274	3.5150787	1326	3304	3.5190400	1315
3245	3.5112147	1338	3275	3.5152113	1326	3305	3.5191715	1313
3246	3.5113485	1338	3276	3.5153439	1325	3306	3.5193028	1314
3247	3.5114823	1337	3277	3.5154764	1325	3307	3.5194342	1313
3248	3.5116160	1337	3278	3.5156089	1325	3308	3.5195655	1313
3249	3.5117497	1337	3279	3.5157414	1324	3309	3.5196968	1312
3250	3.5118834	1336	3280	3.5158738	1324	3310	3.5198280	1312
3251	3.5120170	1335	3281	3.5160062	1324	3311	3.5199592	1311
3252	3.5121505	1336	3282	3.5161386	1323	3312	3.5200903	1311
3253	3.5122841	1334	3283	3.5162709	1322	3313	3.5202214	1311
3254	3.5124175	1335	3284	3.5164031	1323	3314	3.5203525	1310
3255	3.5125510	1334	3285	3.5165354	1322	3315	3.5204835	1310
3256	3.5126844	1334	3286	3.5166676	1321	3316	3.5206145	1310
3257	3.5128178	1333	3287	3.5167997	1321	3317	3.5207455	1309
3258	3.5129511	1333	3288	3.5169318	1321	3318	3.5208764	1309
3259	3.5130844	1332	3289	3.5170639	1320	3319	3.5210073	1308
3260	3.5132176	1332	3290	3.5171959	1320	3320	3.5211381	1308
3261	3.5133508	1332	3291	3.5173279	1319	3321	3.5212689	1307
3262	3.5134840	1331	3292	3.5174598	1319	3322	3.5213996	1307
3263	3.5136171	1331	3293	3.5175917	1319	3323	3.5215303	1307
3264	3.5137502	1330	3294	3.5177236	1318	3324	3.5216610	1306
3265	3.5138832	1330	3295	3.5178554	1318	3325	3.5217916	1306
3266	3.5140162	1329	3296	3.5179872	1317	3326	3.5219222	1306
3267	3.5141491	1329	3297	3.5181189	1318	3327	3.5220528	1305
3268	3.5142820	1329	3298	3.5182507	1316	3328	3.5221833	1305
3269	3.5144149	1329	3299	3.5183823	1316	3329	3.5223138	1304
3270	3.5145478		3300	3.5185139		3330	3.5224442	

Nomb	0. 55′ 30″ Logarit.	Diff.	Nomb	0. 56′ 0″ Logarit.	Diff.	Nomb	0. 56′ 30″ Logarit.	Diff.
3330	3.5224442	1304	3360	3.5263393	1292	3390	3.5301997	1281
3331	3.5225746	1304	3361	3.5264685	1292	3391	3.5303278	1280
3332	3 5227050	1303	3362	3.5265977	1292	3392	3.5304558	1281
3333	3.5228353	1303	3363	3.5267269	1291	3393	3.5305839	1279
3334	3.5229656	1302	3364	3.5268560	1291	3394	3.5307118	1280
3335	3.5230958	1302	3365	3.5269851	1290	3395	3.5308398	1279
3336	3.5232260	1302	3366	3.5271141	1290	3396	3.5309677	1278
3337	3.5233562	1301	3367	3.5272431	1290	3397	3.5310955	1279
3338	3.5234863	1301	3368	3.5273721	1289	3398	3.5312234	1278
3339	3.5236164	1301	3369	3.5275010	1289	3399	3.5313512	1277
3340	3.5237465	1300	3370	3.5276299	1289	3400	3.5314789	1277
3341	3.5238765	1299	3371	3.5277588	1288	3401	3.5316066	1277
3342	3.5240064	1300	3372	3.5278876	1287	3402	3.5317343	1276
3343	3.5241364	1299	3373	3.5280163	1288	3403	3 5318619	1277
3344	3.5242663	1298	3374	3.5281451	1287	3404	3.5319896	1275
3345	3.5243961	1298	3375	3.5282738	1286	3405	3.5321171	1275
3346	3.5245259	1298	3376	3.5284024	1287	3406	3.5322446	1275
3347	3.5246557	1297	3377	3.5285311	1285	3407	3.5323721	1275
3348	3.5247854	1297	3378	3.5286596	1286	3408	3.5324996	1274
3349	3.5249151	1297	3379	3.5287882	1285	3409	3.5326270	1274
3350	3.5250448	1296	3380	3.5289167	1285	3410	3.5327544	1273
3351	3.5251744	1296	3381	3.5290452	1284	3411	3.5328817	1273
3352	3.5253040	1296	3382	3.5291736	1284	3412	3.5330090	1273
3353	3.5254336	1295	3383	3.5293020	1284	3413	3.5331363	1272
3354	3.5255631	1294	3384	3.5294304	1283	3414	3.5332635	1272
3355	3.5256925	1295	3385	3.5295587	1283	3415	3.5333907	1272
3356	3.5258220	1293	3386	3.5296870	1282	3416	3.5335179	1271
3357	3.5259513	1294	3387	3.5298152	1282	3417	3.5336450	1271
3358	3.5260807	1293	3388	3.5299434	1282	3418	3.5337721	1270
3359	3.5262100	1293	3389	3.5300716	1281	3419	3.5338991	1270
3360	3.5263393		3390	3.5301997		3420	3.5340261	

Nomb	o. 57′ 0″ Logarit.	Diff.	Nomb	o. 57′ 30″ Logarit.	Diff.	Nomb	o. 58′ 0″ Logarit.	Diff.
3420	3.5340261	1270	3450	3.5378191	1259	3480	3.5415792	1248
3421	3.5341531	1269	3451	3.5379450	1258	3481	3.5417040	1248
3422	3.5342800	1269	3452	3.5380708	1258	3482	3.5418288	1247
3423	3.5344069	1269	3453	3.5381966	1257	3483	3.5419535	1246
3424	3.5345338	1268	3454	3.5383223	1258	3484	3.5420781	1247
3425	3.5346606	1268	3455	3.5384481	1256	3485	3.5422028	1246
3426	3.5347874	1267	3456	3.5385737	1257	3486	3.5423274	1245
3427	3.5349141	1267	3457	3.5386994	1256	3487	3.5424519	1246
3428	3.5350408	1267	3458	3.5388250	1256	3488	3.5425765	1245
3429	3.5351675	1266	3459	3.5389506	1255	3489	3.5427010	1244
3430	3.5352941	1266	3460	3.5390761	1255	3490	3.5428254	1244
3431	3.5354207	1266	3461	3.5392016	1255	3491	3.5429498	1244
3432	3.5355473	1265	3462	3.5393271	1254	3492	3.5430742	1244
3433	3.5356738	1265	3463	3.5394525	1254	3493	3.5431986	1243
3434	3.5358003	1264	3464	3.5395779	1253	3494	3.5433229	1243
3435	3.5359267	1265	3465	3.5397032	1254	3495	3.5434472	1242
3436	3.5360532	1263	3466	3.5398286	1252	3496	3.5435714	1242
3437	3.5361795	1264	3467	3.5399538	1253	3497	3.5436956	1242
3438	3.5363059	1263	3468	3.5400791	1252	3498	3.5438198	1241
3439	3.5364322	1262	3469	3.5402043	1252	3499	3.5439439	1241
3440	3.5365584	1263	3470	3.5403295	1251	3500	3.5440680	1241
3441	3.5366847	1262	3471	3.5404546	1251	3501	3.5441921	1240
3442	3.5368109	1261	3472	3.5405797	1251	3502	3.5443161	1240
3443	3.5369370	1261	3473	3.5407048	1250	3503	3.5444401	1240
3444	3.5370631	1261	3474	3.5408298	1250	3504	3.5445641	1239
3445	3.5371892	1261	3475	3.5409548	1250	3505	3.5446880	1239
3446	3.5373153	1260	3476	3.5410798	1249	3506	3.5448119	1239
3447	3.5374413	1260	3477	3.5412047	1249	3507	3.5449358	1238
3448	3.5375673	1259	3478	3.5413296	1248	3508	3.5450596	1238
3449	3.5376932	1259	3479	3.5414544	1248	3509	3.5451834	1237
3450	3.5378191		3480	3.5415792		3510	3.5453071	

Nomb	0. 58′ 30″ Logarit.	Diff.	Nomb	0. 59′ 0″ Logarit.	Diff.	Nomb	0. 59′ 30″ Logarit.	Diff.
3510	3.5453071	1237	3540	3.5490033	1226	3570	3.5526682	1217
3511	3.5454308	1237	3541	3.5491259	1227	3571	3.5527899	1216
3512	3.5455545	1236	3542	3.5492486	1226	3572	3.5529115	1215
3513	3.5456781	1237	3543	3.5493712	1225	3573	3.5530330	1215
3514	3.5458018	1235	3544	3.5494937	1225	3574	3.5531545	1215
3515	3.5459253	1236	3545	3.5496162	1225	3575	3.5532760	1215
3516	3.5460498	1235	3546	3.5497387	1225	3576	3.5533975	1214
3517	3.5461724	1234	3547	3.5498612	1224	3577	3.5535189	1214
3518	3.5462958	1235	3548	3.5499836	1224	3578	3.5536403	1214
3519	3.5464193	1234	3549	3.5501060	1224	3579	3.5537617	1213
3520	3.5465427	1233	3550	3.5502284	1223	3580	3.5538830	1213
3521	3.5466660	1234	3551	3.5503507	1223	3581	3.5540043	1213
3522	3.5467894	1232	3552	3.5504730	1222	3582	3.5541256	1212
3523	3.5469126	1233	3553	3.5505952	1222	3583	3.5542468	1212
3524	3.5470359	1232	3554	3.5507174	1222	3584	3.5543680	1212
3525	3.5471591	1232	3555	3.5508396	1222	3585	3.5544892	1211
3526	3.5472823	1232	3556	3.5509618	1221	3586	3.5546103	1211
3527	3.5474055	1231	3557	3.5510839	1220	3587	3.5547314	1210
3528	3.5475286	1231	3558	3.5512059	1221	3588	3.5548524	1211
3529	3.5476517	1230	3559	3.5513280	1220	3589	3.5549735	1209
3530	3.5477747	1230	3560	3.5514500	1220	3590	3.5550944	1210
3531	3.5478977	1230	3561	3.5515720	1219	3591	3.5552154	1209
3532	3.5480207	1229	3562	3.5516939	1219	3592	3.5553363	1209
3533	3.5481436	1229	3563	3.5518158	1219	3593	3.5554572	1209
3534	3.5482665	1229	3564	3.5519377	1218	3594	3.5555781	1208
3535	3.5483894	1229	3565	3.5520595	1218	3595	3.5556989	1208
3536	3.5485123	1228	3566	3.5521813	1218	3596	3.5558197	1207
3537	3.5486351	1227	3567	3.5523031	1217	3597	3.5559404	1208
3538	3.5487578	1228	3568	3.5524248	1217	3598	3.5560612	1206
3539	3.5488806	1227	3569	3.5525465	1217	3599	3.5561818	1207
3540	3.5490033		3570	3.5526682		3600	3.5563025	

Nomb	1. 0′ 0″ Logarit.	Diff.	Nomb	1. 0′ 30″ Logarit.	Diff.	Nomb	1. 1′ 0″ Logarit.	Diff.
3600	3.5563025	1206	3630	3.5599066	1196	3660	3.5634811	1186
3601	3.5564231	1206	3631	3.5600262	1196	3661	3.5635997	1186
3602	3.5565437	1206	3632	3.5601458	1196	3662	3.5637183	1186
3603	3.5566643	1205	3633	3.5602654	1195	3663	3.5638369	1186
3604	3.5567848	1205	3634	3.5603849	1195	3664	3.5639555	1185
3605	3.5569053	1204	3635	3.5605044	1195	3665	3.5640740	1185
3606	3.5570257	1204	3636	3.5606239	1194	3666	3.5641925	1184
3607	3.5571461	1204	3637	3.5607433	1194	3667	3.5643109	1184
3608	3.5572665	1204	3638	3.5608627	1194	3668	3.5644293	1184
3609	3.5573869	1203	3639	3.5609821	11 3	3669	3.5645477	1184
3610	3.5575072	1203	3640	3.5611014	1193	3670	3.5646661	1183
3611	3.5576275	1202	3641	3.5612207	1192	3671	3.5647844	1183
3612	3.5577477	1203	3642	3.5613399	1193	3672	3.5649027	1182
3613	3.5578680	1201	3643	3.5614592	1192	3673	3.5650209	1183
3614	3.5579881	1202	3644	3.5615784	1191	3674	3.5651392	1181
3615	3.5581083	1201	3645	3.5616975	1192	3675	3.5652573	1182
3616	3.5582284	1201	3646	3.5618167	1191	3676	3.5653755	1181
3617	3.5583485	1201	3647	3.5619358	1190	3677	3.5654936	1181
3618	3.5584686	1200	3648	3.5620548	1191	3678	3.5656117	1181
3619	3.5585886	1200	3649	3.5621739	1190	3679	3.5657298	1180
3620	3.5587086	1199	3650	3.5622929	1189	3680	3.5658478	1180
3621	3.5588285	1199	3651	3.5624118	1190	3681	3.5659658	1180
3622	3.5589484	1199	3652	3.5625308	1189	3682	3.5660838	1179
3623	3.5590683	1199	3653	3.5626497	1188	3683	3.5662017	1179
3624	3.5591882	1198	3654	3.5627685	1189	3684	3.5663196	1179
3625	3.5593080	1198	3655	3.5628874	1188	3685	3.5664375	1178
3626	3.5594278	1198	3656	3.5630062	1188	3686	3.5665553	1178
3627	3.5595476	1197	3657	3.5631250	1187	3687	3.5666731	1178
3628	3.5596673	1197	3658	3.5632437	1187	3688	3.5667909	1178
3629	3.5597870	1196	3659	3.5633624	1187	3689	3.5669087	1177
3630	3.5599066		3660	3.5634811		3690	3.5670264	

Nomb	1. 1′ 30″ Logarit.	Diff.	Nomb	1. 2′ 0″ Logarit.	Diff.	Nomb	1. 2′ 30″ Logarit.	Diff.
3690	3.5670264		3720	3.5705429		3750	3.5740313	
3691	3.5671440	1176	3721	3.5706597	1168	3751	3.5741471	1158
3692	3.5672617	1177	3722	3.5707764	1167	3752	3.5742628	1157
3693	3.5673793	1176	3723	3.5708930	1166	3753	3.5743786	1158
3694	3.5674969	1176	3724	3.5710097	1167	3754	3.5744943	1157
3695	3.5676144	1175	3725	3.5711263	1166	3755	3.5746099	1156
3696	3.5677320	1176	3726	3.5712429	1166	3756	3.5747256	1157
3697	3.5678495	1175	3727	3.5713594	1165	3757	3.5748412	1156
3698	3.5679669	1174	3728	3.5714759	1165	3758	3.5749568	1156
3699	3.5680843	1174	3729	3.5715924	1165	3759	3.5750723	1155
3700	3.5682017	1174	3730	3.5717088	1164	3760	3.5751878	1155
3701	3.5683191	1174	3731	3.5718252	1164	3761	3.5753033	1155
3702	3.5684364	1173	3732	3.5719416	1164	3762	3.5754188	1155
3703	3.5685537	1173	3733	3.5720580	1164	3763	3.5755342	1154
3704	3.5686710	1173	3734	3.5721743	1163	3764	3.5756496	1154
3705	3.5687882	1172	3735	3.5722906	1163	3765	3.5757650	1154
3706	3.5689054	1172	3736	3.5724069	1163	3766	3.5758803	1153
3707	3.5690226	1172	3737	3.5725231	1162	3767	3.5759956	1153
3708	3.5691397	1171	3738	3.5726393	1162	3768	3.5761109	1153
3709	3.5692568	1171	3739	3.5727555	1162	3769	3.5762261	1152
3710	3.5693739	1171	3740	3.5728716	1161	3770	3.5763414	1153
3711	3.5694910	1171	3741	3.5729877	1161	3771	3.5764565	1151
3712	3.5696080	1170	3742	3.5731038	1161	3772	3.5765717	1152
3713	3.5697249	1169	3743	3.5732198	1160	3773	3.5766868	1151
3714	3.5698419	1170	3744	3.5733358	1160	3774	3.5768019	1151
3715	3.5699588	1169	3745	3.5734518	1160	3775	3.5769170	1151
3716	3.5700757	1169	3746	3.5735678	1160	3776	3.5770320	1150
3717	3.5701926	1169	3747	3.5736837	1159	3777	3.5771470	1150
3718	3.5703094	1168	3748	3.5737996	1159	3778	3.5772620	1150
3719	3.5704262	1168	3749	3.5739154	1158	3779	3.5773769	1149
3720	3.5705429	1167	3750	3.5740313	1159	3780	3.5774918	1149

Nomb	1. 3′ 0″ Logarit.	Diff.	Nomb	1 3′ 30″ Logarit.	Diff.	Nomb	1. 4′ 0″ Logarit.	Diff.
3780	3.5774918	1149	3810	3.5809250	1139	3840	3.5843312	1131
3781	3.5776067	1148	3811	3.5810389	1140	3841	3.5844443	1131
3782	3.5777215	1148	3812	3.5811529	1139	3842	3.5845574	1130
3783	3.5778363	1148	3813	3.5812668	1139	3843	3.5846704	1130
3784	3.5779511	1148	3814	3.5813807	1138	3844	3.5847834	1129
3785	3.5780659	1147	3815	3.5814945	1139	3845	3.5848963	1130
3786	3.5781806	1147	3816	3.5816084	1138	3846	3.5850093	1129
3787	3.5782953	1147	3817	3.5817222	1137	3847	3.5851222	1129
3788	3.5784100	1146	3818	3.5818359	1138	3848	3.5852351	1128
3789	3.5785246	1146	3819	3.5819497	1137	3849	3.5853479	1128
3790	3.5786392	1146	3820	3.5820634	1136	3850	3.5854607	1128
3791	3.5787538	1145	3821	3.5821770	1137	3851	3.5855735	1128
3792	3.5788683	1145	3822	3.5822907	1136	3852	3.5856863	1127
3793	3.5789828	1145	3823	3.5824043	1136	3853	3.5857990	1127
3794	3.5790973	1145	3824	3.5825179	1135	3854	3.5859117	1127
3795	3.5792118	1144	3825	3.5826314	1136	3855	3.5860244	1126
3796	3.5793262	1144	3826	3.5827450	1135	3856	3.5861370	1126
3797	3.5794406	1144	3827	3.5828585	1134	3857	3.5862496	1126
3798	3.5795550	1143	3828	3.5829719	1135	3858	3.5863622	1126
3799	3.5796693	1143	3829	3.5830854	1134	3859	3.5864748	1125
3800	3.5797836	1143	3830	3.5831988	1134	3860	3.5865873	1125
3801	3.5798979	1142	3831	3.5833122	1133	3861	3.5866998	1125
3802	3.5800121	1142	3832	3.5834255	1133	3862	3.5868123	1124
3803	3.5801263	1142	3833	3.5835388	1133	3863	3.5869247	1124
3804	3.5802405	1142	3834	3.5836521	1133	3864	3.5870371	1124
3805	3.5803547	1141	3835	3.5837654	1132	3865	3.5871495	1123
3806	3.5804688	1141	3836	3.5838786	1132	3866	3.5872618	1124
3807	3.5805829	1140	3837	3.5839918	1132	3867	3.5873742	1123
3808	3.5806969	1141	3838	3.5841050	1131	3868	3.5874865	1122
3809	3.5808110	1140	3839	3.5842181	1131	3869	3.5875987	1123
3810	3.5809250		3840	3.5843312		3870	3.5877110	

Nomb	1. 4′ 30″ Logarit.	Diff.	Nomb	1. 5′ 0″ Logarit.	Diff.	Nomb	1. 5′ 30″ Logarit.	Diff.
3870	3.5877110	1122	3900	3.5910646	1114	3930	3.5943926	1104
3871	3.5878232	1121	3901	3.5911760	1113	3931	3.5945030	1105
3872	3.5879353	1122	3902	3.5912873	1113	3932	3.5946135	1104
3873	3.5880475	1121	3903	3.5913986	1112	3933	3.5947239	1105
3874	3.5881596	1121	3904	3.5915098	1112	3934	3.5948344	1103
3875	3.5882717	1121	3905	3.5916210	1112	3935	3.5949447	1104
3876	3.5883838	1120	3906	3.5917322	1112	3936	3.5950551	1103
3877	3.5884958	1120	3907	3.5918434	1112	3937	3.5951654	1103
3878	3.5886078	1120	3908	3.5919546	1111	3938	3.5952757	1103
3879	3.5887198	1119	3909	3.5920657	1111	3939	3.5953860	1102
3880	3.5888317	1119	3910	3.5921768	1110	3940	3.5954962	1102
3881	3.5889436	1119	3911	3.5922878	1110	3941	3.5956064	1102
3882	3.5890555	1119	3912	3.5923988	1110	3942	3.5957166	1102
3883	3.5891674	1118	3913	3.5925098	1110	3943	3.5958268	1101
3884	3.5892792	1118	3914	3.5926208	1110	3944	3.5959369	1101
3885	3.5893910	1118	3915	3.5927318	1109	3945	3.5960470	1101
3886	3.5895028	1117	3916	3.5928427	1109	3946	3.5961571	1100
3887	3.5896145	1118	3917	3.5929536	1108	3947	3.5962671	1100
3888	3.5897263	1116	3918	3.5930644	1109	3948	3.5963771	1100
3889	3.5898379	1117	3919	3.5931753	1108	3949	3.5964871	1100
3890	3.5899496	1116	3920	3.5932861	1107	3950	3.5965971	1099
3891	3.5900612	1116	3921	3.5933968	1108	3951	3.5967070	1099
3892	3.5901728	1116	3922	3.5935076	1107	3952	3.5968169	1099
3893	3.5902844	1115	3923	3.5936183	1107	3953	3.5969268	1099
3894	3.5903959	1116	3924	3.5937290	1107	3954	3.5970367	1098
3895	3.5905075	1114	3925	3.5938397	1106	3955	3.5971465	1098
3896	3.5906189	1115	3926	3.5939503	1106	3956	3.5972563	1098
3897	3.5907304	1114	3927	3.5940609	1106	3957	3.5973661	1097
3898	3.5908418	1114	3928	3.5941715	1105	3958	3.5974758	1097
3899	3.5909532	1114	3929	3.5942820	1106	3959	3.5975855	1097
3900	3.5910646		3930	3.5943926		3960	3.5976952	

Nomb	1. 6′ 0″ Logarit.	Diff.	Nomb	1. 6′ 30″ Logarit.	Diff.	Nomb	1. 7′ 0″ Logarit.	Diff.
3960	3.5976952	1096	3990	3.6009729	1088	4020	3.6042261	1080
3961	3.5978048	1097	3991	3.6010817	1088	4021	3.6043341	1080
3962	3.5979145	1096	3992	3.6011905	1088	4022	3.6044421	1079
3963	3.5980241	1095	3993	3.6012993	1088	4023	3.6045500	1080
3964	3.5981336	1096	3994	3.6014081	1087	4024	3.6046580	1079
3965	3.5982432	1095	3995	3.6015168	1087	4025	3.6047659	1079
3966	3.5983527	1095	3996	3.6016255	1086	4026	3.6048738	1078
3967	3.5984622	1095	3997	3.6017341	1087	4027	3.6049816	1079
3968	3.5985717	1094	3998	3.6018428	1086	4028	3.6050895	1078
3969	3.5986811	1094	3999	3.6019514	1086	4029	3.6051973	1077
3970	3.5987905	1094	4000	3.6020600	1086	4030	3.6053050	1078
3971	3.5988999	1093	4001	3.6021686	1085	4031	3.6054128	1077
3972	3.5990092	1094	4002	3.6022771	1085	4032	3.6055205	1077
3973	3.5991186	1093	4003	3.6023856	1085	4033	3.6056282	1077
3974	3 5992279	1092	4004	3.6024941	1084	4034	3.6057359	1076
3975	3.5993371	1093	4005	3.6026025	1084	4035	3.6058435	1077
3976	3.5994464	1092	4006	3.6027109	1084	4036	3.6059512	1075
3977	3.5995556	1092	4007	3.6028193	1084	4037	3.6060587	1076
3978	3.5996648	1091	4008	3.6029277	1084	4038	3.6061663	1076
3979	3.5997739	1092	4009	3.6030361	1083	4039	3.6062739	1075
3980	3.5998831	1091	4010	3.6031444	1083	4040	3.6063814	1075
3981	3.5999922	1091	4011	3.6032527	1082	4041	3.6064889	1074
3982	3.6001013	1090	4012	3.6033609	1083	4042	3.6065963	1074
3983	3.6002103	1090	4013	3.6034692	1082	4043	3.6067037	1074
3984	3.6003193	1090	4014	3.6035774	1081	4044	3.6068111	1074
3985	3.6004283	1090	4015	3.6036855	1082	4045	3.6069185	1074
3986	3.6005373	1089	4016	3.6037937	1081	4046	3.6070259	1073
3987	3.6006462	1089	4017	3.6039018	1081	4047	3.6071332	1073
3988	3.6007551	1089	4018	3.6040099	1081	4048	3.6072405	1073
3989	3.6008640	1089	4019	3.6041180	1081	4049	3.6073478	1072
3990	3.6009729		4020	3.6042261		4050	3.6074550	

Nomb	I. 7′ 30″ Logarit.	Diff.	Nomb	I. 8′ 0″ Logarit.	Diff.	Nomb	I. 8′ 30″ Logarit.	Diff.
4050	3.6074550	1072	4080	3.6106602	1064	4110	3.6138418	1057
4051	3.6075622	1072	4081	3.6107666	1064	4111	3.6139475	1056
4052	3.6076694	1072	4082	3.6108730	1064	4112	3.6140531	1056
4053	3.6077766	1071	4083	3.6109794	1063	4113	3.6141587	1056
4054	3.6078837	1072	4084	3.6110857	1064	4114	3.6142643	1055
4055	3.6079909	1070	4085	3.6111921	1063	4115	3.6143698	1056
4056	3.6080979	1071	4086	3.6112984	1062	4116	3.6144754	1055
4057	3.6082050	1070	4087	3.6114046	1063	4117	3.6145809	1054
4058	3.6083120	1071	4088	3.6115109	1062	4118	3.6146863	1055
4059	3.6084191	1069	4089	3.6116171	1062	4119	3.6147918	1054
4060	3.6085260	1070	4090	3.6117233	1062	4120	3.6148972	1054
4061	3.6086330	1069	4091	3.6118295	1061	4121	3.6150026	1054
4062	3.6087399	1069	4092	3.6119356	1061	4122	3.6151080	1053
4063	3.6088468	1069	4093	3.6120417	1061	4123	3.6152133	1054
4064	3.6089537	1068	4094	3.6121478	1061	4124	3.6153187	1053
4065	3.6090605	1069	4095	3.6122539	1060	4125	3.6154240	1052
4066	3.6091674	1068	4096	3.6123599	1061	4126	3.6155292	1053
4067	3.6092742	1049	4097	3.6124660	1060	4127	3.6156345	1052
4068	3.6093809	1068	4098	3.6125720	1059	4128	3.6157397	1052
4069	3.6094877	1067	4099	3.6126779	1060	4129	3.6158449	1052
4070	3.6095944	1067	4100	3.6127839	1059	4130	3.6159501	1051
4071	3.6097011	1067	4101	3.6128898	1059	4131	3.6160552	1051
4072	3.6098078	1066	4102	3.6129957	1058	4132	3.6161603	1051
4073	3.6099144	1066	4103	3.6131015	1059	4133	3.6162654	1051
4074	3.6100210	1066	4104	3.6132074	1058	4134	3.6163705	1050
4075	3.6101276	1066	4105	3.6133132	1057	4135	3.6164755	1050
4076	3.6102342	1065	4106	3.6134189	1058	4136	3.6165805	1050
4077	3.6103407	1065	4107	3.6135247	1057	4137	3.6166855	1050
4078	3.6104472	1065	4108	3.6136304	1057	4138	3.6167905	1049
4079	3.6105537	1065	4109	3.6137361	1057	4139	3.6168954	1049
4080	3.6106602		4110	3.6138418		4140	3.6170003	

Nomb	1. 9′ 0″ Logarit.	Diff.	Nomb	1. 9′ 30″ Logarit.	Diff.	Nomb	1. 10′ 0″ Logarit.	Diff.
4140	3.6170003	1049	4170	3.6201361	1041	4200	3.6232493	1034
4141	3.6171052	1049	4171	3.6202402	1041	4201	3.6233527	1033
4142	3.6172101	1048	4172	3.6203443	1041	4202	3.6234560	1034
4143	3.6173149	1048	4173	3.6204484	1040	4203	3.6235594	1033
4144	3.6174197	1048	4174	3.6205524	1041	4204	3.6236627	1033
4145	3.6175245	1048	4175	3.6206565	1040	4205	3.6237660	1033
4146	3.6176293	1047	4176	3.6207605	1040	4206	3.6238693	1032
4147	3.6177340	1047	4177	3.6208645	1039	4207	3.6239725	1032
4148	3.6178387	1047	4178	3.6209684	1040	4208	3.6240757	1032
4149	3.6179434	1047	4179	3.6210724	1039	4209	3.6241789	1032
4150	3.6180481	1046	4180	3.6211763	1039	4210	3.6242821	1031
4151	3.6181527	1046	4181	3.6212802	1038	4211	3.6243852	1032
4152	3.6182573	1046	4182	3.6213840	1039	4212	3.6244884	1031
4153	3.6183619	1046	4183	3.6214879	1038	4213	3.6245915	1030
4154	3.6184665	1045	4184	3.6215917	1038	4214	3.6246945	1031
4155	3.6185710	1045	4185	3.6216955	1037	4215	3.6247976	1030
4156	3.6186755	1045	4186	3.6217992	1038	4216	3.6249006	1030
4157	3.6187800	1045	4187	3.6219030	1037	4217	3.6250036	1030
4158	3.6188845	1044	4188	3.6220067	1037	4218	3.6251066	1029
4159	3.6189889	1044	4189	3.6221104	1036	4219	3.6252095	1030
4160	3.6190933	1044	4190	3.6222140	1037	4220	3.6253125	1029
4161	3.6191977	1044	4191	3.6223177	1036	4221	3.6254154	1028
4162	3.6193021	1043	4192	3.6224213	1036	4222	3.6255182	1029
4163	3.6194064	1043	4193	3.6225249	1035	4223	3.6256211	1028
4164	3.6195107	1043	4194	3.6226284	1036	4224	3.6257239	1028
4165	3.6196150	1043	4195	3.6227320	1035	4225	3.6258267	1028
4166	3.6197193	1042	4196	3.6228355	1035	4226	3.6259295	1027
4167	3.6198235	1042	4197	3.6229390	1034	4227	3.6260322	1028
4168	3.6199277	1042	4198	3.6230424	1035	4228	3.6261350	1027
4169	3.6200319	1042	4199	3.6231459	1034	4229	3.6262377	1027
4170	3.6201361		4200	3.6232493		4230	3.6263404	

Nomb	1. 10′ 30″ Logarit.	Diff.	Nomb	1. 11′ 0″ Logarit.	Diff.	Nomb	1. 11′ 30″ Logarit.	Diff.
4230	3.6263404	1026	4260	3.6294096	1019	4290	3.6324573	1012
4231	3.6264430	1027	4261	3.6295115	1019	4291	3.6325585	1012
4232	3.6265457	1026	4262	3.6296134	1019	4292	3.6326597	1012
4233	3.6266483	1026	4263	3.6297153	1019	4293	3.6327609	1011
4234	3.6267509	1025	4264	3.6298172	1018	4294	3.6328620	1012
4235	3.6268534	1026	4265	3.6299190	1019	4295	3.6329632	1011
4236	3.6269560	1025	4266	3.6300209	1017	4296	3.6330643	1011
4237	3.6270585	1025	4267	3.6301226	1018	4297	3.6331654	1010
4238	3.6271610	1024	4268	3.6302244	1018	4298	3.6332664	1010
4239	3.6272634	1025	4269	3.6303262	1017	4299	3.6333674	1011
4240	3.6273659	1024	4270	3.6304279	1017	4300	3.6334685	1009
4241	3.6274683	1024	4271	3.6305296	1016	4301	3.6335694	1010
4242	3.6275707	1023	4272	3.6306312	1017	4302	3.6336704	1009
4243	3.6276730	1024	4273	3.6307329	1016	4303	3.6337713	1010
4244	3.6277754	1023	4274	3.6308345	1016	4304	3.6338723	1009
4245	3.6278777	1023	4275	3.6309361	1016	4305	3.6339732	1008
4246	3.6279800	1023	4276	3.6310377	1016	4306	3.6340740	1009
4247	3.6280823	1022	4277	3.6311393	1015	4307	3.6341749	1008
4248	3.6281845	1022	4278	3.6312408	1015	4308	3.6342757	1008
4249	3.6282867	1022	4279	3.6313423	1015	4309	3.6343765	1008
4250	3.6283889	1022	4280	3.6314438	1014	4310	3.6344773	1007
4251	3.6284911	1022	4281	3.6315452	1015	4311	3.6345780	1008
4252	3.6285933	1021	4282	3.6316467	1014	4312	3.6346788	1007
4253	3.6286954	1021	4283	3.6317481	1014	4313	3.6347795	1006
4254	3.6287975	1021	4284	3.6318495	1013	4314	3.6348801	1007
4255	3.6288996	1020	4285	3.6319508	1014	4315	3.6349808	1006
4256	3.6290016	1021	4286	3.6320522	1013	4316	3.6350814	1006
4257	3.6291037	1020	4287	3.6321535	1013	4317	3.6351820	1006
4258	3.6292057	1019	4288	3.6322548	1012	4318	3.6352826	1006
4259	3.6293076	1020	4289	3.6323560	1013	4319	3.6353832	1005
4260	3.6294096		4290	3.6324573		4320	3.6354837	

Nomb	1. 12′ 0″ Logarit.	Diff.	Nomb	1. 12′ 30″ Logarit.	Diff.	Nomb	1. 13′ 0″ Logarit.	Diff.
4320	3.6354837	1006	4350	3.6384893	998	4380	3.6414741	992
4321	3.6355843	1005	4351	3.6385891	998	4381	3.6415733	991
4322	3.6356848	1004	4352	3.6386889	998	4382	3.6416724	991
4323	3.6357852	1005	4353	3.6387887	997	4383	3.6417715	990
4324	3.6358857	1004	4354	3.6388884	998	4384	3.6418705	991
4325	3.6359861	1004	4355	3.6389882	997	4385	3.6419696	990
4326	3.6360865	1004	4356	3.6390879	997	4386	3.6420686	990
4327	3.6361869	1004	4357	3.6391876	996	4387	3.6421676	990
4328	3,6362873	1003	4358	3.6392872	997	4388	3.6422666	990
4329	3.6363876	1003	4359	3.6393869	996	4389	3.6423656	989
4330	3.6364879	1003	4360	3.6394865	996	4390	3.6424645	989
4331	3.6365882	1002	4361	3.6395861	996	4391	3.6425634	989
4332	3.6366884	1003	4362	3.6396857	995	4392	3.6426623	989
4333	3.6367887	1002	4363	3.6397852	995	4393	3.6427612	989
4334	3.6368889	1002	4364	3.6398847	995	4394	3.6428601	988
4335	3.6369891	1002	4365	3.6399842	995	4395	3.6429589	988
4336	3.6370893	1001	4366	3.6400837	995	4396	3.6430577	988
4337	3.6371894	1001	4367	3.6401832	994	4397	3.6431565	987
4338	3.6372895	1002	4368	3.6402826	994	4398	3.6432552	988
4339	3.6373897	1000	4369	3.6403820	994	4399	3.6433540	987
4340	3.6374897	1001	4370	3.6404814	994	4400	3.6434527	987
4341	3.6375898	1000	4371	3.6405808	994	4401	3.6435514	986
4342	3.6376898	1000	4372	3.6406802	993	4402	3.6436500	987
4343	3.6377898	1000	4373	3.6407795	993	4403	3.6437487	986
4344	3.6378898	1000	4374	3.6408788	993	4404	3.6438473	986
4345	3.6379898	999	4375	3.6409781	992	4405	3.6439459	986
4346	3.6380897	999	4376	3.6410773	992	4406	3.6440445	986
4347	3.6381896	999	4377	3.6411765	993	4407	3.6441431	985
4348	3.6382895	999	4378	3.6412758	991	4408	3 6442416	985
4349	3.6383894	999	4379	3,6413749	992	4409	3.6443401	985
4350	3.6384893		4380	3.6414741		4410	3.6444386	

Nomb	1. 13′ 30″ Logarit.	Diff.	Nomb	1. 14′ 0″ Logarit.	Diff.	Nomb	1. 14′ 30″ Logarit.	Diff.
4410	3.6444386	985	4440	3.6473830	978	4470	3.6503075	972
4411	3.6445371	984	4441	3.6474808	978	4471	3.6504047	971
4412	3.6446355	984	4442	3.6475786	977	4472	3.6505018	971
4413	3.6447339	984	4443	3.6476763	978	4473	3.6505989	971
4414	3.6448323	984	4444	3.6477741	977	4474	3.6506960	970
4415	3.6449307	984	4445	3.6478718	977	4475	3.6507930	971
4416	3.6450291	983	4446	3.6479695	976	4476	3.6508901	970
4417	3.6451274	983	4447	3.6480671	977	4477	3.6509871	970
4418	3.6452257	983	4448	3.6481648	976	4478	3.6510841	970
4419	3.6453240	983	4449	3.6482624	976	4479	3.6511811	969
4420	3.6454223	982	4450	3.6483600	976	4480	3.6512780	969
4421	3.6455205	982	4451	3.6484576	976	4481	3.6513749	970
4422	3.6456187	982	4452	3.6485552	975	4482	3.6514719	968
4423	3.6457169	982	4453	3.6486527	975	4483	3.6515687	969
4424	3.6458151	982	4454	3.6487502	975	4484	3.6516656	968
4425	3.6459133	981	4455	3.6488477	975	4485	3.6517624	969
4426	3.6460114	981	4456	3.6489452	974	4486	3.6518593	968
4427	3.6461095	981	4457	3.6490426	975	4487	3.6519561	967
4428	3.6462076	981	4458	3.6491401	974	4488	3.6520528	968
4429	3.6463057	980	4459	3.6492375	974	4489	3.6521496	967
4430	3.6464037	981	4460	3.6493349	973	4490	3.6522463	968
4431	3.6465018	980	4461	3.6494322	974	4491	3.6523431	966
4432	3.6465998	979	4462	3.6495296	973	4492	3.6524397	967
4433	3.6466977	980	4463	3.6496269	973	4493	3.6525364	967
4434	3.6467957	979	4464	3.6497242	973	4494	3.6526331	966
4435	3.6468936	979	4465	3.6498215	972	4495	3.6527297	966
4436	3.6469915	979	4466	3.6499187	973	4496	3.6528263	966
4437	3.6470894	979	4467	3.6500160	972	4497	3.6529229	966
4438	3.6471873	978	4468	3.6501132	972	4498	3.6530195	965
4439	3.6472851	979	4469	3.6502104	971	4499	3.6531160	965
4440	3.6473830		4470	3.6503075		4500	3.6532125	

Nomb	1. 15′ 0″ Logarit.	Diff.	Nomb	1. 15′ 30″ Logarit.	Diff.	Nomb	1. 16′ 0″ Logarit.	Diff.
4500	3.6532125	965	4530	3.6560982	959	4560	3.6589648	953
4501	3.6533090	965	4531	3.6561941	958	4561	3.6590601	952
4502	3.6534055	964	4532	3.6562899	958	4562	3.6591553	952
4503	3.6535019	965	4533	3.6563857	958	4563	3.6592505	951
4504	3.6535984	964	4534	3.6564815	958	4564	3.6593456	952
4505	3.6536948	964	4535	3.6565773	957	4565	3.6594408	951
4506	3.6537912	964	4536	3.6566730	958	4566	3.6595359	951
4507	3.6538876	963	4537	3.6567688	957	4567	3.6596310	951
4508	3.6539839	963	4538	3.6568645	957	4568	3.6597261	951
4509	3.6540802	963	4539	3.6569602	957	4569	3.6598212	950
4510	3.6541765	963	4540	3.6570559	956	4570	3.6599162	950
4511	3.6542728	963	4541	3.6571515	956	4571	3.6600112	950
4512	3.6543691	962	4542	3.6572471	956	4572	3.6601062	950
4513	3.6544653	963	4543	3.6573427	956	4573	3.6602012	950
4514	3.6545616	962	4544	3.6574383	956	4574	3.6602962	949
4515	3.6546578	961	4545	3.6575339	955	4575	3.6603911	949
4516	3.6547539	962	4546	3.6576294	956	4576	3.6604860	949
4517	3.6548501	961	4547	3.6577250	955	4577	3.6605809	949
4518	3.6549462	961	4548	3.6578205	954	4578	3.6606758	948
4519	3.6550423	961	4549	3.6579159	955	4579	3.6607706	949
4520	3.6551384	961	4550	3.6580114	954	4580	3.6608655	948
4521	3.6552345	961	4551	3.6581068	955	4581	3.6609603	948
4522	3.6553306	960	4552	3.6582023	954	4582	3.6610551	948
4523	3.6554266	960	4553	3.6582977	953	4583	3.6611499	947
4524	3.6555226	960	4554	3.6583930	954	4584	3.6612446	947
4525	3.6556186	959	4555	3.6584884	953	4585	3.6613393	948
4526	3.6557145	960	4556	3.6585837	953	4586	3.6614341	946
4527	3.6558105	959	4557	3.6586790	953	4587	3.6615287	947
4528	3.6559064	959	4558	3.6587743	953	4588	3.6616234	947
4529	3.6560023	959	4559	3.6588696	952	4589	3.6617181	946
4530	3.6560982		4560	3.6589648		4590	3.6618127	

Nomb	1. 16′ 30″ Logarit.	Diff.	Nomb	1. 17′ 0″ Logarit.	Diff.	Nomb	1. 17′ 30″ Logarit.	Diff.
4590	3.6618127	946	4620	3.6646420	940	4650	3.6674530	933
4591	3.6619073	946	4621	3.6647360	939	4651	3.6675463	934
4592	3.6620019	945	4622	3.6648299	940	4652	3.6676397	934
4593	3.6620964	946	4623	3.6649239	939	4653	3.6677331	933
4594	3.6621910	945	4624	3.6650178	939	4654	3.6678264	933
4595	3.6622855	945	4625	3.6651117	939	4655	3.6679197	933
4596	3.6623800	945	4626	3.6652056	939	4656	3.6680130	932
4597	3.6624745	945	4627	3.6652995	939	4657	3.6681062	933
4598	3.6625690	944	4628	3.6653934	938	4658	3.6681995	932
4599	3.6626634	944	4629	3.6654872	938	4659	3.6682927	932
4600	3.6627578	944	4630	3.6655810	938	4660	3.6683859	932
4601	3.6628522	944	4631	3.6656748	938	4661	3.6684791	932
4602	3.6629466	944	4632	3.6657686	937	4662	3.6685723	931
4603	3.6630410	943	4633	3.6658623	937	4663	3.6686654	931
4604	3.6631353	943	4634	3.6659560	937	4664	3.6687585	931
4605	3.6632296	943	4635	3.6660497	937	4665	3.6688516	931
4606	3.6633239	943	4636	3.6661434	937	4666	3.6689447	931
4607	3.6634182	943	4637	3.6662371	936	4667	3.6690378	930
4608	3.6635125	942	4638	3.6663307	937	4668	3.6691308	931
4609	3.6636067	942	4639	3.6664244	936	4669	3.6692239	930
4610	3.6637009	942	4640	3.6665180	936	4670	3.6693169	930
4611	3.6637951	942	4641	3.6666116	935	4671	3.6694099	929
4612	3.6638893	942	4642	3.6667051	936	4672	3.6695028	930
4613	3.6639835	941	4643	3.6667987	935	4673	3.6695958	929
4614	3.6640776	941	4644	3.6668922	935	4674	3.6696887	929
4615	3.6641717	941	4645	3.6669857	935	4675	3.6697816	929
4616	3.6642658	941	4646	3.6670792	935	4676	3.6698745	929
4617	3.6643599	940	4647	3.6671727	934	4677	3.6699674	928
4618	3.6644539	941	4648	3.6672661	934	4678	3.6700602	928
4619	3.6645480	940	4649	3.6673595	935	4679	3.6701530	929
4620	3.6646420		4650	3.6674530		4680	3.6702459	

Nomb	1. 18′ 0″ Logarit.	Diff.	Nomb	1. 18′ 30″ Logarit.	Diff.	Nomb	1. 19′ 0″ Logarit.	Diff.
4680	3.6702459	927	4710	3.6730209	922	4740	3.6757783	917
4681	3.6703386	928	4711	3.6731131	922	4741	3.6758700	915
4682	3.6704314	928	4712	3.6732053	921	4742	3.6759615	916
4683	3.6705242	927	4713	3.6732974	922	4743	3.6760531	916
4684	3.6706169	927	4714	3.6733896	921	4744	3.6761447	915
4685	3.6707096	927	4715	3.6734817	921	4745	3.6762362	915
4686	3.6708023	927	4716	3.6735738	921	4746	3.6763277	915
4687	3.6708950	926	4717	3.6736659	920	4747	3.6764192	915
4688	3.6709876	926	4718	3.6737579	921	4748	3.6765107	915
4689	3.6710802	926	4719	3.6738500	920	4749	3.6766022	914
4690	3.6711728	926	4720	3.6739420	920	4750	3.6766936	914
4691	3.6712654	926	4721	3.6740340	920	4751	3.6767850	914
4692	3.6713580	926	4722	3.6741260	919	4752	3.6768764	914
4693	3.6714506	925	4723	3.6742179	920	4753	3.6769678	914
4694	3.6715431	925	4724	3.6743099	919	4754	3.6770592	913
4695	3.6716356	925	4725	3.6744018	919	4755	3.6771505	913
4696	3.6717281	925	4726	3.6744937	919	4756	3.6772418	914
4697	3.6718206	924	4727	3.6745856	919	4757	3.6773332	912
4698	3.6719130	924	4728	3.6746775	918	4758	3.6774244	913
4699	3.6720054	925	4729	3.6747693	918	4759	3.6775157	913
4700	3.6720979	924	4730	3.6748611	918	4760	3.6776070	912
4701	3.6721903	923	4731	3.6749529	918	4761	3.6776982	912
4702	3.6722826	924	4732	3.6750447	918	4762	3.6777894	912
4703	3.6723750	923	4733	3.6751365	918	4763	3.6778806	912
4704	3.6724673	923	4734	3.6752283	917	4764	3.6779718	911
4705	3.6725596	923	4735	3.6753200	917	4765	3.6780629	911
4706	3.6726519	923	4736	3.6754117	917	4766	3.6781540	912
4707	3.6727442	923	4737	3.6755034	917	4767	3.6782452	910
4708	3.6728365	922	4738	3.6755951	916	4768	3.6783362	911
4709	3.6729287	922	4739	3.6756867	916	4769	3.6784273	911
4710	3.6730209		4740	3.6757783		4770	3.6785184	

Nomb	1. 19′ 30″ Logarit.	Diff.	Nomb	1. 20′ 0″ Logarit.	Diff.	Nomb	1. 20′ 30″ Logarit.	Diff.
4770	3.6785184		4800	3.6812412		4830	3.6839471	
4771	3.6786094	910	4801	3.6813317	905	4831	3.6840370	899
4772	3.6787004	910	4802	3.6814222	905	4832	3.6841269	899
4773	3.6787914	910	4803	3.6815126	904	4833	3.6842168	899
4774	3.6788824	910	4804	3.6816030	904	4834	3.6843066	898
4775	3.6789734	910	4805	3.6816934	904	4835	3.6843965	899
4776	3.6790643	909	4806	3.6817838	904	4836	3.6844863	898
4777	3.6791552	909	4807	3.6818741	903	4837	3.6845761	898
4778	3.6792461	909	4808	3.6819645	904	4838	3.6846659	898
4779	3.6793370	909	4809	3.6820548	903	4839	3.6847556	897
4780	3.6794279	909	4810	3.6821451	903	4840	3.6848454	898
4781	3.6795187	908	4811	3.6822354	903	4841	3.6849351	897
4782	3.6796096	909	4812	3.6823256	902	4842	3.6850248	897
4783	3.6797004	908	4813	3.6824159	903	4843	3.6851145	897
4784	3.6797912	908	4814	3.6825061	902	4844	3.6852041	896
4785	3.6798819	907	4815	3.6825963	902	4845	3.6852938	897
4786	3.6799727	908	4816	3.6826865	902	4846	3.6853834	896
4787	3.6800634	907	4817	3.6827766	901	4847	3.6854730	896
4788	3.6801541	907	4818	3.6828668	902	4848	3.6855626	896
4789	3.6802448	907	4819	3.6829569	901	4849	3.6856522	896
4790	3.6803355	907	4820	3.6830470	901	4850	3.6857417	895
4791	3.6804262	907	4821	3.6831371	901	4851	3.6858313	896
4792	3.6805168	906	4822	3.6832272	901	4852	3.6859208	895
4793	3.6806074	906	4823	3.6833173	901	4853	3.6860103	895
4794	3.6806980	906	4824	3.6834073	900	4854	3.6860998	895
4795	3.6807886	906	4825	3.6834973	900	4855	3.6861892	894
4796	3.6808792	906	4826	3.6835873	900	4856	3.6862787	895
4797	3.6809697	905	4827	3.6836773	900	4857	3.6863681	894
4798	3.6810602	905	4828	3.6837673	900	4858	3.6864575	894
4799	3.6811507	905	4829	3.6838572	899	4859	3.6865469	894
4800	3.6812412	905	4830	3.6839471	899	4860	3.6866363	894

Nomb	1. 21′ 0″ Logarit.	Diff.	Nomb	1. 21′ 30″ Logarit.	Diff.	Nomb	1. 22′ 0″ Logarit.	Diff.
4860	3.6866363	893	4890	3.6893089	888	4920	3.6919651	883
4861	3.6867256	894	4891	3.6893977	887	4921	3.6920534	882
4862	3.6868150	893	4892	3.6894864	888	4922	3.6921416	882
4863	3.6869043	893	4893	3.6895752	888	4923	3.6922298	882
4864	3.6869936	892	4894	3.6896640	887	4924	3.6923180	882
4865	3.6870828	893	4895	3.6897527	887	4925	3.6924062	882
4866	3.6871721	892	4896	3.6898414	887	4926	3.6924944	882
4867	3.6872613	893	4897	3.6899301	887	4927	3.6925826	881
4868	3.6873506	892	4898	3.6900188	886	4928	3.6926707	881
4869	3.6874398	892	4899	3.6901074	887	4929	3.6927588	881
4870	3.6875290	891	4900	3.6901961	886	4930	3.6928469	881
4871	3.6876181	892	4901	3.6902847	886	4931	3.6929350	881
4872	3.6877073	891	4902	3.6903733	886	4932	3.6930231	880
4873	3.6877964	891	4903	3.6904619	886	4933	3.6931111	880
4874	3.6878855	891	4904	3.6905505	885	4934	3.6931991	881
4875	3.6879746	891	4905	3.6906390	885	4935	3.6932872	880
4876	3.6880637	891	4906	3.6907275	886	4936	3.6933752	879
4877	3.6881528	890	4907	3.6908161	885	4937	3.6934631	880
4878	3.6882418	890	4908	3.6909046	884	4938	3.6935511	879
4879	3.6883308	890	4909	3.6909930	885	4939	3.6936390	879
4880	3.6884198	890	4910	3.6910815	884	4940	3.6937269	880
4881	3.6885088	890	4911	3.6911699	885	4941	3.6938149	878
4882	3.6885978	889	4912	3.6912584	884	4942	3.6939027	879
4883	3.6886867	890	4913	3.6913468	884	4943	3.6939906	879
4884	3.6887757	889	4914	3.6914352	883	4944	3.6940785	878
4885	3.6888646	889	4915	3.6915235	884	4945	3.6941663	878
4886	3.6889535	888	4916	3.6916119	883	4946	3.6942541	878
4887	3.6890423	889	4917	3.6917002	883	4947	3.6943419	878
4888	3.6891312	888	4918	3.6917885	883	4948	3.6944297	878
4889	3.6892200	889	4919	3.6918768	883	4949	3.6945175	877
4890	3.6893089		4920	3.6919651		4950	3.6946052	

Nomb	1. 22′ 30″ Logarit	Diff.	Nomb	1. 23′ 0″ Logarit.	Diff.	Nomb	1. 23′ 30″ Logarit.	Diff.
4950	3.6946052	877	4980	3.6972293	872	5010	3.6998377	867
4951	3.6946929	877	4981	3.6973165	872	5011	3.6999244	867
4952	3.6947806	877	4982	3.6974037	872	5012	3.7000111	866
4953	3.6948683	877	4983	3.6974909	871	5013	3.7000977	866
4954	3.6949560	877	4984	3.6975780	872	5014	3.7001843	866
4955	3.6950437	876	4985	3.6976652	871	5015	3.7002709	866
4956	3.6951313	876	4986	3.6977523	871	5016	3.7003575	866
4957	3.6952189	876	4987	3.6978394	870	5017	3.7004441	866
4958	3.6953065	876	4988	3.6979264	871	5018	3.7005307	865
4959	3.6953941	876	4989	3.6980135	870	5019	3.7006172	865
4960	3.6954817	875	4990	3.6981005	871	5020	3.7007037	865
4961	3.6955692	876	4991	3.6981876	870	5021	3.7007902	865
4962	3.6956568	875	4992	3.6982746	870	5022	3.7008767	865
4963	3.6957443	875	4993	3.6983616	869	5023	3.7009632	864
4964	3.6958318	875	4994	3.6984485	870	5024	3.7010496	865
4965	3.6959193	874	4995	3.6985355	869	5025	3.7011361	864
4966	3.6960067	875	4996	3.6986224	869	5026	3.7012225	864
4967	3.6960942	874	4997	3.6987093	870	5027	3.7013089	864
4968	3.6961816	874	4998	3.6987963	868	5028	3.7013953	863
4969	3.6962690	874	4999	3.6988831	869	5029	3.7014816	864
4970	3.6963564	874	5000	3.6989700	869	5030	3.7015680	863
4971	3.6964438	873	5001	3.6990569	868	5031	3.7016543	863
4972	3.6965311	874	5002	3.6991437	868	5032	3.7017406	863
4973	3.6966185	873	5003	3.6992305	868	5033	3.7018269	863
4974	3.6967058	873	5004	3.6993173	868	5034	3.7019132	863
4975	3.6967931	873	5005	3.6994041	867	5035	3.7019995	862
4976	3.6968804	872	5006	3.6994908	868	5036	3.7020857	863
4977	3.6969676	873	5007	3.6995776	867	5037	3.7021720	862
4978	3.6970549	872	5008	3.6996643	867	5038	3.7022582	862
4979	3.6971421	872	5009	3.6997510	867	5039	3.7023444	861
4980	3.6972293		5010	3.6998377		5040	3.7024305	

Nomb	1. 24′ 0″ Logarit.	Diff.	Nomb	1. 24′ 30″ Logarit.	Diff.	Nomb	1. 25′ 0″ Logarit.	Diff.
5040	3.7024305	862	5070	3.7050080	856	5100	3.7075702	851
5041	3.7025167	861	5071	3.7050936	856	5101	3.7076553	852
5042	3.7026028	862	5072	3.7051792	857	5102	3.7077405	851
5043	3.7026890	861	5073	3.7052649	856	5103	3.7078256	851
5044	3.7027751	861	5074	3.7053505	855	5104	3.7079107	850
5045	3.7028612	860	5075	3.7054360	856	5105	3.7079957	851
5046	3.7029472	861	5076	3.7055216	856	5106	3.7080808	851
5047	3.7030333	860	5077	3.7056072	855	5107	3.7081659	850
5048	3.7031193	861	5078	3.7056927	855	5108	3.7082509	850
5049	3.7032054	860	5079	3.7057782	855	5109	3.7083359	850
5050	3.7032914	860	5080	3.7058637	855	5110	3.7084209	850
5051	3.7033774	859	5081	3.7059492	855	5111	3.7085059	849
5052	3.7034633	860	5082	3.7060347	854	5112	3.7085908	850
5053	3.7035493	859	5083	3.7061201	854	5113	3.7086758	849
5054	3.7036352	860	5084	3.7062055	855	5114	3.7087607	849
5055	3.7037212	859	5085	3.7062910	854	5115	3.7088456	849
5056	3.7038071	859	5086	3.7063764	853	5116	3.7089305	849
5057	3.7038930	858	5087	3.7064617	854	5117	3.7090154	849
5058	3.7039788	859	5088	3.7065471	854	5118	3.7091003	848
5059	3.7040647	858	5089	3.7066325	853	5119	3.7091851	849
5060	3.7041505	858	5090	3.7067178	853	5120	3.7092700	848
5061	3.7042363	858	5091	3.7068031	853	5121	3.7093548	848
5062	3.7043221	858	5092	3.7068884	853	5122	3.7094396	848
5063	3.7044079	858	5093	3.7069737	852	5123	3.7095244	847
5064	3.7044937	857	5094	3.7070589	853	5124	3.7096091	848
5065	3.7045794	858	5095	3.7071442	852	5125	3.7096939	847
5066	3.7046652	857	5096	3.7072294	852	5126	3.7097786	847
5067	3.7047509	857	5097	3.7073146	852	5127	3.7098633	847
5068	3.7048366	857	5098	3.7073998	852	5128	3.7099480	847
5069	3.7049223	857	5099	3.7074850	852	5129	3.7100327	847
5070	3.7050080		5100	3.7075702		5130	3.7101174	

Nomb	1. 25′ 30″ Logarit.	Diff.	Nomb	1. 26′ 0″ Logarit.	Diff.	Nomb	1. 26′ 30″ Logarit.	Diff.
5130	3.7101174	846	5160	3.7126497	842	5190	3.7151674	836
5131	3.7102020	846	5161	3.7127339	841	5191	3.7152510	837
5132	3.7102866	847	5162	3.7128180	841	5192	3.7153347	836
5133	3.7103713	846	5163	3.7129021	841	5193	3.7154183	836
5134	3.7104559	845	5164	3.7129862	841	5194	3.7155019	837
5135	3.7105404	846	5165	3.7130703	841	5195	3.7155856	835
5136	3.7106250	846	5166	3.7131544	841	5196	3.7156691	836
5137	3.7107096	845	5167	3.7132385	840	5197	3.7157527	836
5138	3.7107941	845	5168	3.7133225	840	5198	3.7158363	835
5139	3.7108786	845	5169	3.7134065	840	5199	3.7159198	835
5140	3.7109631	845	5170	3.7134905	840	5200	3.7160033	836
5141	3.7110476	845	5171	3.7135745	840	5201	3.7160869	834
5142	3.7111321	844	5172	3.7136585	840	5202	3.7161703	835
5143	3.7112165	845	5173	3.7137425	839	5203	3.7162538	835
5144	3.7113010	844	5174	3.7138264	840	5204	3.7163373	834
5145	3.7113854	844	5175	3.7139104	839	5205	3.7164207	835
5146	3.7114698	844	5176	3.7139943	839	5206	3.7165042	834
5147	3.7115542	843	5177	3.7140782	838	5207	3.7165876	834
5148	3.7116385	844	5178	3.7141620	839	5208	3.7166710	834
5149	3.7117229	843	5179	3.7142459	839	5209	3.7167544	833
5150	3.7118072	843	5180	3.7143298	838	5210	3.7168377	834
5151	3.7118915	844	5181	3.7144136	838	5211	3.7169211	833
5152	3.7119759	842	5182	3.7144974	838	5212	3.7170044	833
5153	3.7120601	843	5183	3.7145812	838	5213	3.7170877	833
5154	3.7121444	843	5184	3.7146650	838	5214	3.7171710	833
5155	3.7122287	842	5185	3.7147488	837	5215	3.7172543	833
5156	3.7123129	842	5186	3.7148325	837	5216	3.7173376	832
5157	3.7123971	842	5187	3.7149162	838	5217	3.7174208	833
5158	3.7124813	842	5188	3.7150000	837	5218	3.7175041	832
5159	3.7125655	842	5189	3.7150837	837	5219	3.7175873	832
5160	3 7126497		5190	3.7151674		5220	3.7176705	

Nomb	1. 27′ 0″ Logarit.	Diff.	Nomb	1 27′ 30″ Logarit.	Diff.	Nomb	1. 28′ 0″ Logarit.	Diff.
5220	3.7176705	832	5250	3.7201593	827	5280	3.7226339	823
5221	3.7177537	832	5251	3.7202420	827	5281	3.7227162	822
5222	3.7178369	831	5252	3.7203247	827	5282	3.7227984	822
5223	3.7179200	832	5253	3.7204074	827	5283	3.7228806	822
5224	3.7180032	831	5254	3.7204901	826	5284	3.7229628	822
5225	3.7180863	831	5255	3.7205727	827	5285	3.7230450	822
5226	3.7181694	831	5256	3.7206554	826	5286	3.7231272	821
5227	3.7182525	831	5257	3.7207380	826	5287	3.7232093	821
5228	3.7183356	830	5258	3.7208206	826	5288	3.7232914	822
5229	3.7184186	831	5259	3.7209032	825	5289	3.7233736	821
5230	3.7185017	830	5260	3.7209857	826	5290	3.7234557	821
5231	3.7185847	830	5261	3.7210683	825	5291	3.7235378	820
5232	3.7186677	830	5262	3.7211508	826	5292	3.7236198	821
5233	3.7187507	830	5263	3.7212334	825	5293	3.7237019	820
5234	3.7188337	830	5264	3.7213159	825	5294	3.7237839	821
5235	3.7189167	829	5265	3.7213984	825	5295	3.7238660	820
5236	3.7189996	830	5266	3.7214809	824	5296	3.7239480	820
5237	3.7190826	829	5267	3.7215633	825	5297	3.7240300	820
5238	3.7191655	829	5268	3.7216458	824	5298	3.7241120	819
5239	3.7192484	829	5269	3.7217282	824	5299	3.7241939	820
5240	3.7193313	829	5270	3.7218106	824	5300	3.7242759	819
5241	3.7194142	828	5271	3.7218930	824	5301	3.7243578	819
5242	3.7194970	829	5272	3.7219754	824	5302	3.7244397	819
5243	3.7195799	828	5273	3.7220578	823	5303	3.7245216	819
5244	3.7196627	828	5274	3.7221401	824	5304	3.7246035	819
5245	3.7197455	828	5275	3.7222225	823	5305	3.7246854	818
5246	3.7198283	828	5276	3.7223048	823	5306	3.7247672	819
5247	3.7199111	827	5277	3.7223871	823	5307	3.7248491	818
5248	3.7199938	828	5278	3.7224694	823	5308	3.7249309	818
5249	3.7200766	827	5279	3.7225517	822	5309	3.7250127	818
5250	3.7201593		5280	3.7226339		5310	3.7250945	

Nomb	1. 28′ 30″ Logarit.	Diff.	Nomb	1. 29′ 0″ Logarit.	Diff.	Nomb	1. 29′ 30″ Logarit.	Diff.
5310	3.7250945	818	5340	3.7275413	813	5370	3.7299743	809
5311	3.7251763	818	5341	3.7276226	813	5371	3.7300552	808
5312	3.7252581	817	5342	3.7277039	813	5372	3.7301360	808
5313	3.7253398	818	5343	3.7277852	812	5373	3.7302168	809
5314	3.7254216	817	5344	3.7278664	813	5374	3.7302977	808
5315	3.7255033	817	5345	3.7279477	813	5375	3.7303785	808
5316	3.7255850	817	5346	3.7280290	812	5376	3.7304593	807
5317	3.7256667	816	5347	3.7281102	812	5377	3.7305400	808
5318	3.7257483	817	5348	3.7281914	812	5378	3.7306208	807
5319	3.7258300	816	5349	3.7282726	812	5379	3.7307015	808
5320	3.7259116	817	5350	3.7283538	812	5380	3.7307823	807
5321	3.7259933	816	5351	3.7284350	811	5381	3.7308630	807
5322	3.7260749	816	5352	3.7285161	811	5382	3.7309437	807
5323	3.7261565	815	5353	3.7285972	812	5383	3.7310244	807
5324	3.7262380	816	5354	3.7286784	811	5384	3.7311051	806
5325	3.7263196	816	5355	3.7287595	811	5385	3.7311857	806
5326	3.7264012	815	5356	3.7288406	810	5386	3.7312663	807
5327	3.7264827	815	5357	3.7289216	811	5387	3.7313470	806
5328	3.7265642	815	5358	3.7290027	811	5388	3.7314276	806
5329	3.7266457	815	5359	3.7290838	810	5389	3.7315082	806
5330	3.7267272	815	5360	3.7291648	810	5390	3.7315888	805
5331	3.7268087	814	5361	3.7292458	810	5391	3.7316693	806
5332	3.7268901	815	5362	3.7293268	810	5392	3.7317499	805
5333	3.7269716	814	5363	3.7294078	810	5393	3.7318304	805
5334	3.7270530	814	5364	3.7294888	809	5394	3.7319109	805
5335	3.7271344	814	5365	3.7295697	810	5395	3.7319914	805
5336	3.7272158	814	5366	3.7296507	809	5396	3.7320719	805
5337	3.7272972	814	5367	3.7297316	809	5397	3.7321524	805
5338	3.7273786	813	5368	3.7298125	809	5398	3.7322329	804
5339	3.7274599	814	5369	3.7298934	809	5399	3.7323133	805
5340	3.7275413		5370	3.7299743		5400	3.7323938	

Nomb	1. 30′ 0″ Logarit.	Diff.	Nomb	1. 30′ 30″ Logarit.	Diff.	Nomb	1. 31′ 0″ Logarit.	Diff.
5400	3.7323938	804	5430	3.7347998	800	5460	3.7371926	796
5401	3.7324742	804	5431	3.7348798	800	5461	3.7372722	795
5402	3.7325546	804	5432	3.7349598	799	5462	3.7373517	795
5403	3.7326350	803	5433	3.7350397	799	5463	3.7374312	795
5404	3.7327153	804	5434	3.7351196	799	5464	3.7375107	795
5405	3.7327957	803	5435	3.7351995	799	5465	3.7375902	794
5406	3.7328760	804	5436	3.7352794	799	5466	3.7376696	795
5407	3.7329564	803	5437	3.7353593	799	5467	3.7377491	794
5408	3.7330367	803	5438	3.7354392	799	5468	3.7378285	794
5409	3.7331170	803	5439	3.7355191	798	5469	3.7379079	794
5410	3.7331973	802	5440	3.7355989	798	5470	3.7379873	794
5411	3.7332775	803	5441	3.7356787	798	5471	3.7380667	794
5412	3.7333578	802	5442	3.7357585	798	5472	3.7381461	793
5413	3.7334380	803	5443	3.7358383	798	5473	3.7382254	794
5414	3.7335183	802	5444	3.7359181	798	5474	3.7383048	793
5415	3.7335985	802	5445	3.7359979	797	5475	3.7383841	793
5416	3.7336787	801	5446	3.7360776	798	5476	3.7384634	793
5417	3.7337588	802	5447	3.7361574	797	5477	3.7385427	793
5418	3.7338390	802	5448	3.7362371	797	5478	3.7386220	793
5419	3.7339192	801	5449	3.7363168	797	5479	3.7387013	793
5420	3.7339993	801	5450	3.7363965	797	5480	3.7387806	792
5421	3.7340794	801	5451	3.7364762	796	5481	3.7388598	792
5422	3.7341595	801	5452	3.7365558	797	5482	3.7389390	792
5423	3.7342396	801	5453	3.7366355	796	5483	3.7390182	792
5424	3.7343197	800	5454	3.7367151	797	5484	3.7390974	792
5425	3.7343997	801	5455	3.7367948	796	5485	3.7391766	792
5426	3.7344798	800	5456	3.7368744	796	5486	3.7392558	792
5427	3.7345598	800	5457	3.7369540	795	5487	3.7393350	791
5428	3.7346398	800	5458	3.7370335	796	5488	3.7394141	791
5429	3.7347198	800	5459	3.7371131	795	5489	3.7394932	791
5430	3.7347998		5460	3.7371926		5490	3.7395723	

Nomb	1. 31′ 30″ Logarit.	Diff.	Nomb	1. 32′ 0″ Logarit.	Diff.	Nomb	1. 32′ 30″ Logarit.	Diff.
5490	3.7395723	791	5520	3.7419391	786	5550	3.7442930	782
5491	3.7396514	791	5521	3.7420177	787	5551	3.7443712	783
5492	3.7397305	791	5522	3.7420964	786	5552	3.7444495	782
5493	3.7398096	791	5523	3.7421750	787	5553	3.7445277	782
5494	3.7398887	790	5524	3.7422537	786	5554	3.7446059	782
5495	3.7399677	790	5525	3.7423323	786	5555	3.7446841	781
5496	3.7400467	790	5526	3.7424109	786	5556	3.7447622	782
5497	3.7401257	790	5527	3.7424895	785	5557	3.7448404	781
5498	3.7402047	790	5528	3.7425680	786	5558	3.7449185	782
5499	3.7402837	790	5529	3.7426466	785	5559	3.7449967	781
5500	3.7403627	789	5530	3.7427251	786	5560	3.7450748	781
5501	3.7404416	790	5531	3.7428037	785	5561	3.7451529	781
5502	3.7405206	789	5532	3.7428822	785	5562	3.7452310	781
5503	3.7405995	789	5533	3.7429607	785	5563	3.7453091	780
5504	3.7406784	789	5534	3.7430392	784	5564	3.7453871	781
5505	3.7407573	789	5535	3.7431176	785	5565	3.7454652	780
5506	3.7408362	789	5536	3.7431961	784	5566	3.7455432	780
5507	3.7409151	788	5537	3.7432745	785	5567	3.7456212	780
5508	3.7409939	789	5538	3.7433530	784	5568	3.7456992	780
5509	3.7410728	788	5539	3.7434314	784	5569	3.7457772	780
5510	3.7411516	788	5540	3.7435098	784	5570	3.7458552	780
5511	3.7412304	788	5541	3.7435882	783	5571	3.7459332	779
5512	3.7413092	788	5542	3.7436665	784	5572	3.7460111	779
5513	3.7413880	788	5543	3.7437449	783	5573	3.7460890	780
5514	3.7414668	787	5544	3.7438232	784	5574	3.7461670	779
5515	3.7415455	788	5545	3.7439016	783	5575	3.7462449	779
5516	3.7416243	787	5546	3.7439799	783	5576	3.7463228	778
5517	3.7417030	787	5547	3.7440582	783	5577	3.7464006	779
5518	3.7417817	787	5548	3.7441365	782	5578	3.7464785	779
5519	3.7418604	787	5549	3.7442147	783	5579	3.7465564	778
5520	3.7419391		5550	3.7442930		5580	3.7466342	

Nomb	1. 33′ 0″ Logarit.	Diff.	Nomb	1. 33′ 30″ Logarit.	Diff.	Nomb	1. 34′ 0″ Logarit.	Diff.
5580	3.7466342		5610	3.7489629		5640	3.7512791	
5581	3.7467120	778	5611	3.7490403	774	5641	3.7513561	770
5582	3.7467898	778	5612	3.7491177	774	5642	3.7514331	770
5583	3.7468676	778	5613	3.7491950	773	5643	3.7515101	770
5584	3.7469454	778	5614	3.7492724	774	5644	3.7515870	769
5585	3.7470232	778	5615	3.7493498	774	5645	3.7516639	769
5586	3.7471009	777	5616	3.7494271	773	5646	3.7517409	770
5587	3.7471787	778	5617	3.7495044	773	5647	3.7518178	769
5588	3.7472564	777	5618	3.7495817	773	5648	3.7518947	769
5589	3.7473341	777	5619	3.7496590	773	5649	3.7519716	769
5590	3.7474118	777	5620	3.7497363	773	5650	3.7520484	768
5591	3.7474895	777	5621	3.7498136	773	5651	3.7521253	769
5592	3.7475672	777	5622	3.7498908	772	5652	3.7522022	769
5593	3.7476448	776	5623	3.7499681	773	5653	3.7522790	768
5594	3.7477225	777	5624	3.7500453	772	5654	3.7523558	768
5595	3.7478001	776	5625	3.7501225	772	5655	3.7524326	768
5596	3.7478777	776	5626	3.7501997	772	5656	3.7525094	768
5597	3.7479553	776	5627	3.7502769	772	5657	3.7525862	768
5598	3.7480329	776	5628	3.7503541	772	5658	3.7526629	767
5599	3.7481105	776	5629	3.7504312	771	5659	3.7527397	768
5600	3.7481880	775	5630	3.7505084	772	5660	3.7528164	767
5601	3.7482656	776	5631	3.7505855	771	5661	3.7528932	768
5602	3.7483431	775	5632	3.7506626	771	5662	3.7529699	767
5603	3.7484206	775	5633	3.7507398	772	5663	3.7530466	767
5604	3.7484981	775	5634	3.7508168	770	5664	3.7531232	766
5605	3.7485756	775	5635	3.7508939	771	5665	3.7531999	767
5606	3.7486531	775	5636	3.7509710	771	5666	3.7532766	767
5607	3.7487306	775	5637	3.7510480	770	5667	3.7533532	766
5608	3.7488080	774	5638	3.7511251	771	5668	3.7534298	766
5609	3.7488854	774	5639	3.7512021	770	5669	3.7535065	767
5610	3.7489629	775	5640	3.7512791	770	5670	3.7535831	766

Nomb	1. 34′ 30″ Logarit.	Diff.	Nomb	1. 35′ 0″ Logarit.	Diff.	Nomb	1. 35′ 30″ Logarit.	Diff.
5670	3.7535831		5700	3.7558749		5730	3.7581546	
5671	3.7536596	765	5701	3.7559510	761	5731	3.7582304	758
5672	3.7537362	766	5702	3.7560272	762	5732	3.7583062	758
5673	3.7538128	766	5703	3.7561034	762	5733	3.7583819	757
5674	3.7538893	765	5704	3.7561795	761	5734	3.7584577	758
5675	3.7539659	766	5705	3.7562556	761	5735	3.7585334	757
5676	3.7540424	765	5706	3.7563318	762	5736	3:7586091	757
5677	3.7541189	765	5707	3.7564079	761	5737	3.7586848	757
5678	3.7541954	765	5708	3.7564840	761	5738	3.7587605	757
5679	3.7542719	765	5709	3.7565600	760	5739	3.7588362	757
5680	3.7543483	764	5710	3.7566361	761	5740	3.7589119	757
5681	3.7544248	765	5711	3.7567122	761	5741	3.7589875	756
5682	3.7545012	764	5712	3.7567882	760	5742	3.7590632	757
5683	3.7545777	765	5713	3.7568642	760	5743	3.7591388	756
5684	3.7546541	764	5714	3.7569402	760	5744	3.7592144	756
5685	3.7547305	764	5715	3.7570162	760	5745	3.7592900	756
5686	3.7548069	764	5716	3.7570922	760	5746	3.7593656	756
5687	3.7548832	763	5717	3.7571682	760	5747	3.7594412	756
5688	3.7549596	764	5718	3.7572442	760	5748	3.7595168	756
5689	3.7550359	763	5719	3.7573201	759	5749	3.7595923	755
5690	3.7551123	764	5720	3.7573960	759	5750	3.7596678	755
5691	3.7551886	763	5721	3.7574719	759	5751	3.7597434	756
5692	3.7552649	763	5722	3.7575479	760	5752	3.7598189	755
5693	3.7553412	763	5723	3.7576237	758	5753	3.7598944	755
5694	3.7554175	763	5724	3.7576996	759	5754	3.7599699	755
5695	3.7554937	762	5725	3.7577755	759	5755	3.7600453	754
5696	3.7555700	763	5726	3.7578513	758	5756	3.7601208	755
5697	3.7556462	762	5727	3.7579272	759	5757	3.7601962	754
5698	3.7557224	762	5728	3.7580030	758	5758	3.7602717	755
5699	3.7557987	763	5729	3.7580788	758	5759	3.7603471	754
5700	3.7558749	762	5730	3.7581546	758	5760	3.7604225	754

Nomb	1. 36′ 0″ Logarit.	Diff.	Nomb	1. 36′ 30″ Logarit.	Diff.	Nomb	1. 37′ 0″ Logarit.	Diff.
5760	3.7604225	754	5790	3.7626786	750	5820	3.7649230	746
5761	3.7604979	754	5791	3.7627536	750	5821	3.7649976	746
5762	3.7605733	753	5792	3.7628286	749	5822	3.7650722	746
5763	3.7606486	754	5793	3.7629035	750	5823	3.7651468	746
5764	3.7607240	753	5794	3.7629785	749	5824	3.7652214	745
5765	3.7607993	753	5795	3.7630534	750	5825	3.7652959	746
5766	3.7608746	754	5796	3.7631284	749	5826	3.7653705	745
5767	3.7609500	753	5797	3.7632033	749	5827	3.7654450	745
5768	3.7610253	752	5798	3.7632782	749	5828	3.7655195	746
5769	3.7611005	753	5799	3.7633531	749	5829	3.7655941	745
5770	3.7611758	753	5800	3.7634280	749	5830	3.7656686	744
5771	3.7612511	752	5801	3.7635029	748	5831	3.7657430	745
5772	3.7613263	753	5802	3.7635777	749	5832	3.7658175	745
5773	3.7614016	752	5803	3.7636526	748	5833	3.7658920	744
5774	3.7614768	752	5804	3.7637274	748	5834	3.7659664	745
5775	3.7615520	752	5805	3.7638022	748	5835	3.7660409	744
5776	3.7616272	752	5806	3.7638770	748	5836	3.7661153	744
5777	3.7617024	751	5807	3.7639518	748	5837	3.7661897	744
5778	3.7617775	752	5808	3.7640266	748	5838	3.7662641	744
5779	3.7618527	751	5809	3.7641014	747	5839	3.7663385	743
5780	3.7619278	752	5810	3.7641761	748	5840	3.7664128	744
5781	3.7620030	751	5811	3.7642509	747	5841	3.7664872	744
5782	3.7620781	751	5812	3.7643256	747	5842	3.7665616	743
5783	3.7621532	751	5813	3.7644003	747	5843	3.7666359	743
5784	3.7622283	751	5814	3.7644750	747	5844	3.7667102	743
5785	3.7623034	750	5815	3.7645497	747	5845	3.7667845	743
5786	3.7623784	751	5816	3.7646244	747	5846	3.7668588	743
5787	3.7624535	750	5817	3.7646991	746	5847	3.7669331	743
5788	3.7625285	750	5818	3.7647737	747	5848	3.7670074	742
5789	3.7626035	751	5819	3.7648484	746	5849	3.7670816	743
5790	3.7626786		5820	3.7649230		5850	3.7671559	

Nomb	1. 37′ 30″ Logarit.	Diff.	Nomb	1. 38′ 0″ Logarit.	Diff.	Nomb	1. 38′ 30″ Logarit.	Diff.
5850	3.7671559	742	5880	3.7693773	739	5910	3.7715875	735
5851	3.7672301	742	5881	3.7694512	738	5911	3.7716610	734
5852	3.7673043	742	5882	3.7695250	738	5912	3.7717344	735
5853	3.7673785	742	5883	3.7695988	739	5913	3.7718079	734
5854	3.7674527	742	5884	3.7696727	738	5914	3.7718813	734
5855	3.7675269	742	5885	3.7697465	738	5915	3.7719547	735
5856	3.7676011	741	5886	3.7698203	737	5916	3.7720282	734
5857	3.7676752	742	5887	3.7698940	738	5917	3.7721016	734
5858	3.7677494	741	5888	3.7699678	738	5918	3.7721750	733
5859	3.7678235	741	5889	3.7700416	737	5919	3.7722483	734
5860	3.7678976	741	5890	3.7701153	737	5920	3.7723217	734
5861	3.7679717	741	5891	3.7701890	737	5921	3.7723951	733
5862	3.7680458	741	5892	3.7702627	737	5922	3.7724684	733
5863	3.7681199	741	5893	3.7703364	737	5923	3.7725417	733
5864	3.7681940	740	5894	3.7704101	737	5924	3.7726150	734
5865	3.7682680	741	5895	3.7704838	737	5925	3.7726884	732
5866	3.7683421	740	5896	3.7705575	736	5926	3.7727616	733
5867	3.7684161	740	5897	3.7706311	737	5927	3.7728349	733
5868	3.7684901	740	5898	3.7707048	736	5928	3.7729082	733
5869	3.7685641	740	5899	3.7707784	736	5929	3.7729815	732
5870	3.7686381	740	5900	3.7708520	736	5930	3.7730547	732
5871	3.7687121	739	5901	3.7709256	736	5931	3.7731279	732
5872	3.7687860	740	5902	3.7709992	736	5932	3.7732011	732
5873	3.7688600	739	5903	3.7710728	735	5933	3.7732743	732
5874	3.7689339	740	5904	3.7711463	736	5934	3.7733475	732
5875	3.7690079	739	5905	3.7712199	735	5935	3.7734207	732
5876	3.7690818	739	5906	3.7712934	736	5936	3.7734939	731
5877	3.7691557	739	5907	3.7713670	735	5937	3.7735670	732
5878	3.7692296	739	5908	3.7714405	735	5938	3.7736402	731
5879	3.7693035	738	5909	3.7715140	735	5939	3.7737133	731
5880	3.7693773		5910	3.7715875		5940	3.7737864	

Nomb	1. 39′ 0″ Logarit.	Diff.	Nomb	1. 39′ 30″ Logarit.	Diff.	Nomb	1. 40′ 0″ Logarit.	Diff.
5940	3.7737864	732	5970	3.7759743	728	6000	3.7781513	723
5941	3.7738596	730	5971	3.7760471	727	6001	3.7782236	724
5942	3.7739326	731	5972	3.7761198	727	6002	3.7782960	723
5943	3.7740057	731	5973	3.7761925	727	6003	3.7783683	724
5944	3.7740788	731	5974	3.7762652	727	6004	3.7784407	723
5945	3.7741519	730	5975	3.7763379	727	6005	3.7785130	723
5946	3.7742249	730	5976	3.7764106	727	6006	3.7785853	723
5947	3.7742979	731	5977	3.7764833	726	6007	3.7786576	723
5948	3.7743710	730	5978	3.7765559	727	6008	3.7787299	723
5949	3.7744440	730	5979	3.7766286	726	6009	3.7788022	723
5950	3.7745170	730	5980	3.7767012	726	6010	3.7788745	722
5951	3.7745900	729	5981	3.7767738	726	6011	3.7789467	723
5952	3.7746629	730	5982	3.7768464	726	6012	3.7790190	722
5953	3.7747359	729	5983	3.7769190	726	6013	3.7790912	722
5954	3.7748088	730	5984	3.7769916	726	6014	3.7791634	722
5955	3.7748818	729	5985	3.7770642	725	6015	3.7792356	722
5956	3.7749547	729	5986	3.7771367	726	6016	3.7793078	722
5957	3.7750276	729	5987	3.7772093	725	6017	3.7793800	722
5958	3.7751005	729	5988	3.7772818	725	6018	3.7794522	721
5959	3.7751734	729	5989	3.7773543	725	6019	3.7795243	722
5960	3.7752463	728	5990	3.7774268	725	6020	3.7795965	721
5961	3.7753191	729	5991	3.7774993	725	6021	3.7796686	722
5962	3.7753920	728	5992	3.7775718	725	6022	3.7797408	721
5963	3.7754648	728	5993	3.7776443	724	6023	3.7798129	721
5964	3.7755376	728	5994	3.7777167	725	6024	3.7798850	721
5965	3.7756104	728	5995	3.7777892	724	6025	3.7799571	720
5966	3.7756832	728	5996	3.7778616	724	6026	3.7800291	721
5967	3.7757560	728	5997	3.7779340	725	6027	3.7801012	720
5968	3.7758288	728	5998	3.7780065	724	6028	3.7801732	721
5969	3.7759016	727	5999	3.7780789	724	6029	3.7802453	720
5970	3.7759743		6000	3.7781513		6030	3.7803173	

Nomb	1. 40′ 30″ Logarit.	Diff.	Nomb	1. 41′ 0″ Logarit.	Diff.	Nomb	1. 41′ 30″ Logarit.	Diff.
6030	3.7803173		6060	3.7824726		6090	3.7846173	
6031	3.7803893	720	6061	3.7825443	717	6091	3.7846886	713
6032	3.7804613	720	6062	3.7826159	716	6092	3.7847599	713
6033	3.7805333	720	6063	3.7826876	717	6093	3.7848312	713
6034	3.7806053	720	6064	3.7827592	716	6094	3.7849024	712
6035	3.7806773	720	6065	3.7828308	716	6095	3.7849737	713
6036	3.7807492	719	6066	3.7829024	716	6096	3.7850450	713
6037	3.7808212	720	6067	3.7829740	716	6097	3.7851162	712
6038	3.7808931	719	6068	3.7830456	716	6098	3.7851874	712
6039	3.7809650	719	6069	3.7831171	715	6099	3.7852586	712
6040	3.7810369	719	6070	3.7831887	716	6100	3.7853298	712
6041	3.7811088	719	6071	3.7832602	715	6101	3.7854010	712
6042	3.7811807	719	6072	3.7833318	716	6102	3.7854722	712
6043	3.7812526	719	6073	3.7834033	715	6103	3.7855434	712
6044	3.7813245	719	6074	3.7834748	715	6104	3.7856145	711
6045	3.7813963	718	6075	3.7835463	715	6105	3.7856857	712
6046	3.7814681	718	6076	3.7836178	715	6106	3.7857568	711
6047	3.7815400	719	6077	3.7836892	714	6107	3.7858279	711
6048	3.7816118	718	6078	3.7837607	715	6108	3.7858990	711
6049	3.7816836	718	6079	3.7838321	714	6109	3.7859701	711
6050	3.7817554	718	6080	3.7839036	715	6110	3.7860412	711
6051	3.7818272	718	6081	3.7839750	714	6111	3.7861123	711
6052	3.7818989	717	6082	3.7840464	714	6112	3.7861833	710
6053	3.7819707	718	6083	3.7841178	714	6113	3.7862544	711
6054	3.7820424	717	6084	3.7841892	714	6114	3.7863254	710
6055	3.7821141	717	6085	3.7842606	714	6115	3.7863965	711
6056	3.7821859	718	6086	3.7843319	713	6116	3.7864675	710
6057	3.7822576	717	6087	3.7844033	714	6117	3.7865385	710
6058	3.7823293	717	6088	3.7844746	713	6118	3.7866095	710
6059	3.7824010	717	6089	3.7845460	714	6119	3.7866805	710
6060	3.7824726	716	6090	3.7846173	713	6120	3.7867514	709

Nomb	1. 42′ 0″ Logarit.	Diff.	Nomb	1. 42′ 30″ Logarit.	Diff.	Nomb	1. 43′ 0″ Logarit.	Diff.
6120	3.7867514	710	6150	3.7888751	706	6180	3.7909885	702
6121	3.7868224	709	6151	3.7889457	706	6181	3.7910587	703
6122	3.7868933	710	6152	3.7890163	706	6182	3.7911290	702
6123	3.7869643	709	6153	3.7890869	706	6183	3.7911992	703
6124	3.7870352	709	6154	3.7891575	706	6184	3.7912695	702
6125	3.7871061	709	6155	3.7892281	705	6185	3.7913397	702
6126	3.7871770	709	6156	3.7892986	706	6186	3.7914099	702
6127	3.7872479	709	6157	3.7893692	705	6187	3.7914801	702
6128	3.7873188	708	6158	3.7894397	705	6188	3.7915503	702
6129	3.7873896	709	6159	3.7895102	705	6189	3.7916205	701
6130	3.7874605	708	6160	3.7895807	705	6190	3.7916906	702
6131	3.7875313	708	6161	3.7896512	705	6191	3.7917608	701
6132	3.7876021	709	6162	3.7897217	705	6192	3.7918309	702
6133	3.7876730	708	6163	3.7897922	704	6193	3.7919011	701
6134	3.7877438	708	6164	3.7898626	705	6194	3.7919712	701
6135	3.7878146	708	6165	3.7899331	704	6195	3.7920413	701
6136	3.7878854	707	6166	3.7900035	704	6196	3.7921114	701
6137	3.7879561	708	6167	3.7900739	705	6197	3.7921815	701
6138	3.7880269	707	6168	3.7901444	704	6198	3.7922516	700
6139	3.7880976	708	6169	3.7902148	704	6199	3.7923216	701
6140	3.7881684	707	6170	3.7902852	703	6200	3.7923917	700
6141	3.7882391	707	6171	3.7903555	704	6201	3.7924617	701
6142	3.7883098	707	6172	3.7904259	704	6202	3.7925318	700
6143	3.7883805	707	6173	3.7904963	703	6203	3.7926018	700
6144	3.7884512	707	6174	3.7905666	704	6204	3.7926718	700
6145	3.7885219	707	6175	3.7906370	703	6205	3.7927418	700
6146	3.7885926	706	6176	3.7907073	703	6206	3.7928118	699
6147	3.7886632	707	6177	3.7907776	703	6207	3.7928817	700
6148	3.7887339	706	6178	3.7908479	703	6208	3.7929517	700
6149	3.7888045	706	6179	3.7909182	703	6209	3.7930217	699
6150	3.7888751		6180	3.7909885		6210	3.7930916	

Nomb	1. 43′ 30″ Logarit.	Diff.	Nomb	1. 44′ 0″ Logarit.	Diff.	Nomb	1. 44′ 30″ Logarit.	Diff.
6210	3.7930916	699	6240	3.7951846	696	6270	3.7972675	693
6211	3.7931615	699	6241	3.7952542	696	6271	3.7973368	692
6212	3.7932314	700	6242	3.7953238	695	6272	3.7974060	693
6213	3.7933014	698	6243	3.7953933	696	6273	3.7974753	692
6214	3.7933712	699	6244	3.7954629	695	6274	3.7975445	692
6215	3.7934411	699	6245	3.7955324	696	6275	3.7976137	692
6216	3.7935110	699	6246	3.7956020	695	6276	3.7976829	692
6217	3.7935809	698	6247	3.7956715	695	6277	3.7977521	692
6218	3.7936507	699	6248	3.7957410	695	6278	3.7978213	692
6219	3.7937206	698	6249	3.7958105	695	6279	3.7978905	691
6220	3.7937904	698	6250	3.7958800	695	6280	3.7979596	692
6221	3.7938602	698	6251	3.7959495	695	6281	3.7980288	691
6222	3.7939300	698	6252	3.7960190	694	6282	3.7980979	692
6223	3.7939998	698	6253	3.7960884	695	6283	3.7981671	691
6224	3.7940696	698	6254	3.7961579	694	6284	3.7982362	691
6225	3.7941394	697	6255	3.7962273	694	6285	3.7983053	691
6226	3.7942091	698	6256	3.7962967	695	6286	3.7983744	691
6227	3.7942789	697	6257	3.7963662	694	6287	3.7984435	690
6228	3.7943486	697	6258	3.7964356	694	6288	3.7985125	691
6229	3.7944183	697	6259	3.7965050	693	6289	3.7985816	690
6230	3.7944880	698	6260	3.7965743	694	6290	3.7986506	691
6231	3.7945578	696	6261	3.7966437	694	6291	3.7987197	690
6232	3.7946274	697	6262	3.7967131	693	6292	3.7987887	690
6233	3.7946971	697	6263	3.7967824	693	6293	3.7988577	690
6234	3.7947668	697	6264	3.7968517	694	6294	3.7989267	690
6235	3.7948365	696	6265	3.7969211	693	6295	3.7989957	690
6236	3.7949061	696	6266	3.7969904	693	6296	3.7990647	690
6237	3.7949757	697	6267	3.7970597	693	6297	3.7991337	690
6238	3.7950454	696	6268	3.7971290	693	6298	3.7992027	689
6239	3.7951150	696	6269	3.7971983	692	6299	3.7992716	689
6240	3.7951846		6270	3.7972675		6300	3.7993405	

Nomb	1. 45′ 0″ Logarit.	Diff.	Nomb	1. 45′ 30″ Logarit.	Diff.	Nomb	1. 46′ 0″ Logarit.	Diff.
6300	3.7993405	690	6330	3.8014037	686	6360	3.8034571	683
6301	3.7994095	689	6331	3.8014723	686	6361	3.8035254	683
6302	3.7994784	689	6332	3.8015409	686	6362	3.8035937	682
6303	3.7995473	689	6333	3.8016095	686	6363	3.8036619	683
6304	3.7996162	689	6334	3.8016781	685	6364	3.8037302	682
6305	3.7996851	689	6335	3.8017466	686	6365	3.8037984	682
6306	3.7997540	688	6336	3.8018152	685	6366	3.8038666	682
6307	3.7998228	689	6337	3.8018837	685	6367	3.8039348	683
6308	3.7998917	688	6338	3.8019522	686	6368	3.8040031	681
6309	3.7999605	689	6339	3.8020208	685	6369	3.8040712	682
6310	3.8000294	688	6340	3.8020893	685	6370	3.8041394	682
6311	3.8000982	688	6341	3.8021578	684	6371	3.8042076	682
6312	3.8001670	688	6342	3.8022262	685	6372	3.8042758	681
6313	3.8002358	688	6343	3.8022947	685	6373	3.8043439	682
6314	3.8003046	688	6344	3.8023632	684	6374	3.8044121	681
6315	3.8003734	687	6345	3.8024316	685	6375	3.8044802	681
6316	3.8004421	688	6346	3.8025001	684	6376	3.8045483	681
6317	3.8005109	687	6347	3.8025685	684	6377	3.8046164	681
6318	3.8005796	688	6348	3.8026369	684	6378	3.8046845	681
6319	3.8006484	687	6349	3.8027053	684	6379	3.8047526	681
6320	3.8007171	687	6350	3.8027737	684	6380	3.8048207	680
6321	3.8007858	687	6351	3.8028421	684	6381	3.8048887	681
6322	3.8008545	687	6352	3.8029105	684	6382	3.8049568	680
6323	3.8009232	687	6353	3.8029789	683	6383	3.8050248	681
6324	3.8009919	686	6354	3.8030472	684	6384	3.8050929	680
6325	3.8010605	687	6355	3.8031156	683	6385	3.8051609	680
6326	3.8011292	686	6356	3.8031839	683	6386	3.8052289	680
6327	3.8011978	687	6357	3.8032522	683	6387	3.8052969	680
6328	3.8012665	686	6358	3.8033205	683	6388	3.8053649	680
6329	3.8013351	686	6359	3.8033888	683	6389	3.8054329	680
6330	3.8014037		6360	3.8034571		6390	3.8055009	

Nomb	1. 46′ 30″ Logarit.	Diff.	Nomb	1. 47′ 0″ Logarit.	Diff.	Nomb	1. 47′ 30″ Logarit.	Diff.
6390	3.8055009	679	6420	3.8075350	677	6450	3.8095597	673
6391	3.8055688	680	6421	3.8076027	676	6451	3.8096270	674
6392	3.8056368	679	6422	3.8076703	676	6452	3.8096944	673
6393	3.8057047	679	6423	3.8077379	676	6453	3.8097617	673
6394	3.8057726	679	6424	3.8078055	676	6454	3.8098290	672
6395	3.8058405	680	6425	3.8078731	676	6455	3.8098962	673
6396	3.8059085	679	6426	3.8079407	676	6456	3.8099635	673
6397	3.8059764	678	6427	3.8080083	676	6457	3.8100308	672
6398	3.8060442	679	6428	3.8080759	675	6458	3.8100980	673
6399	3.8061121	679	6429	3.8081434	676	6459	3.8101653	672
6400	3.8061800	678	6430	3.8082110	675	6460	3.8102325	672
6401	3.8062478	679	6431	3.8082785	675	6461	3.8102997	673
6402	3.8063157	678	6432	3.8083460	676	6462	3.8103670	672
6403	3.8063835	678	6433	3.8084136	675	6463	3.8104342	671
6404	3.8064513	678	6434	3.8084811	675	6464	3.8105013	672
6405	3.8065191	678	6435	3.8085486	674	6465	3.8105685	672
6406	3.8065869	678	6436	3.8086160	675	6466	3.8106357	672
6407	3.8066547	678	6437	3.8086835	675	6467	3.8107029	671
6408	3.8067225	678	6438	3.8087510	674	6468	3.8107700	672
6409	3.8067903	677	6439	3.8088184	675	6469	3.8108372	671
6410	3.8068580	678	6440	3.8088859	674	6470	3.8109043	671
6411	3.8069258	677	6441	3.8089533	674	6471	3.8109714	671
6412	3.8069935	677	6442	3.8090207	674	6472	3.8110385	671
6413	3.8070612	678	6443	3.8090881	674	6473	3.8111056	671
6414	3.8071290	677	6444	3.8091555	674	6474	3.8111727	671
6415	3.8071967	677	6445	3.8092229	674	6475	3.8112398	670
6416	3.8072644	676	6446	3.8092903	674	6476	3.8113068	671
6417	3.8073320	677	6447	3.8093577	673	6477	3.8113739	670
6418	3.8073997	677	6448	3.8094250	674	6478	3.8114409	671
6419	3.8074674	676	6449	3.8094924	673	6479	3.8115080	670
6420	3.8075350		6450	3.8095597		6480	3.8115750	

Nomb	1. 48′ 0″ Logarit.	Diff.	Nomb	1. 48′ 30″ Logarit.	Diff.	Nomb	1. 49′ 0″ Logarit.	Diff.
6480	3.8115750	670	6510	3.8135810	667	6540	3.8155777	664
6481	3.8116420	670	6511	3.8136477	667	6541	3.8156441	664
6482	3.8117090	670	6512	3.8137144	667	6542	3.8157105	664
6483	3.8117760	670	6513	3.8137811	667	6543	3.8157769	664
6484	3.8118430	670	6514	3.8138478	666	6544	3.8158433	664
6485	3.8119100	669	6515	3.8139144	667	6545	3.8159097	663
6486	3.8119769	670	6516	3.8139811	666	6546	3.8159760	663
6487	3.8120439	669	6517	3.8140477	667	6547	3.8160423	664
6488	3.8121108	670	6518	3.8141144	666	6548	3.8161087	663
6489	3.8121778	669	6519	3.8141810	666	6549	3.8161750	663
6490	3.8122447	669	6520	3.8142476	666	6550	3.8162413	663
6491	3.8123116	669	6521	3.8143142	666	6551	3.8163076	663
6492	3.8123785	669	6522	3.8143808	666	6552	3.8163739	663
6493	3.8124454	669	6523	3.8144474	666	6553	3.8164402	662
6494	3.8125123	668	6524	3.8145140	665	6554	3.8165064	663
6495	3.8125792	668	6525	3.8145805	666	6555	3.8165727	662
6496	3.8126460	669	6526	3.8146471	665	6556	3.8166389	663
6497	3.8127129	668	6527	3.8147136	665	6557	3.8167052	662
6498	3.8127797	668	6528	3.8147801	666	6558	3.8167714	662
6499	3.8128465	669	6529	3.8148467	665	6559	3.8168376	662
6500	3.8129134	668	6530	3.8149132	665	6560	3.8169038	662
6501	3.8129802	668	6531	3.8149797	665	6561	3.8169700	662
6502	3.8130470	668	6532	3.8150462	665	6562	3.8170362	662
6503	3.8131138	667	6533	3.8151127	664	6563	3.8171024	662
6504	3.8131805	668	6534	3.8151791	665	6564	3.8171686	661
6505	3.8132473	668	6535	3.8152456	664	6565	3.8172347	662
6506	3.8133141	667	6536	3.8153120	665	6566	3.8173009	661
6507	3.8133808	667	6537	3.8153785	664	6567	3.8173670	661
6508	3.8134475	668	6538	3.8154449	664	6568	3.8174331	662
6509	3.8135143	667	6539	3.8155113	664	6569	3.8174993	661
6510	3.8135810		6540	3.8155777		6570	3.8175654	

Nomb	1. 49′ 30″ Logarit.	Diff.	Nomb	1. 50′ 0″ Logarit.	Diff.	Nomb	1. 50′ 30″ Logarit.	Diff.
6570	3.8175654	661	6600	3.8195439	658	6630	3.8215135	655
6571	3.8176315	661	6601	3.8196097	658	6631	3.8215790	655
6572	3.8176976	660	6602	3.8196755	658	6632	3.8216445	655
6573	3.8177636	661	6603	3.8197413	658	6633	3.8217100	655
6574	3.8178297	661	6604	3.8198071	657	6634	3.8217755	654
6575	3.8178958	660	6605	3.8198728	658	6635	3.8218409	655
6576	3.8179618	660	6606	3.8199386	657	6636	3.8219064	654
6577	3.8180278	661	6607	3.8200043	657	6637	3.8219718	654
6578	3.8180939	660	6608	3.8200700	658	6638	3.8220372	655
6579	3.8181599	660	6609	3.8201358	657	6639	3.8221027	654
6580	3.8182259	660	6610	3.8202015	657	6640	3.8221681	654
6581	3.8182919	660	6611	3.8202672	656	6641	3.8222335	654
6582	3.8183579	660	6612	3.8203328	657	6642	3.8222989	654
6583	3.8184239	659	6613	3.8203985	657	6643	3.8223643	653
6584	3.8184898	660	6614	3.8204642	656	6644	3.8224296	654
6585	3.8185558	659	6615	3.8205298	657	6645	3.8224950	653
6586	3.8186217	660	6616	3.8205955	656	6646	3.8225603	654
6587	3.8186877	659	6617	3.8206611	657	6647	3.8226257	653
6588	3.8187536	659	6618	3.8207268	656	6648	3.8226910	653
6589	3.8188195	659	6619	3.8207924	656	6649	3.8227563	653
6590	3.8188854	659	6620	3.8208580	656	6650	3.8228216	653
6591	3.8189513	659	6621	3.8209236	656	6651	3.8228869	653
6592	3.8190172	659	6622	3.8209892	656	6652	3.8229522	653
6593	3.8190831	658	6623	3.8210548	655	6653	3.8230175	653
6594	3.8191489	659	6624	3.8211203	656	6654	3.8230828	653
6595	3.8192148	658	6625	3.8211859	655	6655	3.8231481	652
6596	3.8192806	659	6626	3.8212514	656	6656	3.8232133	653
6597	3.8193465	658	6627	3.8213170	655	6657	3.8232786	652
6598	3.8194123	658	6628	3.8213825	655	6658	3.8233438	652
6599	3.8194781	658	6629	3.8214480	655	6659	3.8234090	652
6600	3.8195439		6630	3.8215135		6660	3.8234742	

Nomb	1. 51′ 0″ Logarit.	Diff.	Nomb	1. 51′ 30″ Logarit.	Diff.	Nomb	1. 52′ 0″ Logarit.	Diff.
6660	3.8234742	652	6690	3.8254261	649	6720	3.8273693	646
6661	3.8235394	652	6691	3.8254910	649	6721	3.8274339	646
6662	3.8236046	652	6692	3.8255559	649	6722	3.8274985	646
6663	3.8236698	652	6693	3.8256208	649	6723	3.8275631	646
6664	3.8237350	652	6694	3.8256857	649	6724	3.8276277	646
6665	3.8238002	651	6695	3.8257506	648	6725	3.8276923	646
6666	3.8238653	652	6696	3.8258154	649	6726	3.8277569	645
6667	3.8239305	651	6697	3.8258803	648	6727	3.8278214	646
6668	3.8239956	651	6698	3.8259451	649	6728	3.8278860	645
6669	3.8240607	651	6699	3.8260100	648	6729	3.8279505	646
6670	3.8241258	651	6700	3.8260748	648	6730	3.8280151	645
6671	3.8241909	651	6701	3.8261396	648	6731	3.8280796	645
6672	3.8242560	651	6702	3.8262044	648	6732	3.8281441	645
6673	3.8243211	651	6703	3.8262692	648	6733	3.8282086	645
6674	3.8243862	651	6704	3.8263340	648	6734	3.8282731	645
6675	3.8244513	650	6705	3.8263988	647	6735	3.8283376	645
6676	3.8245163	651	6706	3.8264635	648	6736	3.8284021	644
6677	3.8245814	650	6707	3.8265283	648	6737	3.8284665	645
6678	3.8246464	650	6708	3.8265931	647	6738	3.8285310	645
6679	3.8247114	651	6709	3.8266578	647	6739	3.8285955	644
6680	3.8247765	650	6710	3.8267225	647	6740	3.8286599	644
6681	3.8248415	650	6711	3.8267872	647	6741	3.8287243	644
6682	3.8249065	650	6712	3.8268519	647	6742	3.8287887	645
6683	3.8249715	649	6713	3.8269166	647	6743	3.8288532	644
6684	3.8250364	650	6714	3.8269813	647	6744	3.8289176	644
6685	3.8251014	650	6715	3.8270460	647	6745	3.8289820	643
6686	3.8251664	649	6716	3.8271107	646	6746	3.8290463	644
6687	3.8252313	650	6717	3.8271753	647	6747	3.8291107	644
6688	3.8252963	649	6718	3.8272400	646	6748	3.8291751	643
6689	3.8253612	649	6719	3.8273046	647	6749	3.8292394	644
6690	3.8254261		6720	3.8273693		6750	3.8293038	

Nomb	1. 52′ 30″ Logarit.	Diff.	Nomb	1. 53′ 0′ Logarit.	Diff.	Nomb	1. 53′ 30″ Logarit.	Diff.
6750	3.8293038	643	6780	3.8312297	640	6810	3.8331471	638
6751	3.8293681	643	6781	3.8312937	641	6811	3.8332109	637
6752	3.8294324	643	6782	3.8313578	640	6812	3.8332746	638
6753	3.8294967	644	6783	3.8314218	640	6813	3.8333384	637
6754	3.8295611	643	6784	3.8314858	641	6814	3.8334021	638
6755	3.8296254	642	6785	3.8315499	640	6815	3.8334659	637
6756	3.8296896	643	6786	3.8316139	639	6816	3.8335296	637
6757	3.8297539	643	6787	3.8316778	640	6817	3.8335933	637
6758	3.8298182	642	6788	3.8317418	640	6818	3.8336570	637
6759	3.8298824	643	6789	3.8318058	640	6819	3.8337207	637
6760	3.8299467	642	6790	3.8318698	639	6820	3.8337844	636
6761	3.8300109	643	6791	3.8319337	640	6821	3.8338480	637
6762	3.8300752	642	6792	3.8319977	639	6822	3.8339117	637
6763	3.8301394	642	6793	3.8320616	639	6823	3.8339754	636
6764	3.8302036	642	6794	3.8321255	640	6824	3.8340390	637
6765	3.8302678	642	6795	3.8321895	639	6825	3.8341027	636
6766	3.8303320	642	6796	3.8322534	639	6826	3.8341663	636
6767	3.8303962	642	6797	3.8323173	639	6827	3.8342299	636
6768	3.8304604	641	6798	3.8323812	638	6828	3.8342935	636
6769	3.8305245	642	6799	3.8324450	639	6829	3.8343571	636
6770	3.8305887	641	6800	3.8325089	639	6830	3.8344207	636
6771	3.8306528	641	6801	3.8325728	638	6831	3.8344843	636
6772	3.8307169	642	6802	3.8326366	639	6832	3.8345479	635
6773	3.8307811	641	6803	3.8327005	638	6833	3.8346114	636
6774	3.8308452	641	6804	3.8327643	638	6834	3.8346750	635
6775	3.8309093	641	6805	3.8328281	638	6835	3.8347385	636
6776	3.8309734	641	6806	3.8328919	639	6836	3.8348021	635
6777	3.8310375	641	6807	3.8329558	637	6837	3.8348656	635
6778	3.8311016	640	6808	3.8330195	638	6838	3.8349291	635
6779	3.8311656	641	6809	3.8330833	638	6839	3.8349926	635
6780	3.8312297		6810	3.8331471		6840	3.8350561	

Nomb	1. 54′ 0″ Logarit.	Diff.	Nomb	1. 54′ 30″ Logarit.	Diff.	Nomb	1. 55′ 0″ Logarit.	Diff.
6840	3.8350561	635	6870	3.8369567	632	6900	3.8388491	629
6841	3.8351196	635	6871	3.8370199	633	6901	3.8389120	630
6842	3.8351831	634	6872	3.8370832	631	6902	3.8389750	629
6843	3.8352465	635	6873	3.8371463	632	6903	3.8390379	629
6844	3.8353100	635	6874	3.8372095	632	6904	3.8391008	629
6845	3.8353735	634	6875	3.8372727	632	6905	3.8391637	629
6846	3.8354369	634	6876	3.8373359	631	6906	3.8392266	629
6847	3.8355003	635	6877	3.8373990	632	6907	3.8392895	628
6848	3.8355638	634	6878	3.8374622	631	6908	3.8393523	629
6849	3.8356272	634	6879	3.8375253	631	6909	3.8394152	628
6850	3.8356906	634	6880	3.8375884	632	6910	3.8394780	629
6851	3.8357540	634	6881	3.8376516	631	6911	3.8395409	628
6852	3.8358174	633	6882	3.8377147	631	6912	3.8396037	629
6853	3.8358807	634	6883	3.8377778	631	6913	3.8396666	628
6854	3.8359441	634	6884	3.8378409	630	6914	3.8397294	628
6855	3.8360075	633	6885	3.8379039	631	6915	3.8397922	628
6856	3.8360708	633	6886	3.8379670	631	6916	3.8398550	628
6857	3.8361341	634	6887	3.8380301	630	6917	3.8399178	628
6858	3.8361975	633	6888	3.8380931	631	6918	3.8399806	627
6859	3.8362608	633	6889	3.8381562	630	6919	3.8400433	628
6860	3.8363241	633	6890	3.8382192	630	6920	3.8401061	627
6861	3.8363874	633	6891	3.8382822	631	6921	3.8401688	628
6862	3.8364507	633	6892	3.8383453	630	6922	3.8402316	627
6863	3.8365140	633	6893	3.8384083	630	6923	3.8402943	628
6864	3.8365773	632	6894	3.8384713	630	6924	3.8403571	627
6865	3.8366405	633	6895	3.8385343	630	6925	3.8404198	627
6866	3.8367038	632	6896	3.8385973	629	6926	3.8404825	627
6867	3.8367670	633	6897	3.8386602	630	6927	3.8405452	627
6868	3.8368303	632	6898	3.8387232	629	6928	3.8406079	627
6869	3.8368935	632	6899	3.8387861	630	6929	3.8406706	626
6870	3.8369567		6900	3.8388491		6930	3.8407332	

Nomb	1. 55′ 30″ Logarit.	Diff.	Nomb	1. 56′ 0″ Logarit.	Diff.	Nomb	1. 56′ 30″ Logarit.	Diff.
6930	3.8407332	627	6960	3.8426092	624	6990	3.8444772	621
6931	3.8407959	627	6961	3.8426716	624	6991	3.8445393	621
6932	3.8408586	626	6962	3.8427340	624	6992	3.8446014	621
6933	3.8409212	626	6963	3.8427964	624	6993	3.8446635	621
6934	3.8409838	627	6964	3.8428588	623	6994	3.8447256	621
6935	3.8410465	626	6965	3.8429211	624	6995	3.8447877	621
6936	3.8411091	626	6966	3.8429835	623	6996	3.8448498	621
6937	3.8411717	626	6967	3.8430458	623	6997	3.8449119	620
6938	3.8412343	626	6968	3.8431081	624	6998	3.8449739	621
6939	3.8412969	626	6969	3.8431705	623	6999	3.8450360	620
6940	3.8413595	625	6970	3.8432328	623	7000	3.8450980	621
6941	3.8414220	626	6971	3.8432951	623	7001	3.8451601	620
6942	3.8414846	626	6972	3.8433574	623	7002	3.8452221	620
6943	3.8415472	625	6973	3.8434197	622	7003	3.8452841	620
6944	3.8416097	626	6974	3.8434819	623	7004	3.8453461	620
6945	3.8416723	625	6975	3.8435442	623	7005	3.8454081	620
6946	3.8417348	625	6976	3.8436065	622	7006	3.8454701	620
6947	3.8417973	625	6977	3.8436687	623	7007	3.8455321	620
6948	3.8418598	625	6978	3.8437310	622	7008	3.8455941	620
6949	3.8419223	625	6979	3.8437932	622	7009	3.8456561	619
6950	3.8419848	625	6980	3.8438554	622	7010	3.8457180	620
6951	3.8420473	625	6981	3.8439176	622	7011	3.8457800	619
6952	3.8421098	624	6982	3.8439798	622	7012	3.8458419	619
6953	3.8421722	625	6983	3.8440420	622	7013	3.8459038	620
6954	3.8422347	624	6984	3.8441042	622	7014	3.8459658	619
6955	3.8422971	625	6985	3.8441664	622	7015	3.8460277	619
6956	3.8423596	624	6986	3.8442286	621	7016	3.8460896	619
6957	3.8424220	624	6987	3.8442907	622	7017	3.8461515	619
6958	3.8424844	624	6988	3.8443529	621	7018	3.8462134	618
6959	3.8425468	624	6989	3.8444150	622	7019	3.8462752	619
6960	3.8426092		6990	3.8444772		7020	3.8463371	

Nomb	1. 57′ 0″ Logarit.	Diff.	Nomb	1. 57′ 30″ Logarit.	Diff.	Nomb	1. 58′ 0″ Logarit.	Diff.
7020	3.8463371	619	7050	3.8481891	616	7080	3.8500333	613
7021	3.8463990	618	7051	3.8482507	616	7081	3.8500946	613
7022	3.8464608	619	7052	3.8483123	616	7082	3.8501559	613
7023	3.8465227	618	7053	3.8483739	616	7083	3.8502172	614
7024	3.8465845	618	7054	3.8484355	615	7084	3.8502786	613
7025	3.8466463	618	7055	3.8484970	616	7085	3.8503399	612
7026	3.8467081	619	7056	3.8485586	615	7086	3.8504011	613
7027	3.8467700	618	7057	3.8486201	616	7087	3.8504624	613
7028	3.8468318	617	7058	3.8486817	615	7088	3.8505237	613
7029	3.8468935	618	7059	3.8487432	615	7089	3.8505850	612
7030	3.8469553	618	7060	3.8488047	615	7090	3.8506462	613
7031	3.8470171	618	7061	3.8488662	615	7091	3.8507075	612
7032	3.8470789	617	7062	3.8489277	615	7092	3.8507687	613
7033	3.8471406	618	7063	3.8489892	615	7093	3.8508300	612
7034	3.8472024	617	7064	3.8490507	615	7094	3.8508912	612
7035	3.8472641	617	7065	3.8491122	614	7095	3.8509524	612
7036	3.8473258	618	7066	3.8491736	615	7096	3.8510136	612
7037	3.8473876	617	7067	3.8492351	614	7097	3.8510748	612
7038	3.8474493	617	7068	3.8492965	615	7098	3.8511360	612
7039	3.8475110	617	7069	3.8493580	614	7099	3.8511972	611
7040	3.8475727	616	7070	3.8494194	614	7100	3.8512583	612
7041	3.8476343	617	7071	3.8494808	615	7101	3.8513195	612
7042	3.8476960	617	7072	3.8495423	614	7102	3.8513807	611
7043	3.8477577	616	7073	3.8496037	614	7103	3.8514418	612
7044	3.8478193	617	7074	3.8496651	613	7104	3.8515030	611
7045	3.8478810	616	7075	3.8497264	614	7105	3.8515641	611
7046	3.8479426	617	7076	3.8497878	614	7106	3.8516252	611
7047	3.8480043	616	7077	3.8498492	614	7107	3.8516863	611
7048	3.8480659	616	7078	3.8499106	613	7108	3.8517474	611
7049	3.8481275	616	7079	3.8499719	614	7109	3.8518085	611
7050	3.8481891		7080	3.8500333		7110	3.8518696	

Nomb	1. 58′ 30″ Logarit.	Diff.	Nomb	1. 59′ 0″ Logarit.	Diff.	Nomb	1. 59′ 30″ Logarit.	Diff.
7110	3.8518696	611	7140	3.8536982	608	7170	3.8555192	605
7111	3.8519307	610	7141	3.8537590	608	7171	3.8555797	606
7112	3.8519917	611	7142	3.8538198	609	7172	3.8556403	605
7113	3.8520528	611	7143	3.8538807	607	7173	3.8557008	606
7114	3.8521139	610	7144	3.8539414	608	7174	3.8557614	605
7115	3.8521749	610	7145	3.8540022	608	7175	3.8558219	605
7116	3.8522359	611	7146	3.8540630	608	7176	3.8558824	605
7117	3.8522970	610	7147	3.8541238	607	7177	3.8559429	606
7118	3.8523580	610	7148	3.8541845	608	7178	3.8560035	605
7119	3.8524190	610	7149	3.8542453	607	7179	3.8560640	604
7120	3.8524800	610	7150	3.8543060	608	7180	3.8561244	605
7121	3.8525410	610	7151	3.8543668	607	7181	3.8561849	605
7122	3.8526020	609	7152	3.8544275	607	7182	3.8562454	605
7123	3.8526629	610	7153	3.8544882	607	7183	3.8563059	604
7124	3.8527239	610	7154	3.8545489	607	7184	3.8563663	605
7125	3.8527849	609	7155	3.8546096	607	7185	3.8564268	604
7126	3.8528458	610	7156	3.8546703	607	7186	3.8564872	604
7127	3.8529068	609	7157	3.8547310	607	7187	3.8565476	605
7128	3.8529677	609	7158	3.8547917	607	7188	3.8566081	604
7129	3.8530286	609	7159	3.8548524	606	7189	3.8566685	604
7130	3.8530895	609	7160	3.8549130	607	7190	3.8567289	604
7131	3.8531504	609	7161	3.8549737	606	7191	3.8567893	604
7132	3.8532113	609	7162	3.8550343	607	7192	3.8568497	604
7133	3.8532722	609	7163	3.8550950	606	7193	3.8569101	603
7134	3.8533331	609	7164	3.8551556	606	7194	3.8569704	604
7135	3.8533940	608	7165	3.8552162	606	7195	3.8570308	604
7136	3.8534548	609	7166	3.8552768	606	7196	3.8570912	603
7137	3.8535157	608	7167	3.8553374	606	7197	3.8571515	603
7138	3.8535765	609	7168	3.8553980	606	7198	3.8572118	604
7139	3.8536374	608	7169	3.8554586	606	7199	3.8572722	603
7140	3.8536982		7170	3.8555192		7200	3.8573325	

Nomb	2. 0′ 0″ Logarit.	Diff.	Nomb	2. 0′ 30″ Logarit.	Diff.	Nomb	2. 1′ 0″ Logarit.	Diff.
7200	3.8573325	603	7230	3.8591383	601	7260	3.8609366	598
7201	3.8573928	603	7231	3.8591984	600	7261	3.8609964	598
7202	3.8574531	603	7232	3.8592584	601	7262	3.8610562	598
7203	3.8575134	603	7233	3.8593185	600	7263	3.8611160	598
7204	3.8575737	603	7234	3.8593785	600	7264	3.8611758	598
7205	3.8576340	603	7235	3.8594385	601	7265	3.8612356	598
7206	3.8576943	602	7236	3.8594986	600	7266	3.8612954	598
7207	3.8577545	603	7237	3.8595586	600	7267	3.8613552	597
7208	3.8578148	602	7238	3.8596186	600	7268	3.8614149	598
7209	3.8578750	603	7239	3.8596786	600	7269	3.8614747	597
7210	3.8579353	602	7240	3.8597386	599	7270	3.8615344	597
7211	3.8579955	602	7241	3.8597985	600	7271	3.8515941	598
7212	3.8580557	602	7242	3.8598585	600	7272	3.8616539	597
7213	3.8581159	602	7243	3.8599185	599	7273	3.8617136	597
7214	3.8581761	602	7244	3.8599784	600	7274	3.8617733	597
7215	3.8582363	602	7245	3.8600384	599	7275	3.8618330	597
7216	3.8582965	602	7246	3.8600983	600	7276	3.8618927	597
7217	3.8583567	602	7247	3.8601583	599	7277	3.8619524	597
7218	3.8584169	601	7248	3.8602182	599	7278	3.8620121	596
7219	3.8584770	602	7249	3.8602781	599	7279	3.8620717	597
7220	3.8585372	601	7250	3.8603380	599	7280	3.8621314	596
7221	3.8585973	602	7251	3.8603979	599	7281	3.8621910	597
7222	3.8586575	601	7252	3.8604578	599	7282	3.8622507	596
7223	3.8587176	601	7253	3.8605177	599	7283	3.8623103	596
7224	3.8587777	602	7254	3.8605776	598	7284	3.8623699	597
7225	3.8588379	601	7255	3.8606374	599	7285	3.8624296	596
7226	3.8588980	601	7256	3.8606973	598	7286	3.8524892	596
7227	3.8589581	600	7257	3.8607571	599	7287	3.8625488	596
7228	3.8590181	601	7258	3.8608170	598	7288	3.8626084	596
7229	3.8590782	601	7259	3.8608768	598	7289	3.8626680	595
7230	3.8591383		7260	3.8609366		7290	3.8627275	

Nomb	2. 1′ 30″ Logarit.	Diff.	Nomb	2. 2′ 0″ Logarit.	Diff.	Nomb	2. 2′ 30″ Logarit.	Diff.
7290	3.8627275	596	7320	3.8645111	593	7350	3.8662873	591
7291	3.8627871	596	7321	3.8645704	593	7351	3.8663464	591
7292	3.8628467	595	7322	3.8646297	593	7352	3.8664055	591
7293	3.8629062	596	7323	3.8646890	593	7353	3.8664646	590
7294	3.8629658	595	7324	3.8647483	593	7354	3.8665236	591
7295	3.8630253	595	7325	3.8648076	593	7355	3.8665827	590
7296	3.8630848	595	7326	3.8648669	593	7356	3.8666417	591
7297	3.8631443	596	7327	3.8649262	593	7357	3.8667008	590
7298	3.8632039	595	7328	3.8649855	592	7358	3.8667598	590
7299	3.8632634	595	7329	3.8650447	593	7359	3.8668188	590
7300	3.8633229	594	7330	3.8651040	592	7360	3.8668778	590
7301	3.8633823	595	7331	3.8651632	593	7361	3.8669368	590
7302	3.8634418	595	7332	3.8652225	592	7362	3.8669958	590
7303	3.8635013	595	7333	3.8652817	592	7363	3.8670548	590
7304	3.8635608	594	7334	3.8653409	592	7364	3.8671138	590
7305	3.8636202	595	7335	3.8654001	592	7365	3.8671728	589
7306	3.8636797	594	7336	3.8654593	592	7366	3.8672317	590
7307	3.8637391	594	7337	3.8655185	592	7367	3.8672907	589
7308	3.8637985	595	7338	3.8655777	592	7368	3.8673496	590
7309	3.8638580	594	7339	3.8656369	592	7369	3.8674086	589
7310	3.8639174	594	7340	3.8656961	591	7370	3.8674675	589
7311	3.8639768	594	7341	3.8657552	592	7371	3.8675264	589
7312	3.8640362	594	7342	3.8658144	591	7372	3.8675853	589
7313	3.8640956	594	7343	3.8658735	592	7373	3.8676442	589
7314	3.8641550	593	7344	3.8659327	591	7374	3.8677031	589
7315	3.8642143	594	7345	3.8659918	591	7375	3.8677620	589
7316	3.8642737	594	7346	3.8660509	591	7376	3.8678209	589
7317	3.8643331	593	7347	3.8661100	591	7377	3.8678798	589
7318	3.8643924	593	7348	3.8661691	591	7378	3.8679387	588
7319	3.8644517	594	7349	3.8662282	591	7379	3.8679975	589
7320	3.8645111		7350	3.8662873		7380	3.8680564	

Nomb	2. 3′ 0″ Logarit.	Diff.	Nomb	2. 3′ 30″ Logarit.	Diff.	Nomb	2. 4′ 0″ Logarit.	Diff.
7380	3.8680564	588	7410	3.8698182	586	7440	3.8715729	584
7381	3.8681152	588	7411	3.8698768	586	7441	3.8716313	584
7382	3.8681740	589	7412	3.8699354	586	7442	3.8716897	583
7383	3.8682329	588	7413	3.8699940	586	7443	3.8717480	584
7384	3.8682917	588	7414	3.8700526	586	7444	3.8718064	583
7385	3.8683505	588	7415	3.8701112	585	7445	3.8718647	583
7386	3.8684093	588	7416	3.8701697	586	7446	3.8719230	584
7387	3.8684681	588	7417	3.8702283	585	7447	3.8719814	583
7388	3.8685269	588	7418	3.8702868	586	7448	3.8720397	583
7389	3.8685857	587	7419	3.8703454	585	7449	3.8720980	583
7390	3.8686444	588	7420	3.8704039	585	7450	3.8721563	583
7391	3.8687032	588	7421	3.8704624	586	7451	3.8722146	582
7392	3.8687620	587	7422	3.8705210	585	7452	3.8722728	583
7393	3.8688207	587	7423	3.8705795	585	7453	3.8723311	583
7394	3.8688794	588	7424	3.8706380	585	7454	3.8723894	582
7395	3.8689382	587	7425	3.8706965	584	7455	3.8724476	583
7396	3.8689969	587	7426	3.8707549	585	7456	3.8725059	582
7397	3.8690556	587	7427	3.8708134	585	7457	3.8725641	583
7398	3.8691143	587	7428	3.8708719	585	7458	3.8726224	582
7399	3.8691730	587	7429	3.8709304	584	7459	3.8726806	582
7400	3.8692317	587	7430	3.8709888	585	7460	3.8727388	582
7401	3.8692904	587	7431	3.8710473	584	7461	3.8727970	582
7402	3.8693491	586	7432	3.8711057	584	7462	3.8728552	582
7403	3.8694077	587	7433	3.8711641	585	7463	3.8729134	582
7404	3.8694664	587	7434	3.8712226	584	7464	3.8729716	582
7405	3.8695251	586	7435	3.8712810	584	7465	3.8730298	582
7406	3.8695837	586	7436	3.8713394	584	7466	3.8730880	582
7407	3.8696423	587	7437	3.8713978	584	7467	3.8731462	581
7408	3.8697010	586	7438	3.8714562	584	7468	3.8732043	582
7409	3.8697596	586	7439	3.8715146	583	7469	3.8732625	581
7410	3.8698182		7440	3.8715729		7470	3.8733206	

Nomb	2. 4′ 30″ Logarit.	Diff.	Nomb	2. 5′ 0″ Logarit.	Diff.	Nomb	2. 5′ 30″ Logarit.	Diff.
7470	3.8733206	581	7500	3.8750613	579	7530	3.8767950	576
7471	3.8733787	582	7501	3.8751192	579	7531	3.8768526	577
7472	3.8734369	581	7502	3.8751771	578	7532	3.8769103	577
7473	3.8734950	581	7503	3.8752349	579	7533	3.8769680	576
7474	3.8735531	581	7504	3.8752928	579	7534	3.8770256	577
7475	3.8736112	581	7505	3.8753507	579	7535	3.8770833	576
7476	3.8736693	581	7506	3.8754086	578	7536	3.8771409	576
7477	3.8737274	581	7507	3.8754664	579	7537	3.8771985	576
7478	3.8737855	580	7508	3.8755243	578	7538	3.8772561	576
7479	3.8738435	581	7509	3.8755821	578	7539	3.8773137	576
7480	3.8739016	581	7510	3.8756399	579	7540	3.8773713	576
7481	3.8739597	580	7511	3.8756978	578	7541	3.8774289	576
7482	3.8740177	580	7512	3.8757556	578	7542	3.8774865	576
7483	3.8740757	581	7513	3.8758134	578	7543	3.8775441	576
7484	3.8741338	580	7514	3.8758712	578	7544	3.8776017	575
7485	3.8741918	580	7515	3.8759290	578	7545	3.8776592	576
7486	3.8742498	580	7516	3.8759868	578	7546	3.8777168	575
7487	3.8743078	580	7517	3.8760446	577	7547	3.8777743	576
7488	3.8743658	580	7518	3.8761023	578	7548	3.8778319	575
7489	3.8744238	580	7519	3.8761601	577	7549	3.8778894	576
7490	3.8744818	580	7520	3.8762178	578	7550	3.8779470	575
7491	3.8745398	580	7521	3.8762756	577	7551	3.8780045	575
7492	3.8745978	579	7522	3.8763333	578	7552	3.8780620	575
7493	3.8746557	580	7523	3.8763911	577	7553	3.8781195	575
7494	3.8747137	579	7524	3.8764488	577	7554	3.8781770	575
7495	3.8747716	580	7525	3.8765065	577	7555	3.8782345	574
7496	3.8748296	579	7526	3.8765642	577	7556	3.8782919	575
7497	3.8748875	579	7527	3.8766219	577	7557	3.8783494	575
7498	3.8749454	580	7528	3.8766796	577	7558	3.8784069	574
7499	3.8750034	579	7529	3.8767373	577	7559	3.8784643	575
7500	3.8750613		7530	3.8767950		7560	3.8785218	

Nomb	2. 6′ 0″ Logarit.	Diff.	Nomb	2. 6′ 30″ Logarit.	Diff.	Nomb	2. 7′ 0″ Logarit.	Diff.
7560	3.8785218	574	7590	3.8802418	572	7620	3.8819550	570
7561	3.8785792	575	7591	3.8802990	572	7621	3.8820120	569
7562	3.8786367	574	7592	3.8803562	572	7622	3.8820689	570
7563	3.8786941	574	7593	3.8804134	572	7623	3.8821259	570
7564	3.8787515	574	7594	3.8804706	572	7624	3.8821829	569
7565	3.8788089	574	7595	3.8805278	572	7625	3.8822398	570
7566	3.8788663	574	7596	3.8805850	571	7626	3.8822968	569
7567	3.8789237	574	7597	3.8806421	572	7627	3.8823537	570
7568	3.8789811	574	7598	3.8806993	571	7628	3.8824107	569
7569	3.8790385	574	7599	3.8807564	572	7629	3.8824676	569
7570	3.8790959	573	7600	3.8808136	571	7630	3.8825245	570
7571	3.8791532	574	7601	3.8808707	572	7631	3.8825815	569
7572	3.8792106	574	7602	3.8809279	571	7632	3.8826384	569
7573	3.8792680	573	7603	3.8809850	571	7633	3.8826953	569
7574	3.8793253	573	7604	3.8810421	571	7634	3.8827522	568
7575	3.8793826	574	7605	3.8810992	571	7635	3.8828090	569
7576	3.8794400	573	7606	3.8811563	571	7636	3.8828659	569
7577	3.8794973	573	7607	3.8812134	571	7637	3.8829228	569
7578	3.8795546	573	7608	3.8812705	571	7638	3.8829797	568
7579	3.8796119	573	7609	3.8813276	571	7639	3.8830365	569
7580	3.8796692	573	7610	3.8813847	570	7640	3.8830934	568
7581	3.8797265	573	7611	3.8814417	571	7641	3.8831502	568
7582	3.8797838	573	7612	3.8814988	570	7642	3.8832070	569
7583	3.8798411	572	7613	3.8815558	571	7643	3.8832639	568
7584	3.8798983	573	7614	3.8816129	570	7644	3.8833207	568
7585	3.8799556	572	7615	3.8816699	570	7645	3.8833775	568
7586	3.8800128	573	7616	3.8817269	571	7646	3.8834343	568
7587	3.8800701	572	7617	3.8817840	570	7647	3.8834911	568
7588	3.8801273	573	7618	3.8818410	570	7648	3.8835479	568
7589	3.8801846	572	7619	3.8818980	570	7649	3.8836047	567
7590	3.8802418		7620	3.8819550		7650	3.8836614	

Nomb	2. 7' 30'' Logarit.	Diff.	Nomb	2. 8' 0'' Logarit.	Diff.	Nomb	2. 8' 30'' Logarit.	Diff.
7650	3.8836614	568	7680	3.8853612	566	7710	3.8870544	563
7651	3.8837182	568	7681	3.8854178	565	7711	3.8871107	563
7652	3.8837750	567	7682	3.8854743	565	7712	3.8871670	563
7653	3.8838317	568	7683	3.8855308	566	7713	3.8872233	563
7654	3.8838885	567	7684	3.8855874	565	7714	3.8872796	563
7655	3.8839452	567	7685	3.8856439	565	7715	3.8873359	563
7656	3.8840019	567	7686	3.8857004	565	7716	3.8873922	563
7657	3.8840586	568	7687	3.8857569	565	7717	3.8874485	563
7658	3.8841154	567	7688	3.8858134	565	7718	3.8875048	562
7659	3.8841721	567	7689	3.8858699	564	7719	3.8875610	563
7660	3.8842288	567	7690	3.8859263	565	7720	3.8876173	563
7661	3.8842855	566	7691	3.8859828	565	7721	3.8876736	562
7662	3.8843421	567	7692	3.8860393	564	7722	3.8877298	562
7663	3.8843988	567	7693	3.8860957	565	7723	3.8877860	563
7664	3.8844555	567	7694	3.8861522	564	7724	3.8878423	562
7665	3.8845122	566	7695	3.8862086	565	7725	3.8878985	562
7666	3.8845688	567	7696	3.8862651	564	7726	3.8879547	562
7667	3.8846255	566	7697	3.8863215	564	7727	3.8880109	562
7668	3.8846821	566	7698	3.8863779	564	7728	3.8880671	562
7669	3.8847387	567	7699	3.8864343	564	7729	3.8881233	562
7670	3.8847954	566	7700	3.8864907	564	7730	3.8881795	562
7671	3.8848520	566	7701	3.8865471	564	7731	3.8882357	561
7672	3.8849086	566	7702	3.8866035	564	7732	3.8882918	562
7673	3.8849652	566	7703	3.8866599	564	7733	3.8883480	562
7674	3.8850218	566	7704	3.8867163	563	7734	3.8884042	561
7675	3.8850784	566	7705	3.8867726	564	7735	3.8884603	562
7676	3.8851350	565	7706	3.8868290	564	7736	3.8885165	561
7677	3.8851915	566	7707	3.8868854	563	7737	3.8885726	561
7678	3.8852481	566	7708	3.8869417	563	7738	3.8886287	561
7679	3.8853047	565	7709	3.8869980	564	7739	3.8886848	562
7680	3.8853612		7710	3.8870544		7740	3.8887410	

Nomb	2. 9′ 0″ Logarit.	Diff.	Nomb	2. 9′ 30″ Logarit.	Diff.	Nomb	2. 10′ 0″ Logarit.	Diff.
7740	3.8887410	561	7770	3.8904210	559	7800	3.8920946	557
7741	3.8887971	561	7771	3.8904769	559	7801	3.8921503	556
7742	3.8888532	561	7772	3.8905328	559	7802	3.8922059	557
7743	3.8889093	560	7773	3.8905887	558	7803	3.8922616	557
7744	3.8889653	561	7774	3.8906445	559	7804	3.8923173	556
7745	3.8890214	561	7775	3.8907004	559	7805	3.8923729	556
7746	3.8890775	561	7776	3.8907563	558	7806	3.8924285	557
7747	3.8891336	560	7777	3.8908121	558	7807	3.8924842	556
7748	3.8891896	561	7778	3.8908679	559	7808	3.8925398	556
7749	3.8892457	560	7779	3.8909238	558	7809	3.8925954	556
7750	3.8893017	560	7780	3.8909796	558	7810	3.8926510	556
7751	3.8893577	561	7781	3.8910354	558	7811	3.8927066	556
7752	3.8894138	560	7782	3.8910912	558	7812	3.8927622	556
7753	3.8894698	560	7783	3.8911470	558	7813	3.8928178	556
7754	3.8895258	560	7784	3.8912028	558	7814	3.8928734	556
7755	3.8895818	560	7785	3.8912586	558	7815	3.8929290	556
7756	3.8896378	560	7786	3.8913144	558	7816	3.8929846	555
7757	3.8896938	560	7787	3.8913702	557	7817	3.8930401	556
7758	3.8897498	560	7788	3.8914259	558	7818	3.8930957	555
7759	3.8898058	559	7789	3.8914817	558	7819	3.8931512	556
7760	3.8898617	560	7790	3.8915375	557	7820	3.8932068	555
7761	3.8899177	559	7791	3.8915932	557	7821	3.8932623	555
7762	3.8899736	560	7792	3.8916489	558	7822	3.8933178	555
7763	3.8900296	559	7793	3.8917047	557	7823	3.8933733	555
7764	3.8900855	560	7794	3.8917604	557	7824	3.8934288	555
7765	3.8901415	559	7795	3.8918161	557	7825	3.8934843	555
7766	3.8901974	559	7796	3.8 18718	557	7826	3.8935398	555
7767	3.8902533	559	7797	3.8919275	557	7827	3.8935953	555
7768	3.8903092	559	7798	3.8919832	557	7828	3.8936508	555
7769	3.8903651	559	7799	3.8920389	557	7829	3.8937063	555
7770	3.8904210		7800	3.8920946		7830	3.8937618	

Nomb	2. 10′ 30″ Logarit.	Diff.	Nomb	2. 11′ 0″ Logarit.	Diff.	Nomb	2. 11′ 30″ Logarit.	Diff.
7830	3.8937618	554	7860	3.8954225	553	7890	3.8970770	550
7831	3.8938172	555	7861	3.8954778	552	7891	3.8971320	551
7832	3.8938727	554	7862	3.8955330	553	7892	3.8971871	550
7833	3.8939281	555	7863	3.8955883	552	7893	3.8972421	550
7834	3.8939836	554	7864	3.8956435	552	7894	3.8972971	550
7835	3.8940390	554	7865	3.8956987	552	7895	3.8973521	550
7836	3.8940944	554	7866	3.8957539	553	7896	3.8974071	550
7837	3.8941498	555	7867	3.8958092	552	7897	3.8974621	550
7838	3.8942053	554	7868	3.8958644	551	7898	3.8975171	550
7839	3.8942607	554	7869	3.8959195	552	7899	3.8975721	550
7840	3.8943161	554	7870	3.8959747	552	7900	3.8976271	550
7841	3.8943715	553	7871	3.8960299	552	7901	3.8976821	549
7842	3.8944268	554	7872	3.8960851	552	7902	3.8977370	550
7843	3.8944822	554	7873	3.8961403	551	7903	3.8977920	549
7844	3.8945376	553	7874	3.8961954	552	7904	3.8978469	550
7845	3.8945929	554	7875	3.8962506	551	7905	3.8979019	549
7846	3.8946483	554	7876	3.8963057	551	7906	3.8979568	549
7847	3.8947037	553	7877	3.8963608	552	7907	3.8980117	550
7848	3.8947590	553	7878	3.8964160	551	7908	3.8980667	549
7849	3.8948143	554	7879	3.8964711	551	7909	3.8981216	549
7850	3.8948697	553	7880	3.8965262	551	7910	3.8981765	549
7851	3.8949250	553	7881	3.8965813	551	7911	3.8982314	549
7852	3.8949803	553	7882	3.8966364	551	7912	3.8982863	549
7853	3.8950356	553	7883	3.8966915	551	7913	3.8983412	548
7854	3.8950909	553	7884	3.8967466	551	7914	3.8983960	549
7855	3.8951462	553	7885	3.8968017	551	7915	3.8984509	549
7856	3.8952015	553	7886	3.8968568	550	7916	3.8985058	548
7857	3.8952568	552	7887	3.8969118	551	7917	3.8985606	549
7858	3.8953120	553	7888	3.8969669	551	7918	3.8986155	548
7859	3.8953673	552	7889	3.8970220	550	7919	3.8986703	549
7860	3.8954225		7890	3.8970770		7920	3.8987252	

Nomb	2. 12′ 0″ Logarit.	Diff.	Nomb	2. 12′ 30″ Logarit.	Diff.	Nomb	2. 13′ 0″ Logarit.	Diff.
7920	3.8987252	548	7950	3.9003671	547	7980	3.9020029	544
7921	3.8987800	548	7951	3.9004218	546	7981	3.9020573	544
7922	3.8988348	549	7952	3.9004764	546	7982	3.9021117	544
7923	3.8988897	548	7953	3.9005310	546	7983	3.9021661	544
7924	3.8989445	548	7954	3.9005856	546	7984	3.9022205	544
7925	3.8989993	548	7955	3.9006402	546	7985	3.9022749	544
7926	3.8990541	548	7956	3.9006948	546	7986	3.9023293	544
7927	3.8991089	547	7957	3.9007494	545	7987	3.9023837	544
7928	3.8991636	548	7958	3.9008039	546	7988	3.9024381	543
7929	3.8992184	548	7959	3.9008585	546	7989	3.9024924	544
7930	3.8992732	547	7960	3.9009131	545	7990	3.9025468	543
7931	3.8993279	548	7961	3.9009676	546	7991	3.9026011	544
7932	3.8993827	548	7962	3.9010222	545	7992	3.9026555	543
7933	3.8994375	547	7963	3.9010767	546	7993	3.9027098	543
7934	3.8994922	547	7964	3.9011313	545	7994	3.9027641	544
7935	3.8995469	548	7965	3.9011858	545	7995	3.9028185	543
7936	3.8996017	547	7966	3.9012403	545	7996	3.9028728	543
7937	3.8996564	547	7967	3.9012948	545	7997	3.9029271	543
7938	3.8997111	547	7968	3.9013493	545	7998	3.9029814	543
7939	3.8997658	547	7969	3.9014038	545	7999	3.9030357	543
7940	3.8998205	547	7970	3.9014583	545	8000	3.9030900	543
7941	3.8998752	547	7971	3.9015128	545	8001	3.9031443	542
7942	3.8999299	547	7972	3.9015673	545	8002	3.9031985	543
7943	3.8999846	546	7973	3.9016218	544	8003	3.9032528	543
7944	3.9000392	547	7974	3.9016762	545	8004	3.9033071	542
7945	3.9000939	547	7975	3.9017307	544	8005	3.9033613	543
7946	3.9001486	546	7976	3.9017851	545	8006	3.9034156	542
7947	3.9002032	547	7977	3.9018396	544	8007	3.9034698	543
7948	3.9002579	546	7978	3.9018940	545	8008	3.9035241	542
7949	3.9003125	546	7979	3.9019485	544	8009	3.9035783	542
7950	3.9003671		7980	3.9020029		8010	3.9036325	

Nomb	2. 13′ 30″ Logarit.	Diff.	Nomb	2. 14′ 0″ Logarit.	Diff.	Nomb	2. 14′ 30″ Logarit.	Diff.
8010	3.9036325	542	8040	3.9052560	541	8070	3.9068735	538
8011	3.9036867	542	8041	3.9053101	540	8071	3.9069273	539
8012	3.9037409	542	8042	3.9053641	540	8072	3.9069812	538
8013	3 9037951	542	8043	3.9054181	540	8073	3.9070350	537
8014	3.9038493	542	8044	3.9054721	539	8074	3.9070887	538
8015	3.9039035	542	8045	3.9055260	540	8075	3.9071425	538
8016	3.9039577	542	8046	3.9055800	540	8076	3.9071963	538
8017	3.9040119	542	8047	3.9056340	540	8077	3.9072501	537
8018	3.9040661	541	8048	3.9056880	539	8078	3.9073038	538
8019	3.9041202	542	8049	3.9057419	540	8079	3.9073576	538
8020	3.9041744	541	8050	3.9057959	539	8080	3.9074114	537
8021	3.9042285	542	8051	3.9058498	540	8081	3.9074651	537
8022	3.9042827	541	8052	3.9059038	539	8082	3.9075188	538
8023	3.9043368	541	8053	3.9059577	539	8083	3.9075726	537
8024	3.9043909	541	8054	3.9060116	539	8084	3.9076263	537
8025	3.9044450	542	8055	3.9060655	540	8085	3.9076800	537
8026	3.9044992	541	8056	3.9061195	539	8086	3.9077337	537
8027	3.9045533	541	8057	3.9061734	539	8087	3.9077874	537
8028	3.9046074	541	8058	3.9062273	539	8088	3.9078411	537
8029	3.9046615	540	8059	3.9062812	538	8089	3.9078948	537
8030	3.9047155	541	8060	3.9063350	539	8090	3.9079485	537
8031	3.9047696	541	8061	3.9063889	539	8091	3.9080022	537
8032	3.9048237	541	8062	3.9064428	539	8092	3.9080559	536
8033	3.9048778	540	8063	3.9064967	538	8093	3.9081095	537
8034	3.9049318	541	8064	3.9065505	539	8094	3.9081632	537
8035	3.9049859	540	8065	3.9066044	538	8095	3.9082169	536
8036	3.9050399	541	8066	3.9066582	539	8096	3.9082705	536
8037	3.9050940	540	8067	3.9067121	538	8097	3.9083241	537
8038	3.9051480	540	8068	3.9067659	538	8098	3.9083778	536
8039	3.9052020	540	8069	3 9068197	538	8099	3.9084314	536
8040	3.9052560		8070	3.9068735		8100	3.9084850	

Nomb	2. 15′ 0″ Logarit.	Diff.	Nomb	2. 15′ 30″ Logarit.	Diff.	Nomb	2. 16′ 0″ Logarit.	Diff.
8100	3.9084850	536	8130	3.9100905	535	8160	3.9116902	532
8101	3.9085386	536	8131	3.9101440	534	8161	3.9117434	532
8102	3.9085922	536	8132	3.9101974	534	8162	3.9117966	532
8103	3.9086458	536	8133	3.9102508	534	8163	3.9118498	532
8104	3.9086994	536	8134	3.9103042	534	8164	3.9119030	532
8105	3.9087530	536	8135	3.9103576	533	8165	3.9119562	532
8106	3.9088066	536	8136	3.9104109	534	8166	3.9120094	532
8107	3.9088602	535	8137	3.9104643	534	8167	3.9120626	531
8108	3.9089137	536	8138	3.9105177	533	8168	3.9121157	532
8109	3.9089673	536	8139	3.9105710	534	8169	3.9121689	532
8110	3.9090209	535	8140	3.9106244	534	8170	3.9122221	531
8111	3.9090744	535	8141	3.9106778	533	8171	3.9122752	532
8112	3.9091279	536	8142	3.9107311	533	8172	3.9123284	531
8113	3.9091815	535	8143	3.9107844	534	8173	3.9123815	531
8114	3.9092350	535	8144	3.9108378	533	8174	3.9124346	532
8115	3.9092885	535	8145	3.9108911	533	8175	3.9124878	531
8116	3.9093420	535	8146	3.9109444	533	8176	3.9125409	531
8117	3.9093955	535	8147	3.9109977	533	8177	3.9125940	531
8118	3.9094490	535	8148	3.9110510	533	8178	3.9126471	531
8119	3.9095025	535	8149	3.9111043	533	8179	3.9127002	531
8120	3.9095560	535	8150	3.9111576	533	8180	3.9127533	531
8121	3.9096095	535	8151	3.9112109	533	8181	3.9128064	531
8122	3.9096630	535	8152	3.9112642	532	8182	3.9128595	531
8123	3.9097165	534	8153	3.9113174	533	8183	3.9129126	530
8124	3.9097699	535	8154	3.9113707	533	8184	3.9129656	531
8125	3.9098234	534	8155	3.9114240	532	8185	3.9130187	530
8126	3.9098768	535	8156	3.9114772	533	8186	3.9130717	531
8127	3.9099303	534	8157	3.9115305	532	8187	3.9131248	530
8128	3.9099837	534	8158	3.9115837	532	8188	3.9131778	531
8129	3.9100371	534	8159	3.9116369	533	8189	3.9132309	530
8130	3.9100905		8160	3.9116902		8190	3.9132839	

Nomb	2. 16′ 30″ Logarit.	Diff.	Nomb	2. 17′ 0″ Logarit.	Diff.	Nomb	2. 17′ 30″ Logarit.	Diff
8190	3.9132839	530	8220	3.9148718	528	8250	3.9164539	527
8191	3.9133369	530	8221	3.9149246	529	8251	3.9165066	526
8192	3.9133899	531	8222	3.9149775	528	8252	3.9165592	526
8193	3.9134430	530	8223	3.9150303	528	8253	3.9166118	527
8194	3.9134960	530	8224	3.9150831	528	8254	3.9166645	526
8195	3.9135490	529	8225	3.9151359	528	8255	3.9167171	526
8196	3.9136019	530	8226	3.9151887	528	8256	3.9167697	526
8197	3.9136549	530	8227	3.9152415	528	8257	3.9168223	526
8198	3.9137079	530	8228	3.9152943	528	8258	3.9168749	526
8199	3.9137609	530	8229	3.9153471	527	8259	3.9169275	525
8200	3.9138139	529	8230	3.9153998	528	8260	3.9169800	526
8201	3.9138668	530	8231	3.9154526	528	8261	3.9170326	526
8202	3.9139198	529	8232	3.9155054	527	8262	3.9170852	526
8203	3.9139727	530	8233	3.9155581	528	8263	3.9171378	525
8204	3.9140257	529	8234	3.9156109	527	8264	3.9171903	526
8205	3.9140786	529	8235	3.9156636	527	8265	3.9172429	525
8206	3.9141315	529	8236	3.9157163	528	8266	3.9172954	525
8207	3.9141844	529	8237	3.9157691	527	8267	3.9173479	526
8208	3.9142373	530	8238	3.9158218	527	8268	3.9174005	525
8209	3.9142903	529	8239	3.9158745	527	8269	3.9174530	525
8210	3.9143432	529	8240	3.9159272	527	8270	3.9175055	525
8211	3.9143961	528	8241	3.9159799	527	8271	3.9175580	525
8212	3.9144489	529	8242	3.9160326	527	8272	3.9176105	525
8213	3.9145018	529	8243	3.9160853	527	8273	3.9176630	525
8214	3.9145547	529	8244	3.9161380	527	8274	3.9177155	525
8215	3.9146076	528	8245	3.9161907	526	8275	3.9177680	525
8216	3.9146604	529	8246	3.9162433	527	8276	3.9178205	525
8217	3.9147133	528	8247	3.9162960	527	8277	3.9178730	524
8218	3.9147661	529	8248	3.9163487	526	8278	3.9179254	525
8219	3.9148190	528	8249	3.9164013	526	8279	3.9179779	524
8220	3.9148718		8250	3.9164539		8280	3.9180303	

Nomb	2. 18′ 0″ Logarit.	Diff.	Nomb	2. 18′ 30″ Logarit.	Diff.	Nomb	2. 19′ 0″ Logarit.	Diff.
8280	3.9180303	525	8310	3.9196010	523	8340	3.9211661	520
8281	3.9180828	524	8311	3.9196533	522	8341	3.9212181	521
8282	3.9181352	525	8312	3.9197055	523	8342	3.9212702	520
8283	3.9181877	524	8313	3.9197578	522	8343	3.9213222	521
8284	3.9182401	524	8314	3.9198100	523	8344	3.9213743	520
8285	3.9182925	524	8315	3.9198623	522	8345	3.9214263	521
8286	3.9183449	524	8316	3.9199145	522	8346	3.9214784	520
8287	3.9183973	524	8317	3.9199667	522	8347	3.9215304	520
8288	3.9184497	524	8318	3.9200189	522	8348	3.9215824	521
8289	3.9185021	524	8319	3.9200711	522	8349	3.9216345	520
8290	3.9185545	524	8320	3.9201233	522	8350	3.9216865	520
8291	3.9186069	524	8321	3.9201755	522	8351	3.9217385	520
8292	3.9186593	524	8322	3.9202277	522	8352	3.9217905	520
8293	3.9187117	523	8323	3.9202799	522	8353	3.9218425	520
8294	3.9187640	524	8324	3.9203321	521	8354	3.9218945	520
8295	3.9188164	523	8325	3.9203842	522	8355	3.9219465	519
8296	3.9188687	524	8326	3.9204364	522	8356	3.9219984	520
8297	3.9189211	523	8327	3.9204886	521	8357	3.9220504	520
8298	3.9189734	524	8328	3.9205407	522	8358	3.9221024	519
8299	3.9190258	523	8329	3.9205929	521	8359	3.9221543	520
8300	3.9190781	523	8330	3.9206450	521	8360	3.9222063	519
8301	3.9191304	523	8331	3.9206971	522	8361	3.9222582	520
8302	3.9191827	523	8332	3.9207493	521	8362	3.9223102	519
8303	3.9192350	523	8333	3.9208014	521	8363	3.9223621	519
8304	3.9192873	523	8334	3.9208535	521	8364	3.9224140	519
8305	3.9193396	523	8335	3.9209056	521	8365	3.9224659	520
8306	3.9193919	523	8336	3.9209577	521	8366	3.9225179	519
8307	3.9194442	523	8337	3.9210098	521	8367	3.9225698	519
8308	3.9194965	523	8338	3.9210619	521	8368	3.9226217	519
8309	3.9195488	522	8339	3.9211140	521	8369	3.9226736	519
8310	3.9196010		8340	3.9211661		8370	3.9227255	

Nomb	2. 19′ 30″ Logarit.	Diff.	Nomb	2. 20′ 0″ Logarit.	Diff.	Nomb	2. 20′ 30″ Logarit.	Diff.
8370	3.9227255	518	8400	3.9242793	517	8430	3.9258276	515
8371	3.9227773	519	8401	3.9243310	517	8431	3.9258791	515
8372	3.9228292	519	8402	3.9243827	517	8432	3.9259306	515
8373	3.9228811	519	8403	3.9244344	516	8433	3.9259821	515
8374	3.9229330	518	8404	3.9244860	517	8434	3.9260336	515
8375	3.9229848	519	8405	3.9245377	517	8435	3.9260851	515
8376	3.9230367	518	8406	3.9245894	516	8436	3.9261366	514
8377	3.9230885	519	8407	3.9246410	517	8437	3.9261880	515
8378	3.9231404	518	8408	3.9246927	517	8438	3.9262395	515
8379	3.9231922	518	8409	3.9247444	516	8439	3.9262910	514
8380	3.9232440	518	8410	3.9247960	516	8440	3.9263424	515
8381	3.9232958	519	8411	3.9248476	517	8441	3.9263939	514
8382	3.9233477	518	8412	3.9248993	516	8442	3.9264453	515
8383	3.9233995	518	8413	3.9249509	516	8443	3.9264968	514
8384	3.9234513	518	8414	3.9250025	516	8444	3.9265482	515
8385	3.9235031	518	8415	3.9250541	516	8445	3.9265997	514
8386	3.9235549	517	8416	3.9251057	516	8446	3.9266511	514
8387	3.9236066	518	8417	3.9251573	516	8447	3.9267025	514
8388	3.9236584	518	8418	3.9252089	516	8448	3.9267539	514
8389	3.9237102	518	8419	3.9252605	516	8449	3.9268053	514
8390	3.9237620	517	8420	3.9253121	516	8450	3.9268567	514
8391	3.9238137	518	8421	3.9253637	515	8451	3.9269081	514
8392	3.9238655	517	8422	3.9254152	516	8452	3.9269595	514
8393	3.9239172	518	8423	3.9254668	516	8453	3.9270109	513
8394	3.9239690	517	8424	3.9255184	515	8454	3.9270622	514
8395	3.9240207	517	8425	3.9255699	516	8455	3.9271136	514
8396	3.9240724	518	8426	3.9256215	515	8456	3.9271650	513
8397	3.9241242	517	8427	3.9256730	515	8457	3.9272163	514
8398	3.9241759	517	8428	3.9257245	516	8458	3.9272677	513
8399	3.9242276	517	8429	3.9257761	515	8459	3.9273190	514
8400	3.9242793		8430	3.9258276		8460	3.9273704	

Nomb	2. 21′ 0″ Logarit.	Diff.	Nomb	2. 21′ 30″ Logarit.	Diff.	Nomb	2. 22′ 0″ Logarit.	Diff.
8460	3.9273704	513	8490	3.9289077	511	8520	3.9304396	510
8461	3.9274217	513	8491	3.9289588	512	8521	3.9304906	509
8462	3.9274730	513	8492	3.9290100	511	8522	3.9305415	510
8463	3.9275243	514	8493	3.9290611	512	8523	3.9305925	509
8464	3.9275757	513	8494	3.9291123	511	8524	3.9306434	510
8465	3.9276270	513	8495	3.9291634	511	8525	3.9306944	509
8466	3.9276783	513	8496	3.9292145	511	8526	3.9307453	510
8467	3.9277296	512	8497	3.9292656	511	8527	3.9307963	509
8468	3.9277808	513	8498	3.9293167	511	8528	3.9308472	509
8469	3.9278321	513	8499	3.9293678	511	8529	3.9308981	509
8470	3.9278834	513	8500	3.9294189	511	8530	3.9309490	509
8471	3.9279347	512	8501	3.9294700	511	8531	3.9309999	509
8472	3.9279859	513	8502	3.9295211	511	8532	3.9310508	509
8473	3.9280372	513	8503	3.9295722	511	8533	3.9311017	509
8474	3.9280885	512	8504	3.9296233	510	8534	3.9311526	509
8475	3.9281397	512	8505	3.9296743	511	8535	3.9312035	509
8476	3.9281909	513	8506	3.9297254	510	8536	3.9312544	509
8477	3.9282422	512	8507	3.9297764	511	8537	3.9313053	509
8478	3.9282934	512	8508	3.9298275	510	8538	3.9313562	508
8479	3.9283446	513	8509	3.9298785	511	8539	3.9314070	509
8480	3.9283959	512	8510	3.9299296	510	8540	3.9314579	508
8481	3.9284471	512	8511	3.9299806	510	8541	3.9315087	509
8482	3.9284983	512	8512	3.9300316	510	8542	3.9315596	508
8483	3.9285495	512	8513	3.9300826	510	8543	3.9316104	508
8484	3.9286007	511	8514	3.9301336	511	8544	3.9316612	509
8485	3.9286518	512	8515	3.9301847	510	8545	3.9317121	508
8486	3.9287030	512	8516	3.9302357	509	8546	3.9317629	508
8487	3.9287542	512	8517	3.9302866	510	8547	3.9318137	508
8488	3.9288054	511	8518	3.9303376	510	8548	3.9318645	508
8489	3.9288565	512	8519	3.9303886	510	8549	3.9319153	508
8490	3.9289077		8520	3.9304396		8550	3.9319661	

Nomb	2. 22′ 30″ Logarit.	Diff.	Nomb	2. 23′ 0″ Logarit.	Diff.	Nomb	2. 23′ 30″ Logarit.	Diff.
8550	3.9319661	508	8580	3.9334873	506	8610	3.9350032	504
8551	3.9320169	508	8581	3.9335379	506	8611	3.9350536	504
8552	3.9320677	508	8582	3.9335885	506	8612	3.9351040	504
8553	3.9321185	507	8583	3.9336391	506	8613	3.9351544	505
8554	3.9321692	508	8584	3.9336897	506	8614	3.9352049	504
8555	3.9322200	508	8585	3.9337403	506	8615	3.9352553	504
8556	3.9322708	507	8586	3.9337909	506	8616	3.9353057	504
8557	3.9323215	508	8587	3.9338415	505	8617	3.9353561	504
8558	3.9323723	507	8588	3.9338920	506	8618	3.9354065	504
8559	3.9324230	508	8589	3.9339426	506	8619	3.9354569	504
8560	3.9324738	507	8590	3.9339932	505	8620	3.9355073	503
8561	3.9325245	507	8591	3.9340437	506	8621	3.9355576	504
8562	3.9325752	507	8592	3.9340943	505	8522	3.9356080	504
8563	3.9326259	508	8593	3.9341448	505	8623	3.9356584	503
8564	3.9326767	507	8594	3.9341953	506	8624	3.9357087	504
8565	3.9327274	507	8595	3.9342459	505	8625	3.9357591	504
8566	3.9327781	507	8596	3.9342964	505	8626	3.9358095	503
8567	3.9328288	507	8597	3.9343469	505	8627	3.9358598	503
8568	3.9328795	506	8598	3.9343974	505	8628	3.9359101	504
8569	3.9329301	507	8599	3.9344479	506	8629	3.9359605	503
8570	3.9329808	507	8600	3.9344985	504	8630	3.9360108	503
8571	3.9330315	507	8601	3.9345489	505	8631	3.9360611	503
8572	3.9330822	506	8602	3.9345994	505	8632	3.9361114	503
8573	3.9331328	507	8603	3.9346499	505	8633	3.9361617	503
8574	3.9331835	506	8604	3.9347004	505	8634	3.9362120	503
8575	3.9332341	507	8605	3.9347509	504	8635	3.9362623	503
8576	3.9332848	506	8606	3.9348013	505	8636	3.9363126	503
8577	3.9333354	506	8607	3.9348518	505	8637	3.9363629	503
8578	3.9333860	507	8608	3.9349023	504	8638	3.9364132	503
8579	3.9334367	506	8609	3.9349527	505	8639	3.9364635	502
8580	3.9334873		8610	3.9350032		8640	3.9365137	

Nomb	2. 24′ 0″ Logarit.	Diff.	Nomb	2. 24′ 30″ Logarit.	Diff.	Nomb	2. 25′ 0″ Logarit.	Diff.
8640	3.9365137	503	8670	3.9380191	501	8700	3.9395193	499
8641	3.9365640	503	8671	3.9380692	501	8701	3.9395692	499
8642	3.9366143	502	8672	3.9381193	500	8702	3.9396191	499
8643	3.9366645	503	8673	3.9381693	501	8703	3.9396690	499
8644	3.9367148	502	8674	3.9382194	501	8704	3.9397189	499
8645	3.9367650	502	8675	3.9382695	500	8705	3.9397688	499
8646	3.9368152	503	8676	3.9383195	501	8706	3.9398187	498
8647	3.9368655	502	8677	3.9383696	500	8707	3.9398685	499
8648	3.9369157	502	8678	3.9384196	501	8708	3.9399184	499
8649	3.9369659	502	8679	3.9384697	500	8709	3.9399683	499
8650	3.9370161	502	8680	3.9385197	501	8710	3.9400182	498
8651	3.9370663	502	8681	3.9385698	500	8711	3.9400680	499
8652	3.9371165	502	8682	3.9386198	500	8712	3.9401179	498
8653	3.9371667	502	8683	3.9386698	500	8713	3.9401677	499
8654	3.9372169	502	8684	3.9387198	500	8714	3.9402176	498
8655	3.9372671	501	8685	3.9387698	500	8715	3.9402674	498
8656	3.9373172	502	8686	3.9388198	500	8716	3.9403172	498
8657	3.9373674	502	8687	3.9388698	500	8717	3.9403670	499
8658	3.9374176	501	8688	3.9389198	500	8718	3.9404169	498
8659	3.9374677	502	8689	3.9389698	500	8719	3.9404667	498
8660	3.9375179	501	8690	3.9390198	499	8720	3.9405165	498
8661	3.9375680	502	8691	3.9390697	500	8721	3.9405663	498
8662	3.9376182	501	8692	3.9391197	500	8722	3.9406161	498
8663	3.9376683	501	8693	3.9391697	499	8723	3.9406659	498
8664	3.9377184	502	8694	3.9392196	500	8724	3.9407157	497
8665	3.9377686	501	8695	3.9392696	499	8725	3.9407654	498
8666	3.9378187	501	8696	3.9393195	500	8726	3.9408152	498
8667	3.9378688	501	8697	3.9393695	499	8727	3.9408650	497
8668	3.9379189	501	8698	3.9394194	499	8728	3.9409147	498
8669	3.9379690	501	8699	3.9394693	500	8729	3.9409645	497
8670	3.9380191		8700	3.9395193		8730	3.9410142	

Nomb	2. 25′ 30″ Logarit.	Diff.	Nomb	2. 26′ 0″ Logarit.	Diff.	Nomb	2. 26′ 30″ Logarit.	Diff.
8730	3.9410142	498	8760	3.9425041	496	8790	3.9439889	494
8731	3.9410640	497	8761	3.9425537	495	8791	3.9440383	494
8732	3.9411137	498	8762	3.9426032	496	8792	3.9440877	494
8733	3.9411635	497	8763	3.9426528	496	8793	3.9441371	494
8734	3.9412132	497	8764	3.9427024	495	8794	3.9441865	493
8735	3.9412629	497	8765	3.9427519	496	8795	3.9442358	494
8736	3.9413126	497	8766	3.9428015	495	8796	3.9442852	494
8737	3.9413623	497	8767	3.9428510	495	8797	3.9443346	494
8738	3.9414120	497	8768	3.9429005	496	8798	3.9443840	493
8739	3.9414617	497	8769	3.9429501	495	8799	3.9444333	494
8740	3.9415114	497	8770	3.9429996	495	8800	3.9444827	493
8741	3.9415611	497	8771	3.9430491	495	8801	3.9445320	494
8742	3.9416108	497	8772	3.9430986	495	8802	3.9445814	493
8743	3.9416605	496	8773	3.9431481	495	8803	3.9446307	493
8744	3.9417101	497	8774	3.9431976	495	8804	3.9446800	494
8745	3.9417598	497	8775	3.9432471	495	8805	3.9447294	493
8746	3.9418095	496	8776	3.9432966	495	8806	3.9447787	493
8747	3.9418591	497	8777	3.9433461	495	8807	3.9448280	493
8748	3.9419088	496	8778	3.9433956	494	8808	3.9448773	493
8749	3.9419584	497	8779	3.9434450	495	8809	3.9449266	493
8750	3.9420081	496	8780	3.9434945	495	8810	3.9449759	493
8751	3.9420577	496	8781	3.9435440	494	8811	3.9450252	493
8752	3.9421073	496	8782	3.9435934	495	8812	3.9450745	493
8753	3.9421569	496	8783	3.9436429	494	8813	3.9451238	492
8754	3.9422065	497	8784	3.9436923	495	8814	3.9451730	493
8755	3.9422562	496	8785	3.9437418	494	8815	3.9452223	493
8756	3.9423058	495	8786	3.9437912	494	8816	3.9452716	492
8757	3.9423553	496	8787	3.9438406	494	8817	3.9453208	493
8758	3.9424049	496	8788	3.9438900	495	8818	3.9453701	492
8759	3.9424545	496	8789	3.9439395	494	8819	3.9454193	493
8760	3.9425041		8790	3.9439889		8820	3.9454686	

Nomb	2. 27′ 0″ Logarit.	Diff.	Nomb	2. 27′ 30″ Logarit.	Diff.	Nomb	2. 28′ 0″ Logarit.	Diff.
8820	3.9454686	492	8850	3.9469433	490	8880	3.9484130	489
8821	3.9455178	493	8851	3.9469923	491	8881	3.9484619	489
8822	3.9455671	492	8852	3.9470414	491	8882	3.9485108	489
8823	3.9456163	492	8853	3.9470905	490	8883	3.9485597	488
8824	3.9456655	492	8854	3.9471395	491	8884	3.9486085	489
8825	3.9457147	492	8855	3.9471886	490	8885	3.9486574	489
8826	3.9457639	492	8856	3.9472376	490	8886	3.9487063	489
8827	3.9458131	492	8857	3.9472866	491	8887	3.9487552	488
8828	3.9458623	492	8858	3.9473357	490	8888	3.9488040	489
8829	3.9459115	492	8859	3.9473847	490	8889	3.9488529	489
8830	3.9459607	492	8860	3.9474337	490	8890	3.9489018	488
8831	3.9460099	492	8861	3.9474827	490	8891	3.9489506	489
8832	3.9460591	491	8862	3.9475317	490	8892	3.9489995	488
8833	3.9461082	492	8863	3.9475807	490	8893	3.9490483	488
8834	3.9461574	492	8864	3.9476297	490	8894	3.9490971	489
8835	3.9462066	491	8865	3.9476787	490	8895	3.9491460	488
8836	3.9462557	492	8866	3.9477277	490	8896	3.9491948	488
8837	3.9463049	491	8867	3.9477767	490	8897	3.9492436	488
8838	3.9463540	491	8868	3.9478257	490	8898	3.9492924	488
8839	3.9464031	492	8869	3.9478747	489	8899	3.9493412	488
8840	3.9464523	491	8870	3.9479236	490	8900	3.9493900	488
8841	3.9465014	491	8871	3.9479726	489	8901	3.9494388	488
8842	3.9465505	491	8872	3.9480215	490	8902	3.9494876	488
8843	3.9465996	491	8873	3.9480705	489	8903	3.9495364	488
8844	3.9466487	491	8874	3.9481194	490	8904	3.9495852	487
8845	3.9466978	491	8875	3.9481684	489	8905	3.9496339	488
8846	3.9467469	491	8876	3.9482173	489	8906	3.9496827	488
8847	3.9467960	491	8877	3.9482662	489	8907	3.9497315	487
8848	3.9468451	491	8878	3.9483151	490	8908	3.9497802	488
8849	3.9468942	491	8879	3.9483641	489	8909	3.9498290	487
8850	3.9469433		8880	3.9484130		8910	3.9498777	

Nomb	2. 28′ 30″ Logarit.	Diff.	Nomb	2. 29′ 0″ Logarit.	Diff.	Nomb	2. 29′ 30″ Logarit.	Diff.
8910	3.9498777	487	8940	3.9513375	486	8970	3.9527924	485
8911	3.9499264	488	8941	3.9513861	485	8971	3.9528409	484
8912	3.9499752	487	8942	3.9514347	485	8972	3.9528893	484
8913	3.9500239	487	8943	3.9514832	486	8973	3.9529377	484
8914	3.9500726	487	8944	3.9515318	485	8974	3.9529861	484
8915	3.9501213	488	8945	3.9515803	486	8975	3.9530345	483
8916	3.9501701	487	8946	3.9516289	485	8976	3.9530828	484
8917	3.9502188	487	8947	3.9516774	486	8977	3.9531312	484
8918	3.9502675	487	8948	3.9517260	485	8978	3.9531796	484
8919	3.9503162	487	8949	3.9517745	485	8979	3.9532280	483
8920	3.9503649	486	8950	3.9518230	486	8980	3.9532763	484
8921	3.9504135	487	8951	3.9518716	485	8981	3.9533247	484
8922	3.9504622	487	8952	3.9519201	485	8982	3.9533731	483
8923	3.9505109	487	8953	3.9519686	485	8983	3.9534214	483
8924	3.9505596	486	8954	3.9520171	485	8984	3.9534697	484
8925	3.9506082	487	8955	3.9520656	485	8985	3.9535181	483
8926	3.9506569	486	8956	3.9521141	485	8986	3.9535664	483
8927	3.9507055	487	8957	3.9521626	485	8987	3.9536147	484
8928	3.9507542	486	8958	3.9522111	484	8988	3.9536631	483
8929	3.9508028	487	8959	3.9522595	485	8989	3.9537114	483
8930	3.9508515	486	8960	3.9523080	485	8990	3.9537597	483
8931	3.9509001	486	8961	3.9523565	484	8991	3.9538080	483
8932	3.9509487	486	8962	3.9524049	485	8992	3.9538563	483
8933	3.9509973	486	8963	3.9524534	484	8993	3.9539046	483
8934	3.9510459	487	8964	3.9525018	485	8994	3.9539529	483
8935	3.9510946	486	8965	3.9525503	484	8995	3.9540012	482
8936	3.9511432	486	8966	3.9525987	485	8996	3.9540494	483
8937	3.9511918	486	8967	3.9526472	484	8997	3.9540977	483
8938	3.9512404	485	8968	3.9526956	484	8998	3.9541460	483
8939	3.9512889	486	8969	3.9527440	484	8999	3.9541943	482
8940	3.9513375		8970	3.9527924		9000	3.9542425	

Nomb	2. 30′ 0″ Logarit.	Diff.	Nomb	2. 30′ 30″ Logarit.	Diff.	Nomb	2. 31′ 0″ Logarit.	Diff.
9000	3.9542425	483	9030	3.9556878	480	9060	3.9571282	479
9001	3.9542908	482	9031	3.9557358	481	9061	3.9571761	480
9002	3.9543390	483	9032	3.9557839	481	9062	3.9572241	479
9003	3.9543873	482	9033	3.9558320	481	9063	3.9572720	479
9004	3.9544355	482	9034	3.9558801	481	9064	3.9573199	479
9005	3.9544837	482	9035	3.9559282	480	9065	3.9573678	479
9006	3.9545319	483	9036	3.9559762	481	9066	3.9574157	479
9007	3.9545802	482	9037	3.9560243	480	9067	3.9574636	479
9008	3.9546284	482	9038	3.9560723	481	9068	3.9575115	479
9009	3.9546766	482	9039	3.9561204	480	9069	3.9575594	479
9010	3.9547248	482	9040	3.9561684	481	9070	3.9576073	479
9011	3.9547730	482	9041	3.9562165	480	9071	3.9576552	478
9012	3.9548212	482	9042	3.9562645	480	9072	3.9577030	479
9013	3.9548694	482	9043	3.9563125	481	9073	3.9577509	479
9014	3.9549176	481	9044	3.9563606	480	9074	3.9577988	478
9015	3.9549657	482	9045	3.9564086	480	9075	3.9578466	479
9016	3.9550139	482	9046	3.9564566	480	9076	3.9578945	478
9017	3.9550621	481	9047	3.9565046	480	9077	3.9579423	479
9018	3.9551102	482	9048	3.9565526	480	9078	3.9579902	478
9019	3.9551584	481	9049	3.9566006	480	9079	3.9580380	478
9020	3.9552065	482	9050	3.9566486	480	9080	3.9580858	479
9021	3.9552547	481	9051	3.9566966	479	9081	3.9581337	478
9022	3.9553028	482	9052	3.9567445	480	9082	3.9581815	478
9023	3.9553510	481	9053	3.9567925	480	9083	3.9582293	478
9024	3.9553991	481	9054	3.9568405	480	9084	3.9582771	478
9025	3.9554472	481	9055	3.9568885	479	9085	3.9583249	478
9026	3.9554953	481	9056	3.9569364	480	9086	3.9583727	478
9027	3.9555434	482	9057	3.9569844	479	9087	3.9584205	478
9028	3.9555916	481	9058	3.9570323	480	9088	3.9584683	478
9029	3.9556397	481	9059	3.9570803	479	9089	3.9585161	478
9030	3.9556878		9060	3.9571282		9090	3.9585639	

Nomb	2. 31′ 30″ Logarit.	Diff.	Nomb	2. 32′ 0″ Logarit.	Diff.	Nomb	2. 32′ 30″ Logarit.	Diff
9090	3.9585639	478	9120	3.9599948	477	9150	3.9614211	475
9091	3.9586117	477	9121	3.9600425	476	9151	3.9614686	474
9092	3.9586594	478	9122	3.9600901	476	9152	3.9615160	475
9093	3.9587072	477	9123	3.9601377	476	9153	3.9615635	474
9094	3.9587549	478	9124	3.9601853	476	9154	3.9616109	474
9095	3.9588027	478	9125	3.9602329	476	9155	3.9616583	475
9096	3.9588505	477	9126	3.9602805	476	9156	3.9617058	474
9097	3.9588982	477	9127	3.9603281	475	9157	3.9617532	474
9098	3.9589459	478	9128	3.9603756	476	9158	3.9618006	475
9099	3.9589937	477	9129	3.9604232	476	9159	3.9618481	474
9100	3.9590414	477	9130	3.9604708	475	9160	3.9618955	474
9101	3.9590891	477	9131	3.9605183	476	9161	3.9619429	474
9102	3.9591368	477	9132	3.9605659	476	9162	3.9619903	474
9103	3.9591845	477	9133	3.9606135	475	9163	3.9620377	474
9104	3.9592322	478	9134	3.9606610	476	9164	3.9620851	474
9105	3.9592800	476	9135	3.9607086	476	9165	3.9621325	474
9106	3.9593276	477	9136	3.9607561	475	9166	3.9621799	473
9107	3.9593753	477	9137	3.9608036	476	9167	3.9622272	474
9108	3.9594230	477	9138	3.9608512	475	9168	3.9622746	474
9109	3.9594707	477	9139	3.9608987	475	9169	3.9623220	473
9110	3.9595184	476	9140	3.9609462	475	9170	3 9623693	474
9111	3.9595660	477	9141	3.9609937	475	9171	3.9624167	473
9112	3.9596137	477	9142	3.9610412	475	9172	3.9624640	474
9113	3.9596614	476	9143	3.9610887	475	9173	3.9625114	473
9114	3.9597090	477	9144	3.9611362	475	9174	3.9625587	474
9115	3.9597567	476	9145	3.9611837	475	9175	3.9626061	473
9116	3.9598043	477	9146	3.9612312	475	9176	3.9626534	473
9117	3.9598520	476	9147	3.9612787	475	9177	3.9627007	474
9118	3.9598996	476	9148	3.9613262	474	9178	3.9627481	473
9119	3.9599472	476	9149	3.9613736	475	9179	3.9627954	473
9120	3.9599948		9150	3.9614211		9180	3.9628427	

Nomb	2. 33′ 0″ Logarit.	Diff.	Nomb	2. 33′ 30″ Logarit.	Diff.	Nomb	2. 34′ 0″ Logarit.	Diff.
9180	3.9628427	473	9210	3.9642596	472	9240	3.9656720	470
9181	3.9628900	473	9211	3.9643068	471	9241	3.9657190	470
9182	3.9629373	473	9212	3.9643539	472	9242	3.9657660	470
9183	3.9629846	473	9213	3.9644011	471	9243	3.9658130	469
9184	3.9630319	473	9214	3.9644482	471	9244	3.9658599	470
9185	3.9630792	472	9215	3.9644953	472	9245	3.9659069	470
9186	3.9631264	473	9216	3.9645425	471	9246	3.9659539	470
9187	3.9631737	473	9217	3.9645896	471	9247	3.9660009	469
9188	3.9632210	473	9218	3.9646367	471	9248	3.9660478	470
9189	3.9632683	472	9219	3.9646838	471	9249	3.9660948	469
9190	3.9633155	473	9220	3.9647309	471	9250	3.9661417	470
9191	3.9633628	472	9221	3.9647780	471	9251	3.9661887	469
9192	3.9634100	473	9222	3.9648251	471	9252	3.9662356	470
9193	3.9634573	472	9223	3.9648722	471	9253	3.9662826	469
9194	3.9635045	472	9224	3.9649193	471	9254	3.9663295	469
9195	3.9635517	473	9225	3.9649664	471	9255	3.9663764	469
9196	3.9635990	472	9226	3.9650135	470	9256	3.9664233	470
9197	3.9636462	472	9227	3.9650605	471	9257	3.9664703	469
9198	3.9636934	472	9228	3.9651076	470	9258	3.9665172	469
9199	3.9637406	472	9229	3.9651546	471	9259	3.9665641	469
9200	3.9637878	472	9230	3.9652017	471	9260	3.9666110	469
9201	3.9638350	472	9231	3.9652488	470	9261	3.9666579	469
9202	3.9638822	472	9232	3.9652958	470	9262	3.9667048	469
9203	3.9639294	472	9233	3.9653428	471	9263	3.9667517	468
9204	3.9639766	472	9234	3.9653899	470	9264	3.9667985	469
9205	3.9640238	472	9235	3.9654369	470	9265	3.9668454	469
9206	3 9640710	471	9236	3.9654839	470	9266	3.9668923	469
9207	3.9641181	472	9237	3.9655309	471	9267	3.9669392	468
9208	3.9641653	472	9238	3.9655780	470	9268	3.9669860	469
9209	3.9642125	471	9239	3.9656250	470	9269	3.9670329	468
9210	3.9642596		9240	3.9656720		9270	3.9670797	

Nomb	2. 34′ 30″ Logarit.	Diff.	Nomb	2. 35′ 0″ Logarit.	Diff.	Nomb	2. 35′ 30″ Logarit.	Diff.
9270	3.9670797	469	9300	3.9684829	467	9330	3.9698816	466
9271	3.9671266	468	9301	3.9685296	467	9331	3.9699282	465
9272	3.9671734	469	9302	3.9685763	467	9332	3.9699747	466
9273	3.9672203	468	9303	3.9686230	467	9333	3.9700213	465
9274	3.9672671	468	9304	3.9686697	467	9334	3.9700678	465
9275	3.9673139	468	9305	3.9687164	466	9335	3.9701143	465
9276	3.9673607	469	9306	3.9687630	467	9336	3.9701608	466
9277	3.9674076	468	9307	3.9688097	467	9337	3.9702074	465
9278	3.9674544	468	9308	3.9688564	466	9338	3.9702539	465
9279	3.9675012	468	9309	3.9689030	467	9339	3.9703004	465
9280	3.9675480	468	9310	3.9689497	466	9340	3.9703469	465
9281	3.9675948	468	9311	3.9689963	467	9341	3.9703934	465
9282	3.9676416	468	9312	3.9690430	466	9342	3.9704399	464
9283	3.9676884	467	9313	3.9690896	466	9343	3.9704863	465
9284	3.9677351	468	9314	3.9691362	467	9344	3.9705328	465
9285	3.9677819	468	9315	3.9691829	466	9345	3.9705793	465
9286	3.9678287	467	9316	3.9692295	466	9346	3.9706258	464
9287	3.9678754	468	9317	3.9692761	466	9347	3.9706722	465
9288	3.9679222	468	9318	3.9693227	466	9348	3.9707187	465
9289	3.9679690	467	9319	3.9693693	466	9349	3.9707652	464
9290	3.9680157	468	9320	3.9694159	466	9350	3.9708116	465
9291	3.9680625	467	9321	3.9694625	466	9351	3.9708581	464
9292	3.9681092	467	9322	3.9695091	466	9352	3.9709045	464
9293	3.9681559	468	9323	3.9695557	466	9353	3.9709509	465
9294	3.9682027	467	9324	3.9696023	465	9354	3.9709974	464
9295	3.9682494	467	9325	3.9696488	466	9355	3.9710438	464
9296	3.9682961	467	9326	3.9696954	466	9356	3.9710902	464
9297	3.9683428	467	9327	3.9697420	465	9357	3.9711366	464
9298	3.9683895	467	9328	3.9697885	466	9358	3.9711830	464
9299	3.9684362	467	9329	3.9698351	465	9359	3.9712294	464
9300	3.9684829		9330	3.9698816		9360	3.9712758	

Nomb	2. 36′ 0″ Logarit.	Diff.	Nomb	2. 36′ 30″ Logarit.	Diff.	Nomb	2. 37′ 0″ Logarit.	Diff.
9360	3.9712758	464	9390	3.9726656	462	9420	3.9740509	461
9361	3.9713222	464	9391	3.9727118	463	9421	3.9740970	461
9362	3.9713686	464	9392	3.9727581	462	9422	3.9741431	461
9363	3.9714150	464	9393	3.9728043	463	9423	3.9741892	461
9364	3.9714614	464	9394	3.9728506	462	9424	3.9742353	461
9365	3.9715078	464	9395	3.9728968	462	9425	3.9742814	460
9366	3.9715542	463	9396	3.9729430	462	9426	3.9743274	461
9367	3.9716005	464	9397	3.9729892	462	9427	3.9743735	461
9368	3.9716469	463	9398	3.9730354	462	9428	3.9744196	460
9369	3.9716932	464	9399	3.9730816	463	9429	3.9744656	461
9370	3.9717396	463	9400	3.9731279	462	9430	3.9745117	460
9371	3.9717859	464	9401	3.9731741	461	9431	3.9745577	461
9372	3.9718323	463	9402	3.9732202	462	9432	3.9746038	460
9373	3.9718786	463	9403	3.9732664	462	9433	3.9746498	461
9374	3.9719249	464	9404	3.9733126	462	9434	3.9746959	460
9375	3.9719713	463	9405	3.9733588	462	9435	3.9747419	460
9376	3.9720176	463	9406	3.9734050	461	9436	3.9747879	461
9377	3.9720639	463	9407	3.9734511	462	9437	3.9748340	460
9378	3.9721102	463	9408	3.9734973	462	9438	3.9748800	460
9379	3.9721565	463	9409	3.9735435	461	9439	3.9749260	460
9380	3.9722028	463	9410	3.9735895	462	9440	3.9749720	460
9381	3.9722491	463	9411	3.9736358	461	9441	3.9750180	460
9382	3.9722954	463	9412	3.9736819	462	9442	3.9750640	460
9383	3.9723417	463	9413	3.9737281	461	9443	3.9751100	460
9384	3.9723880	463	9414	3.9737742	461	9444	3.9751560	460
9385	3.9724343	462	9415	3.9738203	461	9445	3.9752020	459
9386	3.9724805	463	9416	3.9738664	462	9446	3.9752479	460
9387	3.9725268	463	9417	3.9739126	461	9447	3.9752939	460
9388	3.9725731	462	9418	3.9739587	461	9448	3.9753399	459
9389	3.9726193	463	9419	3.9740048	461	9449	3.9753858	460
9390	3.9726656		9420	3.9740509		9450	3.9754318	

Nomb	2. 37′ 30″ Logarit.	Diff.	Nomb	2. 38′ 0″ Logarit.	Diff.	Nomb	2. 38′ 30″ Logarit.	Diff.
9450	3.9754318	460	9480	3.9768083	458	9510	3.9781805	457
9451	3.9754778	459	9481	3.9768541	459	9511	3.9782262	456
9452	3.9755237	460	9482	3.9769000	458	9512	3.9782718	457
9453	3.9755697	459	9483	3.9769458	457	9513	3.9783175	456
9454	3.9756156	459	9484	3.9769915	458	9514	3.9783631	457
9455	3.9756615	460	9485	3.9770373	458	9515	3.9784088	456
9456	3.9757075	459	9486	3.9770831	458	9516	3.9784544	457
9457	3.9757534	459	9487	3.9771289	458	9517	3.9785001	456
9458	3.9757993	459	9488	3.9771747	457	9518	3.9785457	456
9459	3.9758452	459	9489	3.9772204	458	9519	3.9785913	456
9460	3.9758911	459	9490	3.9772662	458	9520	3.9786369	457
9461	3.9759370	459	9491	3.9773120	457	9521	3.9786826	456
9462	3.9759829	459	9492	3.9773577	458	9522	3.9787282	456
9463	3.9760288	459	9493	3.9774035	457	9523	3.9787738	456
9464	3.9760747	459	9494	3.9774492	458	9524	3.9788194	456
9465	3.9761206	459	9495	3.9774950	457	9525	3.9788650	456
9466	3.9761665	459	9496	3.9775407	457	9526	3.9789106	456
9467	3.9762124	458	9497	3.9775864	458	9527	3.9789562	455
9468	3.9762582	459	9498	3.9776322	457	9528	3.9790017	456
9469	3.9763041	459	9499	3.9776779	457	9529	3.9790473	456
9470	3.9763500	458	9500	3.9777236	457	9530	3.9790929	456
9471	3.9763958	459	9501	3.9777693	457	9531	3.9791385	455
9472	3.9764417	458	9502	3.9778150	457	9532	3.9791840	456
9473	3.9764875	459	9503	3.9778607	457	9533	3.9792296	455
9474	3.9765334	458	9504	3.9779064	457	9534	3.9792751	456
9475	3.9765792	459	9505	3.9779521	457	9535	3.9793207	455
9476	3.9766251	458	9506	3.9779978	457	9536	3.9793662	456
9477	3.9766709	458	9507	3.9780435	457	9537	3.9794118	455
9478	3.9767167	458	9508	3.9780892	456	9538	3.9794573	455
9479	3.9767625	458	9509	3.9781348	457	9539	3.9795028	456
9480	3.9768083		9510	3.9781805		9540	3.9795484	

Nomb	2. 39′ 0″ Logarit.	Diff.	Nomb	2. 39′ 30″ Logarit.	Diff.	Nomb	2. 40′ 0″ Logarit.	Diff.
9540	3.9795484	455	9570	3.9809119	454	9600	3.9822712	453
9541	3.9795939	455	9571	3.9809573	454	9601	3.9823165	452
9542	3.9796394	455	9572	3.9810027	454	9602	3.9823617	452
9543	3.9796849	455	9573	3.9810481	453	9603	3.9824069	453
9544	3.9797304	455	9574	3.9810934	454	9604	3.9824522	452
9545	3.9797759	455	9575	3.9811388	453	9605	3.9824974	452
9546	3.9798214	455	9576	3.9811841	454	9606	3.9825426	452
9547	3.9798669	455	9577	3.9812295	453	9607	3.9825878	452
9548	3.9799124	455	9578	3.9812748	454	9608	3.9826330	452
9549	3.9799579	455	9579	3.9813202	453	9609	3.9826782	452
9550	3.9800034	454	9580	3.9813655	453	9610	3.9827234	452
9551	3.9800488	455	9581	3.9814108	454	9611	3.9827686	451
9552	3.9800943	455	9582	3.9814562	453	9612	3.9828138	451
9553	3.9801398	454	9583	3.9815015	453	9613	3.9828589	452
9554	3.9801852	455	9584	3.9815468	453	9614	3.9829041	452
9555	3.9802307	454	9585	3.9815921	453	9615	3.9829493	452
9556	3.9802761	455	9586	3.9816374	453	9616	3.9829945	451
9557	3.9803216	454	9587	3.9816827	453	9617	3.9830396	452
9558	3.9803670	455	9588	3.9817280	453	9618	3.9830848	451
9559	3.9804125	454	9589	3.9817733	453	9619	3.9831299	452
9560	3.9804579	454	9590	3.9818186	453	9620	3.9831751	451
9561	3.9805033	454	9591	3.9818639	453	9621	3.9832202	452
9562	3.9805487	455	9592	3.9819092	452	9622	3.9832654	451
9563	3.9805942	454	9593	3.9819544	453	9623	3.9833105	451
9564	3.9806396	454	9594	3.9819997	453	9624	3.9833556	451
9565	3.9806850	454	9595	3.9820450	452	9625	3.9834007	452
9566	3.9807304	454	9596	3.9820902	453	9626	3.9834459	451
9567	3.9807758	454	9597	3.9821355	452	9627	3.9834910	451
9568	3.9808212	454	9598	3.9821807	453	9628	3.9835361	451
9569	3.9808666	453	9599	3.9822260	452	9629	3.9835812	451
9570	3.9809119		9600	3.9822712		9630	3.9836263	

Nomb	2. 40′ 30″ Logarit.	Diff.	Nomb	2. 41′ 0″ Logarit.	Diff.	Nomb	2. 41′ 30″ Logarit.	Diff.
9630	3.9836263	451	9660	3.9849771	450	9690	3.9863238	448
9631	3.9836714	451	9661	3.9850221	449	9691	3.9863686	448
9632	3.9837165	451	9662	3.9850670	450	9692	3.9864134	448
9633	3.9837616	450	9663	3.9851120	449	9693	3.9864582	448
9634	3.9838066	451	9664	3.9851569	450	9694	3.9865030	448
9635	3.9838517	451	9665	3.9852019	449	9695	3.9865478	448
9636	3.9838968	451	9666	3.9852468	449	9696	3.9865926	448
9637	3.9839419	450	9667	3.9852917	449	9697	3.9866374	448
9638	3.9839869	451	9668	3.9853366	450	9698	3.9866822	448
9639	3.9840320	450	9669	3.9853816	449	9699	3.9867270	447
9640	3.9840770	451	9670	3.9854265	449	9700	3.9867717	448
9641	3.9841221	450	9671	3.9854714	449	9701	3.9868165	448
9642	3.9841671	451	9672	3.9855163	449	9702	3.9868613	447
9643	3.9842122	450	9673	3.9855612	449	9703	3.9869060	448
9644	3.9842572	450	9674	3.9856061	449	9704	3.9869508	447
9645	3.9843022	451	9675	3.9856510	449	9705	3.9869955	448
9646	3.9843473	450	9676	3.9856959	448	9706	3.9870403	447
9647	3.9843923	450	9677	3.9857407	449	9707	3.9870850	448
9648	3.9844373	450	9678	3.9857856	449	9708	3.9871298	447
9649	3.9844823	450	9679	3.9858305	449	9709	3.9871745	447
9650	3.9845273	450	9680	3.9858754	448	9710	3.9872192	448
9651	3.9845723	450	9681	3.9859202	449	9711	3.9872640	447
9652	3.9846173	450	9682	3.9859651	448	9712	3.9873087	447
9653	3.9846623	450	9683	3.9860099	449	9713	3.9873534	447
9654	3.9847073	450	9684	3.9860548	448	9714	3.9873981	447
9655	3.9847523	450	9685	3.9860996	449	9715	3.9874428	447
9656	3.9847973	449	9686	3.9861445	448	9716	3.9874875	447
9657	3.9848422	450	9687	3.9861893	448	9717	3.9875322	447
9658	3.9848872	450	9688	3.9862341	449	9718	3.9875769	447
9659	3.9849322	449	9689	3.9862790	448	9719	3.9876216	447
9660	3.9849771		9690	3.9863238		9720	3.9876663	

Nomb	2. 42′ 0″ Logarit.	Diff.	Nomb	2. 42′ 30″ Logarit.	Diff.	Nomb	2. 43′ 0″ Logarit.	Diff.
9720	3.9876663		9750	3.9890046		9780	3.9903389	
9721	3.9877109	446	9751	3.9890492	446	9781	3.9903833	444
9722	3.9877556	447	9752	3.9890937	445	9782	3.9904277	444
9723	3.9878003	447	9753	3.9891382	445	9783	3.9904721	444
9724	3.9878450	447	9754	3.9891828	446	9784	3.9905164	443
9725	3.9878896	446	9755	3.9892273	445	9785	3,9905608	444
9726	3.9879343	447	9756	3.9892718	445	9786	3.9906052	444
9727	3.9879789	446	9757	3.9893163	445	9787	3.9906496	444
9728	3.9880236	447	9758	3.9893608	445	9788	3.9906940	444
9729	3.9880682	446	9759	3.9894053	445	9789	3.9907383	443
9730	3.9881128	446	9760	3.9894498	445	9790	3.9907827	444
9731	3.9881575	447	9761	3.9894943	445	9791	3.9908271	444
9732	3.9882021	446	9762	3.9895388	445	9792	3.9908714	443
9733	3.9882467	446	9763	3.9895833	445	9793	3.9909158	444
9734	3.9882913	446	9764	3.9896278	445	9794	3.9909601	443
9735	3.9883360	447	9765	3.9896722	444	9795	3.9910044	443
9736	3.9883806	446	9766	3.9897167	445	9796	3.9910488	444
9737	3.9884252	446	9767	3.9897612	445	9797	3.9910931	443
9738	3.9884698	446	9768	3.9898057	445	9798	3.9911374	443
9739	3.9885144	446	9769	3.9898501	444	9799	3.9911818	444
9740	3.9885590	446	9770	3.9898946	445	9800	3.9912261	443
9741	3.9886035	445	9771	3.9899390	444	9801	3.9912704	443
9742	3.9886481	446	9772	3.9899835	445	9802	3.9913147	443
9743	3.9886927	446	9773	3.9900279	444	9803	3.9913590	443
9744	3.9887373	446	9774	3.9900723	444	9804	3.9914033	443
9745	3.9887818	445	9775	3.9901168	445	9805	3.9914476	443
9746	3.9888264	446	9776	3.9901612	444	9806	3.9914919	443
9747	3.9888710	446	9777	3.9902056	444	9807	3.9915362	443
9748	3.9889155	445	9778	3.9902500	444	9808	3.9915805	443
9749	3.9889601	446	9779	3.9902944	444	9809	3.9916247	442
9750	3.9890046	445	9780	3.9903389	445	9810	3.9916690	443

Nomb	2. 43′ 30″ Logarit.	Diff.	Nomb	2. 44′ 0″ Logarit.	Diff.	Nomb	2. 44′ 30″ Logarit.	Diff.
9810	3.9916690	443	9840	3.9929951	441	9870	3.9943172	440
9811	3.9917133	442	9841	3.9930392	442	9871	3.9943612	439
9812	3.9917575	443	9842	3.9930834	441	9872	3.9944051	440
9813	3.9918018	443	9843	3.9931275	441	9873	3.9944491	440
9814	3.9918461	442	9844	3.9931716	441	9874	3.9944931	440
9815	3.9918903	442	9845	3.9932157	441	9875	3.9945371	440
9816	3.9919345	443	9846	3.9932598	441	9876	3.9945811	440
9817	3.9919788	442	9847	3.9933039	441	9877	3.9946251	439
9818	3.9920230	443	9848	3.9933480	441	9878	3.9946690	440
9819	3.9920673	442	9849	3.9933921	441	9879	3.9947130	439
9820	3.9921115	442	9850	3.9934362	441	9880	3.9947569	440
9821	3.9921557	442	9851	3.9934803	441	9881	3.9948009	439
9822	3.9921999	442	9852	3.9935244	441	9882	3.9948448	440
9823	3.9922441	443	9853	3.9935685	441	9883	3.9948888	439
9824	3.9922884	442	9854	3.9936126	440	9884	3.9949327	440
9825	3.9923326	442	9855	3.9936566	441	9885	3.9949767	439
9826	3.9923768	442	9856	3.9937007	441	9886	3.9950206	439
9827	3.9924210	441	9857	3.9937448	440	9887	3.9950645	440
9828	3.9924651	442	9858	3.9937888	441	9888	3.9951085	439
9829	3.9925093	442	9859	3.9938329	440	9889	3.9951524	439
9830	3.9925535	442	9860	3.9938769	441	9890	3.9951963	439
9831	3.9925977	442	9861	3.9939210	440	9891	3.9952402	439
9832	3.9926419	441	9862	3.9939650	440	9892	3.9952841	439
9833	3.9926860	442	9863	3.9940090	441	9893	3.9953280	439
9834	3.9927302	442	9864	3.9940531	440	9894	3.9953719	439
9835	3.9927744	441	9865	3.9940971	440	9895	3.9954158	439
9836	3.9928185	442	9866	3.9941411	440	9896	3.9954597	439
9837	3.9928627	441	9867	3.9941851	440	9897	3.9955036	438
9838	3.9929068	442	9868	3.9942291	440	9898	3.9955474	439
9839	3.9929510	441	9869	3.9942731	441	9899	3.9955913	439
9840	3.9929951		9870	3.9943172		9900	3.9956352	

Nomb	2. 45′ 0″ Logarit.	Diff.
9900	3.9956352	439
9901	3.9956791	438
9902	3.9957229	439
9903	3.9957668	438
9904	3.9958106	439
9905	3.9958545	438
9906	3.9958983	439
9907	3.9959422	438
9908	3.9959860	438
9909	3.9960298	439
9910	3.9960737	438
9911	3.9961175	438
9912	3.9961613	438
9913	3.9962051	438
9914	3.9962489	438
9915	3.9962927	438
9916	3.9963365	438
9917	3.9963803	438
9918	3.9964241	438
9919	3.9964679	438
9920	3.9965117	437
9921	3.9965554	438
9922	3.9965992	438
9923	3.9966430	438
9924	3.9966868	437
9925	3.9967305	438
9926	3.9967743	437
9927	3.9968180	438
9928	3.9968618	437
9929	3.9969055	437
9930	3.9969492	

Nomb	2. 45′ 30″ Logarit.	Diff.
9930	3.9969492	438
9931	3.9969930	437
9932	3.9970367	437
9933	3.9970804	438
9934	3.9971242	437
9935	3.9971679	437
9936	3.9972116	437
9937	3.9972553	437
9938	3.9972990	437
9939	3.9973427	437
9940	3.9973864	437
9941	3.9974301	437
9942	3.9974738	436
9943	3.9975174	437
9944	3.9975611	437
9945	3.9976048	437
9946	3.9976485	436
9947	3.9976921	437
9948	3.9977358	436
9949	3.9977794	437
9950	3.9978231	436
9951	3.9978667	437
9952	3.9979104	436
9953	3.9979540	436
9954	3.9979976	437
9955	3.9980413	436
9956	3.9980849	436
9957	3.9981285	436
9958	3.9981721	436
9959	3.9982157	436
9960	3.9982593	

Nomb	2. 46′ 0″ Logarit.	Diff.
9960	3.9982593	436
9961	3.9983029	436
9962	3.9983465	436
9963	3.9983901	436
9964	3.9984337	436
9965	3.9984773	436
9966	3.9985209	436
9967	3.9985645	435
9968	3.9986080	436
9969	3.9986516	436
9970	3.9986952	435
9971	3.9987387	436
9972	3.9987823	435
9973	3.9988258	436
9974	3.9988694	435
9975	3.9989129	435
9976	3.9989564	436
9977	3.9990000	435
9978	3.9990435	435
9979	3.9990870	435
9980	3.9991305	436
9981	3.9991741	435
9982	3.9992176	435
9983	3.9992611	435
9984	3.9993046	435
9985	3.9993481	435
9986	3.9993916	434
9987	3.9994350	435
9988	3.9994785	435
9989	3.9995220	435
9990	3.9995655	

Nomb	2. 46' 30" Logarit.	Diff.	Nomb	2. 46' 34" Logarit.	Diff.	Nomb	2. 46' 37" Logarit.	Diff.
9990	3.9995655	435	9994	3.9997393	435	9997	3.9998697	434
9991	3.9996090	434	9995	3.9997828	434	9998	3.9999131	435
9992	3.9996524	435	9996	3.9998262	435	9999	3.9999566	434
9993	3.9996959		9997	3.9998697		10000	4.0000000	

DIMENSIONS EXACTES DE LA TERRE.

Le rayon de l'équateur est de 3 271 226 toises.

L'aplatissement aux pôles est de la 334e partie du rayon, c'est-à-dire de 9 794 toises.

Le demi-axe, ou la distance du centre au pôle, est donc de 3 261 432 toises.

La distance du pôle à l'équateur, mesurée sur le méridien de Paris, est de 5 130 740 toises.

Le degré terrestre, qui en est la 90e partie vaut donc 57 008 toises.

Le mètre vaut 3 pi,078444 ou 3pi 11li $\frac{296}{1000}$

La nouvelle chaîne d'arpenteur est le double décamètre; elle vaut 20 mètres, ou 10 toises 1 pied 6 pouces 10 lignes.

La lieue terrestre, de 25 au degré, vaut 2 280 toises

La lieue de poste est de 2 000 toises.

Dans un cercle dont le rayon est 1, la demi-circonférence π, ou l'arc de 180°, vaut 3,14159 26535 89793 etc.

L'arc dont la longueur est égale au rayon est de 57° 17' 44" (ancienne division).

La longueur du pendule à secondes, à 10 degrés de chaleur, et dans le vide, est à Paris de 3pi 8l,60, et à l'équateur de 3pi 7l,21.

L'année solaire est de 365j 5h 48' 45".

Le diamètre de la terre étant 1, celui de la lune est de 0, 27 et celui du soleil est de 109, 93.

Le volume de la terre étant 1, celui de la lune est de $\frac{1}{49}$ et celui du soleil est de 1328460.

La masse du soleil étant 1, celle de la terre est de $\frac{1}{354936}$ et celle de la lune est de $\frac{1}{21090000}$.

TABLE

DES

LOGARITHMES

DES

SINUS ET TANGENTES

De minute en minute,

Pour tous les degrés du quart-de-cercle,

AVEC

Sept décimales et leurs différences.

′	Sinus 0	4.685		Tang. 0	Cotang. 0	Cosin 0	D.	
0	Inf. nég.	5749	5749	Inf. nég.	Inf. pos.	10.0000000		60
1	6.4637261	5749	5749	6.4637261	13.5362739	9.9999999		59
2	6.7647561	5749	5750	6.7647562	13.2352438	9.9999999		58
3	6.9408473	5748	5750	6.9408475	13.0591525	9.9999998	1	57
4	7.0657860	5748	5751	7.0657863	12.9342137	9.9999997	1	56
5	7.1626960	5747	5751	7.1626964	12.8373036	9.9999995	2	55
6	7.2418771	5746	5753	7.2418778	12.7581222	9.9999993	2	54
7	7.3088239	5746	5755	7.3088248	12.6911752	9.9999991	2	53
8	7.3668157	5745	5757	7.3668169	12.6331831	9.9999988	3	52
9	7.4179681	5743	5758	7.4179696	12.5820304	9.9999985	3	51
10	7.4637255	5742	5760	7.4637273	12.5362727	9.9999982	3	50
11	7.5051181	5742	5764	7.5051203	12.4948797	9.9999978	4	49
12	7.5429065	5740	5766	7.5429091	12.4570909	9.9999974	4	48
13	7.5776684	5738	5769	7.5776715	12.4223285	9.9999969	5	47
14	7.6098530	5737	5773	7.6098566	12.3901434	9.9999964	5	46
15	7.6398160	5735	5776	7.6398201	12.3601799	9.9999959	5	45
16	7.6678445	5733	5780	7.6678492	12.3321508	9.9999953	6	44
17	7.6941733	5731	5784	7.6941786	12.3058214	9.9999947	6	43
18	7.7189966	5728	5788	7.7190026	12.2809974	9.9999940	7	42
19	7.7424775	5726	5792	7.7424841	12.2575159	9.9999934	6	41
20	7.7647537	5724	5797	7.7647610	12.2352390	9.9999927	7	40
21	7.7859427	5722	5803	7.7859508	12.2140492	9.9999919	8	39
22	7.8061458	5719	5808	7 8061547	12.1938453	9.9999911	8	38
23	7.8254507	5716	5813	7.8254604	12.1745396	9.9999903	8	37
24	7.8439338	5713	5819	7.8439444	12.1560556	9.9999894	9	36
25	7 8616623	5710	5825	7.8616738	12.1383262	9.9999885	9	35
26	7.8786953	5707	5831	7.8787077	12.1212923	9.9999876	9	34
27	7.8950854	5704	5838	7.8950988	12.1049012	9.9999866	10	33
28	7.9108793	5700	5845	7.9108938	12.0891062	9.9999856	10	32
29	7.9261190	5698	5852	7.9261344	12.0738656	9.9999845	11	31
30	7.9408419	5694	5859	7.9408584	12.0591416	9.9999835	10	30
	Cosin. 89°			Cot. 89°	Tang. 89°	Sinus. 89°	D.	′

′	Sinus 0	4.685		Tang. 0	Cotang. 0	Cosin. 0	D.	
30	7.940841	5694	5859	7.9408584	12.0591416	9.9999835	12	30
31	7.9550819	5690	5867	7.9550996	12.0449004	9.9999823	11	29
32	7.9688698	5686	5874	7.9688886	12.0311114	9.9999812	12	28
33	7.9822334	5682	5882	7.9822534	12.0177466	9.9999800	12	27
34	7.9951980	5678	5890	7.9952192	12.0047808	9.9999788	13	26
35	8.0077867	5674	5899	8.0078092	11.9921908	9.9999775	13	25
36	8.0200207	5669	5907	8.0200445	11.9799555	9.9999762	14	24
37	8.0319195	5665	5916	8.0319446	11.9680554	9.9999748	13	23
38	8.0435009	5661	5926	8.0435274	11.9564726	9.9999735	14	22
39	8.0547814	5655	5935	8.0548094	11.9451906	9.9999721	15	21
40	8.0657763	5651	5945	8.0658057	11.9341943	9.9999706	15	20
41	8.0764997	5646	5955	8.0765306	11.9234694	9.9999691	15	19
42	8.0869646	5641	5965	8.0869970	11.9130030	9.9999676	16	18
43	8.0971832	5635	5975	8.0972172	11.9027828	9.9999660	16	17
44	8.1071669	5630	5986	8.1072025	11.8927975	9.9999644	16	16
45	8.1169262	5624	5996	8.1169634	11.8830366	9.9999628	17	15
46	8.1264710	5619	6008	8.1265099	11.8734901	9.9999611	17	14
47	8.1358104	5613	6019	8.1358510	11.8641490	9.9999594	17	13
48	8.1449532	5607	6031	8.1449956	11.8550044	9.9999577	18	12
49	8.1539075	5602	6043	8.1539516	11.8460484	9.9999559	18	11
50	8.1626808	5595	6054	8.1627267	11.8372733	9.9999541	19	10
51	8.1712804	5590	6068	8.1713282	11.8286718	9.9999522	19	9
52	8.1797129	5583	6080	8.1797626	11.8202374	9.9999503	19	8
53	8.1879848	5577	6093	8.1880364	11.8119636	9.9999484	20	7
54	8.1961020	5570	6106	8.1961556	11.8038444	9.9999464	20	6
55	8.2040703	5564	6120	8.2041259	11.7958741	9.9999444	20	5
56	8.2118949	5556	6133	8.2119526	11.7880474	9.9999424	21	4
57	8.2195811	5550	6147	8.2196408	11.7803592	9.9999403	21	3
58	8.2271335	5543	6161	8.2271953	11.7728047	9.9999382	22	2
59	8.2345568	5535	6175	8.2346208	11.7653792	9.9999360	22	1
60	8.2418553	5528	6190	8.2419215	11.7580785	9.9999338		0
	Cosin. 89°			Cot. 89°	Tang. 89°	Sinus 89°	D.	′

′	Sinus 1°	4.685		Tang. 1°	Cotang. 1°	Cosin. 1°	D.	
0	8.2418553	5528	6190	8.2419215	11.7580785	9.9999338	22	60
1	8.2490332	5521	6204	8.2491015	11.7508985	9.9999316	22	59
2	8.2560943	5514	6220	8.2561649	11.7438351	9.9999294	23	58
3	8.2630424	5506	6235	8.2631153	11.7368847	9. 999271	24	57
4	8.2698810	5498	6251	8.2699563	11.7300437	9.9999247	23	56
5	8.2766136	5490	6266	8.2766912	11.7233088	9.9999224	24	55
6	8.2832434	5482	6282	8.2833234	11.7166766	9.9999200	25	54
7	8.2897734	5473	6298	8.2898559	11.7101441	9.9999175	25	53
8	8.2962067	5463	6315	8.2962917	11.7037083	9.9999150	25	52
9	8.3025460	5457	6332	8.3026335	11.6973665	9.9999125	25	51
10	8.3087941	5448	6349	8.3088842	11.6911158	9.9999100	26	50
11	8.3149536	5440	6366	8.3150462	11.6849538	9.9999074	27	49
12	8.3210269	5432	6384	8.3211221	11.6788779	9.9999047	26	48
13	8.3270163	5422	6402	8.3271143	11.6728857	9.9999021	27	47
14	8.3329243	5413	6419	8.3330249	11.6669751	9.9998994	28	46
15	8.3387529	5404	6438	8.3388563	11.6611437	9.9998966	27	45
16	8.3445043	5395	6457	8.3446105	11.6553895	9.9998939	28	44
17	8.3501805	5385	6475	8.3502895	11.6497105	9.9998911	29	43
18	8.3557835	5376	6494	8.3558953	11.6441047	9.9998882	29	42
19	8.3613150	5367	6514	8.3614297	11.6385703	9.9998853	29	41
20	8.3667769	5357	6533	8.3668945	11.6331055	9.9998824	30	40
21	8.3721710	5347	6552	8.3722915	11.6277085	9.9998794	30	39
22	8.3774988	5337	6572	8.3776223	11.6223777	9.9998764	30	38
23	8.3827620	5327	6593	8.3828886	11.6171114	9.9998734	31	37
24	8.3879622	5317	6613	8.3880918	11.6119082	9.9998703	31	36
25	8.3931008	5306	6634	8.3932336	11.6067664	9.9998672	31	35
26	8.3981793	5296	6655	8.3983152	11.6016848	9.9998641	32	34
27	8.4031990	5285	6676	8.4033381	11.5966619	9.9998609	32	33
28	8.4081614	5275	6698	8.4083037	11.5916963	9.9998577	33	32
29	8.4130676	5263	6719	8.4132132	11.5867868	9.9998544	32	31
30	8.4179190	5252	6741	8.4180679	11.5819321	9.9998512		30
	Cosin. 88°			Cot. 88°	Tang. 88°	Sinus 88°	D.	′

′	Sinus. 1°	4.685		Tang. 1°	Cotang. 1°	Cosin. 1°	D.	
30	8.4179190	5252	6741	8.4180679	11.5819321	9.9998512	34	30
31	8.4227168	5242	6764	8.4228690	11.5771310	9.9998478	33	29
32	8.4274621	5230	6785	8.4276176	11.5723824	9.9998445	34	28
33	8.4321561	5219	6808	8.4323150	11.5676850	9.9998411	35	27
34	8.4367999	5208	6831	8.4369622	11.5630378	9.9998376	34	26
35	8.4413944	5195	6854	8.4415603	11.5584397	9.9998342	36	25
36	8.4459409	5184	6878	8.4461103	11.5538897	9.9998306	35	24
37	8.4504402	5172	6901	8.4506131	11.5493869	9.9998271	36	23
38	8.4548934	5161	6926	8.4550699	11.5449301	9.9998235	36	22
39	8.4593013	5149	6950	8.4594814	11.5405186	9.9998199	37	21
40	8.4636649	5136	6973	8.4638486	11.5361514	9.9998162	37	20
41	8.4679850	5124	6999	8.4681725	11.5318275	9.9998125	37	19
42	8.4722626	5112	7024	8.4724538	11.5275462	9.9998088	38	18
43	8.4764984	5099	7048	8.4766933	11.5233067	9.9998050	38	17
44	8.4806932	5086	7074	8.4808920	11.5191080	9.9998012	38	16
45	8.4848479	5074	7100	8.4850505	11.5149495	9.9997974	39	15
46	8.4889632	5061	7125	8.4891696	11.5108304	9.9997935	39	14
47	8.4930398	5048	7152	8.4932502	11.5067498	9.9997896	40	13
48	8.4970784	5034	7178	8.4972928	11.5027072	9.9997856	39	12
49	8.5010798	5021	7205	8.5012982	11.4987018	9.9997817	41	11
50	8.5050447	5008	7232	8.5052671	11.4947329	9.9997776	40	10
51	8.5089736	4994	7259	8.5092001	11.4907999	9.9997736	41	9
52	8.5128673	4980	7285	8.5130978	11.4869022	9.9997695	42	8
53	8.5167264	4967	7313	8.5169610	11.4830390	9.9997653	41	7
54	8.5205514	4953	7341	8.5207902	11.4792098	9.9997612	42	6
55	8.5243430	4939	7369	8.5245860	11.4754140	9.9997570	43	5
56	8.5281017	4925	7398	8.5283490	11.4716510	9.9997527	43	4
57	8.5318281	4910	7426	8.5320797	11.4679203	9.9997484	43	3
58	8.5355228	4895	7454	8.5357787	11.4642213	9.9997441	43	2
59	8.5391863	4881	7484	8.5394466	11.4605534	9.9997398	44	1
60	8.5428192	4867	7513	8.5430838	11.4569162	9.9997354		0
	Cosin. 88°			Cot. 88°	Tang. 88°	Sinus. 88°	D.	′

′	Sinus 2°	Diff.	Tang. 2°	Diff. com.	Cotang. 2°	Cosin. 2°	D.	
0	8.5428192	36026	8.5430838	36071	11.4569162	9.9997354	45	60
1	8.5464218	35730	8.5466909	35774	11.4533091	9.9997309	44	59
2	8.5499948	35438	8.5502683	35483	11.4497317	9.9997265	45	58
3	8.5535386	35150	8.5538166	35196	11.4461834	9.9997220	46	57
4	8.5570536	34868	8.5573362	34914	11.4426638	9.9997174	46	56
5	8.5605404	34590	8.5608276	34636	11.4391724	9.9997128	46	55
6	8.5639994	34316	8.5642912	34363	11.4357088	9.9997082	46	54
7	8.5674310	34047	8.5677275	34093	11.4322725	9.9997036	47	53
8	8.5708357	33782	8.5711368	33829	11.4288632	9.9996989	47	52
9	8.5742139	33521	8.5745197	33569	11.4254803	9.9996942	48	51
10	8.5775660	33263	8.5778766	33311	11.4221234	9.9996894	48	50
11	8.5808923	33010	8.5812077	33059	11.4187923	9.9996846	48	49
12	8.5841933	32761	8.5845136	32809	11.4154864	9.9996798	49	48
13	8.5874694	32515	8.5877945	32564	11.4122055	9.9996749	49	47
14	8.5907209	32274	8.5910509	32323	11.4089491	9.9996700	50	46
15	8.5939483	32034	8.5942832	32085	11.4057168	9.9996650	49	45
16	8.5971517	31800	8.5974917	31850	11.4025083	9.9996601	51	44
17	8.6003317	31569	8.6006767	31619	11.3993233	9.9996550	50	43
18	8.6034886	31340	8.6038386	31391	11.3961614	9.9996500	51	42
19	8.6066226	31115	8.6069777	31166	11.3930223	9.9996449	51	41
20	8.6097341	30894	8.6100943	30946	11.3899057	9.9996398	52	40
21	8.6128235	30675	8.6131889	30727	11.3868111	9.9996346	52	39
22	8.6158910	30459	8.6162616	30511	11.3837384	9.9996294	52	38
23	8.6189369	30247	8.6193127	30300	11.3806873	9.9996242	53	37
24	8.6219616	30037	8.6223427	30091	11.3776573	9.9996189	53	36
25	8.6249653	29831	8.6253518	29884	11.3746482	9.9996136	54	35
26	8.6279484	29627	8.6283402	29681	11.3716598	9.9996082	54	34
27	8.6309111	29426	8.6313083	29480	11.3686917	9.9996028	54	33
28	8.6338537	29227	8.6342563	29282	11.3657437	9.9995974	55	32
29	8.6367764	29032	8.6371845	29086	11.3628155	9.9995919	54	31
30	8.6396796		8.6400931		11.3599069	9.9995865		30
	Cosin. 87°	Diff.	Cot. 87°	Diff. com.	Tang. 87°	Sinus 87°	D.	′

′	Sinus. 2°	Diff.	Tang. 2°	Diff. com.	Cotang 2°	Cosin. 2°	D.	
30	8.6396796	28838	8.6400931	28894	11.3599069	9.9995865	56	30
31	8.6425634	28648	8.6429825	28703	11.3570175	9.9995809	56	29
32	8.6454282	28460	8.6458528	28516	11.3541472	9.9995753	56	28
33	8.6482742	28274	8.6487044	28331	11.3512956	9.9995697	56	27
34	8.6511016	28091	8.6515375	28147	11.3484625	9.9995641	57	26
35	8.6539107	27910	8.6543522	27968	11.3456478	9.9995584	57	25
36	8.6567017	27731	8.6571490	27789	11.3428510	9.9995527	58	24
37	8.6594748	27555	8.6599279	27612	11.3400721	9.9995469	58	23
38	8.6622303	27381	8.6626891	27440	11.3373109	9.9995411	58	22
39	8.6649684	27209	8.6654331	27267	11.3345669	9.9995353	58	21
40	8.6676893	27039	8.6681598	27099	11.3318402	9.9995295	59	20
41	8.6703932	26872	8.6708697	26931	11.3291303	9.9995236	60	19
42	8.6730804	26706	8.6735628	26765	11.3264372	9.9995176	60	18
43	8.6757510	26542	8.6762393	26603	11.3237607	9.9995116	60	17
44	8.6784052	26381	8.6788996	26441	11.3211004	9.9995056	60	16
45	8.6810433	26221	8.6815437	26282	11.3184563	9.9994996	61	15
46	8.6836654	26064	8.6841719	26125	11.3158281	9.9994935	61	14
47	8.6862718	25907	8.6867844	25969	11.3132156	9.9994874	62	13
48	8.6888625	25754	8.6893813	25816	11.3106187	9.9994812	62	12
49	8.6914379	25601	8.6919629	25663	11.3080371	9.9994750	62	11
50	8.6939980	25451	8.6945292	25514	11.3054708	9.9994688	63	10
51	8.6965431	25303	8.6970806	25366	11.3029194	9.9994625	63	9
52	8.6990734	25155	8.6996172	25218	11.3003828	9.9994562	64	8
53	8.7015889	25010	8.7021390	25075	11.2978610	9.9994498	63	7
54	8.7040899	24867	8.7046465	24930	11.2953535	9.9994435	65	6
55	8.7065766	24724	8.7071395	24790	11.2928605	9.9994370	64	5
56	8.7090490	24585	8.7096185	24649	11.2903815	9.9994306	65	4
57	8.7115075	24445	8.7120834	24511	11.2879166	9.9994241	65	3
58	8.7139520	24309	8.7145345	24374	11.2854655	9.9994176	66	2
59	8.7163829	24173	8.7169719	24239	11.2830281	9.9994110	66	1
60	8.7188002		8.7193958		11.2806042	9.9994044		0
	Cosin. 87°	Diff.	Cot. 87°	Diff. com.	Tang. 87°	Sinus 87°	D.	′

′	Sinus. 3°	Diff.	Tang. 3°	Diff. com.	Cotang. 3°	Cosin. 3°	D.	
0	8.7188002	24038	8.7193958	24105	11.2806042	9.9994044	66	60
1	8.7212040	23906	8.7218063	23972	11.2781937	9.9993978	67	59
2	8.7235946	23775	8.7242035	23842	11.2757965	9.9993911	67	58
3	8.7259721	23645	8.7265877	23712	11.2734123	9.9993844	68	57
4	8.7283366	23516	8.7289589	23585	11.2710411	9.9993776	68	56
5	8.7306882	23390	8.7313174	23457	11.2686826	9.9993708	68	55
6	8.7330272	23263	8.7336631	23333	11.2663369	9.9993640	68	54
7	8.7353535	23140	8.7359964	23208	11.2640036	9.9993572	69	53
8	8.7376675	23016	8.7383172	23086	11.2616828	9.9993503	70	52
9	8.7399691	22895	8.7406258	22964	11.2593742	9.9993433	69	51
10	8.7422586	22774	8.7429222	22845	11.2570778	9.9993364	71	50
11	8.7445360	22655	8.7452067	22725	11.2547933	9.9993293	70	49
12	8.7468015	22538	8.7474792	22608	11.2525208	9.9993223	71	48
13	8.7490553	22420	8.7497400	22492	11.2502600	9.9993152	71	47
14	8.7512973	22305	8.7519892	22377	11.2480108	9.9993081	72	46
15	8.7535278	22191	8.7542269	22262	11.2457731	9.9993009	71	45
16	8.7557469	22077	8.7564531	22150	11.2435469	9.9992938	73	44
17	8.7579546	21966	8.7586681	22038	11.2413319	9.9992865	72	43
18	8.7601512	21854	8.7608719	21928	11.2391281	9.9992793	73	42
19	8.7623366	21745	8.7630647	21818	11.2369353	9.9992720	74	41
20	8.7645111	21636	8.7652465	21710	11.2347535	9.9992646	74	40
21	8.7666747	21528	8.7674175	21602	11.2325825	9.9992572	74	39
22	8.7688275	21422	8.7695777	21497	11.2304223	9.9992498	74	38
23	8.7709697	21317	8.7717274	21391	11.2282726	9.9992424	75	37
24	8 7731014	21212	8.7738665	21287	11.2261335	9.9992349	75	36
25	8.7752226	21108	8.7759952	21184	11.2240048	9.9992274	76	35
26	8.7773334	21006	8.7781136	21082	11.2218864	9.9992198	76	34
27	8 7794340	20904	8.7802218	20981	11.2197782	9.9992122	76	33
28	8.7815244	20804	8.7823199	20880	11.2176801	9.9992046	77	32
29	8.7836048	20705	8.7844079	20782	11.2155921	9.9991969	77	31
30	8.7856753		8.7864861		11.2135139	9.9991892		30
	Cosin 86°	Diff.	Cot. 86°	Diff. com.	Tang. 86°	Sinus 86°	D.	′

′	Sinus 3°	Diff.	Tang. 3°	Diff. com.	Cotang. 3°	Cosin. 3°	D.	
30	8.7856753	20606	8.7864861	20683	11.2135139	9.9991892	77	30
31	8.7877359	20508	8.7885544	20586	11.2114456	9.9991815	78	29
32	8.7897867	20411	8.7906130	20490	11.2093870	9.9991737	78	28
33	8.7918278	20316	8.7926620	20394	11.2073380	9.9991659	79	27
34	8.7938594	20220	8.7947014	20299	11.2052986	9.9991580	79	26
35	8.7958814	20127	8.7967313	20206	11.2032687	9.9991501	79	25
36	8.7978941	20033	8.7987519	20113	11.2012481	9.9991422	80	24
37	8.7998974	19941	8.8007632	20021	11.1992368	9.9991342	80	23
38	8.8018915	19849	8.8027653	19930	11.1972347	9.9991262	80	22
39	8.8038764	19759	8.8047583	19839	11.1952417	9.9991182	81	21
40	8.8058523	19669	8.8067422	19750	11.1932578	9.9991101	81	20
41	8.8078192	19580	8.8087172	19662	11.1912828	9.9991020	82	19
42	8.8097772	19492	8.8106834	19573	11.1893166	9.9990938	82	18
43	8.8117264	19404	8.8126407	19487	11.1873593	9.9990856	82	17
44	8.8136668	19317	8.8145894	19400	11.1854106	9.9990774	83	16
45	8.8155985	19232	8.8165294	19314	11.1834706	9.9990691	83	15
46	8.8175217	19146	8.8184608	19230	11.1815392	9.9990608	83	14
47	8.8194363	19062	8.8203838	19146	11.1796162	9.9990525	84	13
48	8.8213425	18979	8.8222984	19062	11.1777016	9.9990441	84	12
49	8.8232404	18895	8.8242046	18980	11.1757954	9.9990357	84	11
50	8.8251299	18813	8.8261026	18898	11.1738974	9.9990273	85	10
51	8.8270112	18732	8.8279924	18817	11.1720076	9.9990188	85	9
52	8.8288844	18651	8.8298741	18737	11.1701259	9.9990103	86	8
53	8.8307495	18571	8.8317478	18656	11.1682522	9.9990017	86	7
54	8.8326066	18491	8.8336134	18578	11.1663866	9.9989931	86	6
55	8.8344557	18412	8.8354712	18499	11.1645288	9.9989845	87	5
56	8.8362969	18335	8.8373211	18422	11.1626789	9.9989758	87	4
57	8.8381304	18257	8.8391633	18344	11.1608367	9.9989671	87	3
58	8.8399561	18180	8.8409977	18268	11.1590023	9.9989584	88	2
59	8.8417741	18104	8.8428245	18192	11.1571755	9.9989496	88	1
60	8.8435845		8.8446437		11.1553563	9.9989408		0
	Cosin. 86°	Diff.	Cot. 86°	Diff. com.	Tang. 86°	Sinus 86°	D.	′

′	Sinus 4°	Diff.	Tang. 4°	Diff. com.	Cotang. 4°	Cosin. 4°	Diff	
0	8.8435845	18029	8.8446437	18117	11.1553563	9.9989408	89	60
1	8.8453874	17953	8.8464554	18043	11.1535446	9.9989319	89	59
2	8.8471827	17880	8.8482597	17969	11.1517403	9.9989230	89	58
3	8.8489707	17805	8.8500566	17895	11.1499434	9.9989141	89	57
4	8.8507512	17733	8.8518461	17822	11.1481539	9.9989052	90	56
5	8.8525245	17660	8.8536283	17751	11.1463717	9.9988962	91	55
6	8.8542905	17588	8.8554034	17679	11.1445966	9.9988871	91	54
7	8.8560493	17517	8.8571713	17608	11.1428287	9.9988780	91	53
8	8.8578010	17447	8.8589321	17538	11.1410679	9.9988689	91	52
9	8.8595457	17376	8.8606859	17468	11.1393141	9.9988598	92	51
10	8.8612833	17306	8.8624327	17398	11.1375673	9.9988506	92	50
11	8.8630139	17237	8.8641725	17330	11.1358275	9.9988414	93	49
12	8.8647376	17169	8.8659055	17262	11.1340945	9.9988321	93	48
13	8.8664545	17101	8.8676317	17194	11.1323683	9.9988228	93	47
14	8.8681646	17034	8.8693511	17127	11.1306489	9.9988135	94	46
15	8.8698680	16966	8.8710638	17061	11.1289362	9.9988041	94	45
16	8.8715646	16900	8.8727699	16995	11.1272301	9.9987947	94	44
17	8.8732546	16835	8.8744694	16929	11.1255306	9.9987853	95	43
18	8.8749381	16769	8.8761623	16864	11.1238377	9.9987758	95	42
19	8.8766150	16704	8.8778487	16799	11.1221513	9.9987663	96	41
20	8.8782854	16639	8.8795286	16736	11.1204714	9.9987567	96	40
21	8.8799493	16576	8.8812022	16672	11.1187978	9.9987471	96	39
22	8.8816069	16512	8.8828694	16609	11.1171306	9.9987375	97	38
23	8.8832581	16450	8.8845303	16547	11.1154697	9.9987278	97	37
24	8.8849031	16387	8.8861850	16484	11.1138150	9.9987181	97	36
25	8.8865418	16325	8.8878334	16423	11.1121666	9.9987084	98	35
26	8.8881743	16264	8.8894757	16362	11.1105243	9.9986986	98	34
27	8.8898007	16202	8.8911119	16301	11.1088881	9.9986888	98	33
28	8.8914209	16142	8.8927420	16240	11.1072580	9.9986790	99	32
29	8.8930351	16082	8.8943660	16182	11.1056340	9.9986691	100	31
30	8.8946433		8.8959842		11.1040158	9.9986591		30
	Cosin. 85°	Diff.	Cot. 85°	Diff. com.	Tang. 85°	Sinus 85°	Diff	′

′	Sinus 4°	Diff.	Tang. 4°	Diff. com.	Cotang. 4°	Cosin. 4°	Diff	
30	8.8946433	16022	8.8959842	16121	11.1040158	9.9986291	99	30
31	8.8962455	15963	8.8975963	16063	11.1024037	9.9986492	100	29
32	8.8978418	15904	8.8992026	16004	11.1007974	9.9986392	100	28
33	8.8994322	15846	8.9008030	15947	11.0991970	9.9986292	101	27
34	8.9010168	15787	8.9023977	15889	11.0976023	9.9986191	101	26
35	8.9025955	15730	8.9039866	15831	11.0960134	9.9986090	102	25
36	8.9041685	15673	8.9055697	15775	11.0944303	9.9985988	102	24
37	8.9057358	15617	8.9071472	15718	11.0928528	9.9985886	102	23
38	8.9072975	15560	8.9087190	15663	11.0912810	9.9985784	102	22
39	8.9088535	15504	8.9102853	15607	11.0897147	9.9985682	103	21
40	8.9104039	15448	8.9118460	15552	11.0881540	9.9985579	104	20
41	8.9119487	15394	8.9134012	15497	11.0865988	9.9985475	103	19
42	8.9134881	15338	8.9149509	15443	11.0850491	9.9985372	104	18
43	8.9150219	15285	8.9164952	15348	11.0835048	9.9985268	105	17
44	8.9165504	15230	8.9180340	15335	11.0819660	9.9985163	105	16
45	8.9180734	15177	8.9195675	15282	11.0804325	9.9985058	105	15
46	8.9195911	15123	8.9210957	15229	11.0789043	9.9984953	105	14
47	8.9211034	15071	8.9226186	15177	11.0773814	9.9984848	106	13
48	8.9226105	15018	8.9241363	15124	11.0758637	9.9984742	106	12
49	8.9241123	14966	8.9256487	15073	11.0743513	9.9984636	107	11
50	8.9256089	14914	8.9271560	15021	11.0728440	9.9984529	107	10
51	8.9271003	14863	8.9286581	14971	11.0713419	9.9984422	107	9
52	8.9285866	14812	8.9301552	14919	11.0698448	9.9984315	108	8
53	8.9300678	14761	8.9316471	14869	11.0683529	9.9984207	108	7
54	8 9315439	14711	8.9331340	14820	11.0668660	9.9984099	109	6
55	8.9330150	14661	8.9346160	14769	11.0653840	9.9983990	109	5
56	8.9344811	14611	8.9360929	14721	11.0639071	9.9983881	109	4
57	8.9359422	14561	8.9375650	14671	11.0624350	9.9983772	109	3
58	8.9373983	14513	8.9390321	14623	11.0609679	9.9983663	110	2
59	8.9388496	14464	8.9404944	14574	11.0595056	9.9983553	111	1
60	8.9402960		8.9419518		11.0580482	9.9983442		0
	Cosin. 85°	Diff.	Cot. 85°	Diff. com.	Tang. 85°	Sinus 85°	Diff	′

′	Sinus 5°	Diff.	Tang. 5°	Diff. com.	Cotang. 5°	Cosin. 5°	Diff	
0	8.9402960		8.9419518		11.0580482	9.9983442		60
1	8.9417376	14416	8.9434044	14526	11.0565956	9.9983332	110	59
2	8.9431743	14367	8.9448523	14479	11.0551477	9.9983220	112	58
3	8.9446063	14320	8.9462954	14431	11.0537046	9.9983109	111	57
4	8.9460335	14272	8.9477338	14384	11.0522662	9.9982997	112	56
5	8.9474561	14226	8.9491676	14338	11.0508324	9.9982885	112	55
6	8.9488739	14178	8.9505967	14291	11.0494033	9.9982772	113	54
7	8.9502871	14132	8.9520211	14244	11.0479789	9.9982660	112	53
8	8.9516957	14086	8.9534410	14199	11.0465590	9.9982546	114	52
9	8.9530996	14039	8.9548564	14154	11.0451436	9.9982433	113	51
10	8.9544991	13995	8.9562672	14108	11.0437328	9.9982318	115	50
11	8.9558940	13949	8.9576735	14063	11.0423265	9.9982204	114	49
12	8.9572843	13903	8.9590754	14019	11.0409246	9.9982089	115	48
13	8.9586703	13860	8.9604728	13974	11.0395272	9.9981974	115	47
14	8.9600517	13814	8.9618659	13931	11.0381341	9.9981859	115	46
15	8.9614288	13771	8.9632545	13886	11.0367455	9.9981743	116	45
16	8.9628014	13726	8.9646388	13843	11.0353612	9.9981626	117	44
17	8.9641697	13683	8.9660188	13800	11.0339812	9.9981510	116	43
18	8.9655337	13640	8.9673944	13756	11.0326056	9.9981393	117	42
19	8.9668934	13597	8.9687658	13714	11.0312342	9.9981275	118	41
20	8.9682487	13553	8.9701330	13672	11.0298670	9.9981158	117	40
21	8.9695999	13512	8.9714959	13629	11.0285041	9.9981040	118	39
22	8.9709468	13469	8.9728547	13588	11.0271453	9.9980921	119	38
23	8.9722895	13427	8.9742092	13545	11.0257908	9.9980802	119	37
24	8.9736280	13385	8.9755597	13505	11.0244403	9.9980683	119	36
25	8.9749624	13344	8.9769060	13463	11.0230940	9.9980563	120	35
26	8.9762926	13302	8.9782483	13423	11.0217517	9.9980443	120	34
27	8.9776188	13262	8.9795865	13382	11.0204135	9.9980323	120	33
28	8.9789408	13220	8.9809206	13341	11.0190794	9.9980202	121	32
29	8.9802589	13181	8.9822507	13301	11.0177493	9.9980081	121	31
30	8.9815729	13140	8.9835769	13262	11.0164231	9.9979960	121	30
	Cosin. 84°	Diff.	Cot. 84°	Diff. com.	Tang. 84°	Sinus 84°	Diff	′

'	Sinus 5°	Diff.	Tang. 5°	Diff. com.	Cotang. 5°	Cosin. 5°	Diff	
30	8.9815729	13100	8.9835769	13222	11.0164231	9.9979960	122	30
31	8.9828829	13060	8.9848991	13182	11.0151009	9.9979838	122	29
32	8.9841889	13021	8.9862173	13144	11.0137827	9.9979716	123	28
33	8.9854910	12981	8.9875317	13104	11.0124683	9.9979593	123	27
34	8.9867891	12943	8.9888421	13066	11.0111579	9.9979470	123	26
35	8.9880834	12903	8.9901487	13027	11.0098513	9.9979347	124	25
36	8.9893737	12865	8.9914514	12989	11.0085486	9.9979223	124	24
37	8.9906602	12827	8.9927503	12951	11.0072497	9.9979099	124	23
38	8.9919429	12788	8.9940454	12913	11.0059546	9.9978975	125	22
39	8.9932217	12751	8.9953367	12876	11.0046633	9.9978850	125	21
40	8.9944968	12713	8.9966243	12838	11.0033757	9.9978725	126	20
41	8.9957681	12675	8.9979081	12802	11.0020919	9.9978599	126	19
42	8.9970356	12638	8.9991883	12764	11.0008117	9.9978473	126	18
43	8.9982994	12601	9.0004647	12728	10.9995353	9.9978347	127	17
44	8.9995595	12565	9.0017375	12691	10.9982625	9.9978220	127	16
45	9.0008160	12527	9.0030066	12655	10.9969934	9.9978093	127	15
46	9.0020687	12492	9.0042721	12619	10.9957279	9.9977966	128	14
47	9.0033179	12455	9.0055340	12584	10.9944660	9.9977838	128	13
48	9.0045634	12419	9.0067924	12547	10.9932076	9.9977710	128	12
49	9.0058053	12383	9.0080471	12513	10.9919529	9.9977582	129	11
50	9.0070436	12348	9.0092984	12477	10.9907016	9.9977453	130	10
51	9.0082784	12312	9.0105461	12442	10.9894539	9.9977323	129	9
52	9.0095096	12278	9.0117903	12407	10.9882097	9.9977194	130	8
53	9.0107374	12242	9.0130310	12372	10.9869690	9.9977064	131	7
54	9.0119616	12207	9.0142682	12339	10.9857318	9.9976933	130	6
55	9.0131823	12173	9.0155021	12304	10.9844979	9.9976803	131	5
56	9.0143996	12139	9.0167325	12269	10.9832675	9.9976672	132	4
57	9.0156135	12104	9.0179594	12237	10.9820406	9.9976540	132	3
58	9.0168239	12070	9.0191831	12202	10.9808169	9.9976408	132	2
59	9.0180309	12037	9.0204033	12169	10.9795967	9.9976276	133	1
60	9.0192346		9.0216202		10.9783798	9.9976143		0
	Cosin. 84°	Diff.	Cot. 84°	Diff. com.	Tang. 84°	Sinus 84°	Diff	'

′	Sinus 6°	Diff.	Tang 6°	Diff. com.	Cotang. 6°	Cosin. 6°	Diff	
0	9.0192346	12002	9.0216202	12136	10.9783798	9.9976143	132	60
1	9.0204348	11970	9.0228338	12103	10.9771662	9.9976011	134	59
2	9.0216318	11936	9.0240441	12069	10.9759559	9.9975877	134	58
3	9.0228254	11903	9.0252510	12038	10.9747490	9.9975743	134	57
4	9.0240157	11870	9.0264548	12004	10.9735452	9.9975609	134	56
5	9.0252027	11838	9.0276552	11972	10.9723448	9.9975475	135	55
6	9.0263865	11804	9.0288524	11940	10.9711476	9.9975340	135	54
7	9.0275669	11773	9.0300464	11909	10.9699536	9.9975205	136	53
8	9.0287442	11740	9.0312373	11876	10.9687627	9.9975069	136	52
9	9.0299182	11708	9.0324249	11844	10.9675751	9.9974933	136	51
10	9.0310890	11677	9.0336093	11813	10.9663907	9.9974797	137	50
11	9.0322567	11645	9.0347906	11782	10.9652094	9.9974660	137	49
12	9.0334212	11613	9.0359688	11751	10.9640312	9.9974523	137	48
13	9.0345825	11582	9.0371439	11720	10.9628561	9.9974386	138	47
14	9.0357407	11551	9.0383159	11689	10.9616841	9.9974248	138	46
15	9.0368958	11519	9.0394848	11658	10.9605152	9.9974110	139	45
16	9.0380477	11489	9.0406506	11628	10.9593494	9.9973971	138	44
17	9.0391966	11458	9.0418134	11597	10.9581866	9.9973833	140	43
18	9.0403424	11428	9.0429731	11568	10.9570269	9.9973693	139	42
19	9.0414852	11397	9.0441299	11537	10.9558701	9.9973554	140	41
20	9.0426249	11368	9.0452836	11507	10.9547164	9.9973414	141	40
21	9.0437617	11337	9.0464343	11478	10.9535657	9.9973273	141	39
22	9.0448954	11307	9.0475821	11449	10.9524179	9.9973132	141	38
23	9.0460261	11277	9.0487270	11419	10.9512730	9.9972991	141	37
24	9.0471538	11248	9.0498689	11389	10.9501311	9.9972850	142	36
25	9.0482786	11219	9.0510078	11361	10.9489922	9.9972708	142	35
26	9.0494005	11189	9.0521439	11332	10.9478561	9.9972566	143	34
27	9.0505194	11160	9.0532771	11303	10.9467229	9.9972423	143	33
28	9.0516354	11131	9.0544074	11275	10.9455926	9.9972280	143	32
29	9.0527485	11103	9.0555349	11246	10.9444651	9.9972137	144	31
30	9.0538588		9.0566595		10.9433405	9.9971993		30
	Cosin. 83°	Diff.	Cot. 83°	Diff. com.	Tang. 83°	Sinus 83°	Diff	′

′	Sinus 6°	Diff.	Tang. 6°	Diff. com.	Cotang. 6°	Cosin. 6°	Diff	
30	9.0538588	11073	9.0566595	11218	10.9433405	9.9971993	144	30
31	9.0549661	11045	9.0577813	11189	10.9422187	9.9971849	145	29
32	9.0560706	11017	9.0589002	11162	10.9410998	9.9971704	145	28
33	9.0571723	10988	9.0600164	11133	10.9399836	9.9971559	145	27
34	9.0582711	10961	9.0611297	11106	10.9388703	9.9971414	146	26
35	9.0593672	10932	9.0622403	11079	10.9377597	9.9971268	146	25
36	9.0604604	10905	9.0633482	11051	10.9366518	9.9971122	146	24
37	9.0615509	10877	9.0644533	11023	10.9355467	9.9970976	147	23
38	9.0626386	10849	9.0655556	10997	10.9344444	9.9970829	147	22
39	9.0637235	10822	9.0666553	10969	10.9333447	9.9970682	147	21
40	9.0648057	10795	9.0677522	10943	10.9322478	9.9970535	148	20
41	9.0658852	10767	9.0688465	10916	10.9311535	9.9970387	148	19
42	9.0669619	10741	9.0699381	10889	10.9300619	9.9970239	149	18
43	9.0680360	10714	9.0710270	10863	10.9289730	9.9970090	149	17
44	9.0691074	10687	9.0721133	10836	10.9278867	9.9969941	149	16
45	9.0701761	10660	9.0731969	10810	10.9268031	9.9969792	150	15
46	9.0712421	10634	9.0742779	10784	10.9257221	9.9969642	150	14
47	9.0723055	10608	9.0753563	10758	10.9246437	9.9969492	150	13
48	9.0733663	10581	9.0764321	10732	10.9235679	9.9969342	151	12
49	9.0744244	10555	9.0775053	10707	10.9224947	9.9969191	151	11
50	9.0754799	10530	9.0785760	10681	10.9214240	9.9969040	152	10
51	9.0765329	10503	9.0796441	10655	10.9203559	9.9968888	152	9
52	9.0775832	10478	9.0807096	10630	10.9192904	9.9968736	152	8
53	9.0786310	10452	9.0817726	10605	10.9182274	9.9968584	153	7
54	9.0796762	10427	9.0828331	10580	10.9171669	9.9968431	153	6
55	9.0807189	10401	9.0838911	10555	10.9161089	9.9968278	153	5
56	9.0817590	10376	9.0849466	10530	10.9150534	9.9968125	154	4
57	9.0827966	10351	9.0859996	10505	10.9140004	9.9967971	154	3
58	9.0838317	10326	9.0870501	10480	10.9129409	9.9967817	155	2
59	9.0848643	10302	9.0880981	10457	10.9119019	9.9967662	155	1
60	9.0858945		9.0891438		10.9108562	9.9967507		0
	Cosin. 83°	Diff.	Cot. 83°	Diff. com.	Tang. 83°	Sinus 83°	Diff	′

′	Sinus 7°	Diff.	Tang. 7°	Diff. com.	Cotang. 7°	Cosin. 7°	Diff	
0	9.0858945	10276	9.0891438	10431	10.9108562	9.9967507	155	60
1	9.0869221	10252	9.0901869	10408	10.9098131	9.9967352	156	59
2	9.0879473	10227	9.0912277	10383	10.9087723	9.9967196	156	58
3	9.0889700	10203	9.0922660	10360	10.9077340	9.9967040	156	57
4	9.0899903	10179	9.0933020	10335	10.9066980	9.9966884	157	56
5	9.0910082	10155	9.0943355	10312	10.9056645	9.9966727	157	55
6	9.0920237	10130	9.0953667	10288	10.9046333	9.9966570	158	54
7	9.0930367	10107	9.0963955	10264	10.9036045	9.9966412	158	53
8	9.0940474	10082	9.0974219	10241	10.9025781	9.9966254	158	52
9	9.0950556	10059	9.0984460	10218	10.9015540	9.9966096	159	51
10	9.0960615	10036	9.0994678	10194	10.9005322	9.9965937	159	50
11	9.0970651	10011	9.1004872	10172	10.8995128	9.9965778	159	49
12	9.0980662	9989	9.1015044	10148	10.8984956	9.9965619	160	48
13	9.0990651	9965	9.1025192	10125	10.8974808	9.9965459	160	47
14	9.1000616	9942	9 1035317	10103	10.8964683	9.9965299	161	46
15	9.1010558	9919	9.1045420	10080	10.8954580	9.9965138	161	45
16	9.1020477	9896	9.1055500	10057	10.8944500	9.9964977	161	44
17	9.1030373	9873	9.1065557	10034	10.8934443	9.9964816	161	43
18	9.1040246	9850	9.1075591	10013	10.8924409	9.9964655	162	42
19	9.1050096	9828	9.1085604	9990	10.8914396	9.9964493	163	41
20	9.1059924	9805	9 1095594	9968	10.8904406	9.9964330	163	40
21	9.1069729	9783	9.1105562	9946	10.8894438	9.9964167	163	39
22	9.1079512	9760	9.1115508	9923	10.8884492	9.9964004	163	38
23	9.1089272	9738	9.1125431	9902	10.8874569	9.9963841	164	37
24	9.1099010	9716	9.1135333	9880	10.8864667	9.9963677	164	36
25	9.1108726	9694	9.1145213	9859	10.8854787	9.9963513	165	35
26	9.1118420	9672	9 1155072	9837	10.8844928	9.9963348	165	34
27	9 1128092	9650	9.1164909	9815	10.8835091	9.9963183	165	33
28	9 1137742	9628	9.1174724	9794	10.8825276	9.9963018	166	32
29	9.1147370	9607	9.1184518	9773	10.8815482	9.9962852	166	31
30	9.1156977		9.1194291		10.8805709	9.9962686		30
	Cosin. 82°	Diff.	Cot. 82°	Diff. com.	Tang. 82°	Sinus 82°	Diff	′

′	Sinus 7°	Diff.	Tang. 7°	Diff. com.	Cotang. 7°	Cosin. 7°	Diff	
30	9.1156977	9585	9.1194291	9752	10.8805709	9.9962686	167	30
31	9.1166562	9563	9.1204043	9730	10.8795957	9.9962519	167	29
32	9.1176125	9542	9.1213773	9709	10.8786227	9.9962352	167	28
33	9.1185667	9521	9.1223482	9689	10.8776518	9.9962185	168	27
34	9.1195188	9500	9.1233171	9668	10.8766829	9.9962017	168	26
35	9.1204688	9479	9.1242839	9647	10.8757161	9.9961849	168	25
36	9.1214167	9457	9.1252486	9626	10.8747514	9.9961681	169	24
37	9.1223624	9437	9.1262112	9606	10.8737888	9.9961512	169	23
38	9.1233061	9416	9.1271718	9585	10.8728282	9.9961343	169	22
39	9.1242477	9395	9.1281303	9565	10.8718697	9.9961174	170	21
40	9.1251872	9374	9.1290868	9545	10.8709132	9.9961004	170	20
41	9.1261246	9354	9.1300413	9524	10.8699587	9.9960834	171	19
42	9.1270600	9334	9.1309937	9505	10.8690063	9.9960663	171	18
43	9.1279934	9313	9.1319442	9484	10.8680558	9.9960492	171	17
44	9.1289247	9292	9.1328926	9465	10.8671074	9.9960321	172	16
45	9.1298539	9273	9.1338391	9444	10.8661609	9.9960149	172	15
46	9.1307812	9252	9.1347835	9425	10.8652165	9.9959977	173	14
47	9.1317064	9233	9.1357260	9405	10.8642740	9.9959804	173	13
48	9.1326297	9212	9.1366665	9386	10.8633335	9.9959631	173	12
49	9.1335509	9193	9.1376051	9366	10.8623949	9.9959458	174	11
50	9.1344702	9173	9.1385417	9347	10.8614583	9.9959284	173	10
51	9.1353875	9153	9.1394764	9328	10.8605236	9.9959111	175	9
52	9.1363028	9133	9.1404092	9308	10.8595908	9.9958936	175	8
53	9.1372161	9114	9.1413400	9289	10.8586600	9.9958761	175	7
54	9.1381275	9095	9.1422689	9270	10.8577311	9.9958585	175	6
55	9.1390370	9075	9.1431959	9251	10.8568041	9.9958411	176	5
56	9.1399445	9056	9.1441210	9232	10.8558790	9.9958235	176	4
57	9.1408501	9036	9.1450442	9213	10.8549558	9.9958059	177	3
58	9.1417537	9018	9.1459655	9194	10.8540345	9.9957882	177	2
59	9.1426555	8998	9.1468849	9176	10.8531151	9.9957705	177	1
60	9.1435553		9.1478025		10.8521975	9.9957528		0
	Cosin. 82°	Diff.	Cot. 82°	Diff. com.	Tang. 82°	Sinus 82°	Diff	′

'	Sinus 8°	Diff.	Tang. 8°	Diff. com.	Cotang. 8°	Cosin. 8°	Diff	
0	9.1435553	8979	9.1478025	9157	10.8521975	9.9957528	178	60
1	9.1444532	8961	9.1487182	9139	10.8512818	9.9957350	178	59
2	9.1453493	8942	9.1496321	9120	10.8503679	9.9957172	179	58
3	9.1462435	8923	9.1505441	9102	10.8494559	9.9956993	178	57
4	9.1471358	8904	9.1514543	9084	10.8485457	9.9956815	180	56
5	9.1480262	8886	9.1523627	9065	10.8476373	9.9956635	179	55
6	9.1489148	8867	9.1532692	9047	10.8467308	9.9956456	180	54
7	9.1498015	8849	9.1541739	9030	10.8458261	9.9956276	181	53
8	9.1506864	8830	9.1550769	9011	10.8449231	9.9956095	180	52
9	9.1515694	8813	9.1559780	8993	10.8440220	9.9955915	181	51
10	9.1524507	8794	9.1568773	8975	10.8431227	9.9955734	182	50
11	9.1533301	8775	9.1577748	8958	10.8422252	9.9955552	182	49
12	9.1542076	8758	9.1586706	8940	10.8413294	9.9955370	182	48
13	9.1550834	8740	9.1595646	8923	10.8404354	9.9955188	183	47
14	9.1559574	8722	9.1604569	8904	10.8395431	9.9955005	183	46
15	9.1568296	8704	9.1613473	8888	10.8386527	9.9954822	183	45
16	9.1577000	8686	9.1622361	8870	10.8377639	9.9954639	184	44
17	9.1585686	8668	9.1631231	8852	10.8368769	9.9954455	184	43
18	9.1594354	8651	9.1640083	8836	10.8359917	9.9954271	184	42
19	9.1603005	8634	9.1648919	8818	10.8351081	9.9954087	185	41
20	9.1611639	8615	9.1657737	8801	10.8342263	9.9953902	185	40
21	9.1620254	8599	9.1666538	8784	10.8333462	9.9953717	186	39
22	9.1628853	8581	9.1675322	8767	10.8324678	9.9953531	186	38
23	9.1637434	8564	9.1684089	8750	10.8315911	9.9953345	186	37
24	9.1645998	8546	9.1692839	8733	10.8307161	9.9953159	187	36
25	9.1654544	8530	9.1701572	8717	10.8298428	9.9952972	187	35
26	9.1663074	8512	9.1710289	8700	10.8289711	9.9952785	188	34
27	9.1671586	8495	9.1718989	8683	10.8281011	9.9952597	188	33
28	9.1680081	8478	9.1727672	8666	10.8272328	9.9952409	188	32
29	9.1688559	8462	9.1736338	8650	10.8263662	9.9952221	188	31
30	9.1697021		9.1744988		10.8255012	9.9952033		30
	Cosin. 81°	Diff.	Cot. 81°	Diff. com.	Tang. 81°	Sinus 81°	Diff	'

'	Sinus 8°	Diff.	Tang. 8°	Diff. com.	Cotang. 8°	Cosin. 8°	Diff	
30	9.1697021	8444	9.1744988	8634	10.8255012	9.9952033	189	30
31	9.1705465	8428	9.1753622	8617	10.8246378	9.9951844	190	29
32	9.1713893	8412	9.1762239	8601	10.8237761	9.9951654	190	28
33	9.1722305	8394	9.1770840	8585	10.8229160	9.9951464	190	27
34	9.1730699	8378	9.1779425	8568	10.8220575	9.9951274	190	26
35	9.1739077	8362	9.1787993	8553	10.8212007	9.9951084	191	25
36	9.1747439	8345	9.1796546	8536	10.8203454	9.9950893	191	24
37	9.1755784	8328	9.1805082	8520	10.8194918	9.9950702	192	23
38	9.1764112	8313	9.1813602	8504	10.8186398	9.9950510	192	22
39	9.1772425	8296	9.1822106	8489	10.8177894	9.9950318	192	21
40	9.1780721	8280	9.1830595	8473	10.8169405	9.9950126	193	20
41	9.1789001	8264	9.1839068	8457	10.8160932	9.9949933	193	19
42	9.1797265	8247	9.1847525	8441	10.8152475	9.9949740	194	18
43	9.1805512	8232	9.1855966	8426	10.8144034	9.9949546	194	17
44	9.1813744	8216	9.1864392	8410	10.8135608	9.9949352	194	16
45	9.1821960	8200	9.1872802	8394	10.8127198	9.9949158	194	15
46	9.1830160	8184	9.1881196	8379	10.8118804	9.9948964	195	14
47	9.1838344	8168	9.1889575	8364	10.8110425	9.9948769	196	13
48	9.1846512	8153	9.1897939	8348	10.8102061	9.9948573	196	12
49	9.1854665	8137	9.1906287	8334	10.8093713	9.9948377	196	11
50	9.1862802	8121	9.1914621	8318	10.8085379	9.9948181	196	10
51	9.1870923	8106	9.1922939	8302	10.8077061	9.9947985	197	9
52	9.1879029	8091	9.1931241	8288	10.8068759	9.9947788	197	8
53	9.1887120	8075	9.1939529	8273	10.8060471	9.9947591	198	7
54	9.1895195	8059	9.1947802	8257	10.8052198	9.9947393	198	6
55	9.1903254	8045	9.1956059	8243	10.8043941	9.9947195	198	5
56	9.1911299	8029	9.1964302	8228	10.8035698	9.9946997	199	4
57	9.1919328	8014	9.1972530	8213	10.8027470	9.9946798	199	3
58	9.1927342	7999	9.1980743	8198	10.8019257	9.9946599	200	2
59	9.1935341	7983	9.1988941	8184	10.8011059	9.9946399	200	1
60	9.1943324		9.1997125		10.8002875	9.9946199		0
	Cosin. 81°	Diff.	Cot. 81°	Diff. com.	Tang 81°	Sinus 81°	Diff	'

′	Sinus 9°	Diff.	Tang. 9°	Diff. com.	Cotang. 9°	Cosin. 9°	Diff	
0	9.1943324	7969	9.1997125	8169	10.8002875	9.9946199	200	60
1	9.1951293	7954	9.2005294	8155	10.7994706	9.9945999	201	59
2	9.1959247	7939	9.2013449	8139	10.7986551	9.9945798	201	58
3	9.1967186	7924	9.2021588	8126	10.7978412	9.9945597	201	57
4	9.1975110	7909	9.2029714	8111	10.7970286	9.9945396	202	56
5	9.1983019	7894	9.2037825	8097	10.7962175	9.9945194	202	55
6	9.1990913	7880	9.2045922	8082	10.7954078	9.9944992	203	54
7	9.1998793	7865	9.2054004	8068	10.7945996	9.9944789	202	53
8	9.2006658	7851	9.2062072	8054	10.7937928	9.9944587	204	52
9	9.2014509	7836	9.2070126	8039	10.7929874	9.9944383	203	51
10	9.2022345	7822	9.2078165	8026	10.7921835	9.9944180	205	50
11	9.2030167	7807	9.2086191	8012	10.7913809	9.9943975	204	49
12	9.2037974	7792	9.2094203	7997	10.7905797	9.9943771	205	48
13	9.2045766	7779	9.2102200	7984	10.7897800	9.9943566	205	47
14	9.2053545	7764	9.2110184	7969	10.7889816	9.9943361	205	46
15	9.2061309	7750	9.2118153	7956	10.7881847	9.9943156	206	45
16	9.2069059	7736	9.2126109	7942	10.7873891	9.9942950	207	44
17	9.2076795	7721	9.2134051	7929	10.7865949	9.9942743	206	43
18	9.2084516	7708	9.2141980	7914	10.7858020	9.9942537	207	42
19	9.2092224	7693	9.2149894	7901	10.7850106	9.9942330	208	41
20	9.2099917	7680	9.2157795	7888	10.7842205	9.9942122	208	40
21	9.2107597	7666	9.2165683	7873	10.7834317	9.9941914	208	39
22	9.2115263	7651	9.2173556	7861	10.7826444	9.9941706	208	38
23	9.2122914	7638	9.2181417	7847	10.7818583	9.9941498	209	37
24	9.2130552	7624	9.2189264	7833	10.7810736	9.9941289	210	36
25	9.2138176	7611	9.2197097	7820	10.7802903	9.9941079	209	35
26	9.2145787	7597	9.2204917	7807	10.7795083	9.9940870	211	34
27	9.2153384	7583	9.2212724	7794	10.7787276	9.9940659	210	33
28	9.2160967	7569	9.2220518	7780	10.7779482	9.9940449	211	32
29	9.2168536	7556	9.2228298	7767	10.7771702	9.9940238	211	31
30	9.2176092		9.2236065		10.7763935	9.9940027		30
	Cosin. 80°	Diff.	Cot. 80°	Diff. com.	Tang. 80°	Sinus 80°	Diff	′

′	Sinus 9°	Diff.	Tang. 9°	Diff. com.	Cotang. 9°	Cosin. 9°	Diff	
30	9.2176092		9.2236065		10.7763935	9.9940027		30
31	9.2183635	7543	9.2243819	7754	10.7756181	9.9939815	212	29
32	9.2191164	7529	9.2251561	7742	10.7748439	9.9939603	212	28
33	9.2198680	7516	9.2259289	7728	10.7740711	9.9939391	212	27
34	9.2206182	7502	9.2267004	7715	10.7732996	9.9939178	213	26
35	9.2213671	7489	9.2274706	7702	10.7725294	9.9938965	213	25
36	9.2221147	7476	9.2282395	7689	10.7717605	9.9938752	213	24
37	9.2228609	7462	9.2290071	7676	10.7709929	9.9938538	214	23
38	9.2236059	7450	9.2297735	7664	10.7702265	9.9938324	214	22
39	9.2243495	7436	9.2305386	7651	10.7694614	9.9938109	215	21
40	9.2250918	7423	9.2313024	7638	10.7686976	9.9937894	215	20
41	9.2258328	7410	9.2320650	7626	10.7679350	9.9937679	215	19
42	9.2265725	7397	9.2328262	7612	10.7671738	9.9937463	216	18
43	9.2273110	7385	9.2335863	7601	10.7664137	9.9937247	216	17
44	9.2280481	7371	9.2343451	7588	10.7656549	9.9937030	217	16
45	9.2287839	7358	9.2351026	7575	10.7648974	9.9936813	217	15
46	9.2295185	7346	9.2358589	7563	10.7641411	9.9936596	217	14
47	9.2302518	7333	9.2366139	7550	10.7633861	9.9936378	218	13
48	9.2309838	7320	9.2373678	7539	10.7626322	9.9936160	218	12
49	9.2317145	7307	9.2381203	7525	10.7618797	9.9935942	218	11
50	9.2324440	7295	9.2388717	7514	10.7611283	9.9935723	219	10
51	9.2331722	7282	9.2396218	7501	10.7603782	9.9935504	219	9
52	9.2338992	7270	9.2403708	7490	10.7596292	9.9935285	219	8
53	9.2346249	7257	9.2411185	7477	10.7588815	9.9935065	220	7
54	9.2353494	7245	9.2418650	7465	10.7581350	9.9934844	221	6
55	9.2360726	7232	9.2426103	7453	10.7573897	9.9934624	220	5
56	9.2367946	7220	9.2433543	7440	10.7566457	9.9934403	221	4
57	9.2375153	7207	9.2440972	7429	10.7559028	9.9934181	222	3
58	9.2382349	7196	9.2448389	7417	10.7551611	9.9933959	222	2
59	9.2389532	7183	9.2455794	7405	10.7544206	9.9933737	222	1
60	9.2396702	7170	9.2463188	7394	10.7536812	9.9933515	222	0
	Cosin. 80°	Diff.	Cot. 80°	Diff. com.	Tang. 80°	Sinus 80°	Diff	′

'	Sinus 10°	Diff.	Tang. 10°	Diff. com	Cotang. 10°	Cosin. 10°	Diff	
0	9.2396702		9.2463188		10.7536812	9.9933515		60
1	9.2403861	7159	9.2470569	7381	10.7529431	9.9933292	223	59
2	9.2411007	7146	9.2477939	7370	10.7522061	9.9933068	224	58
3	9.2418141	7134	9.2485297	7358	10.7514703	9.9932845	223	57
4	9.2425264	7123	9.2492643	7346	10.7507357	9.9932621	224	56
5	9.2432374	7110	9.2499978	7335	10.7500022	9.9932396	225	55
6	9.2439472	7098	9.2507301	7323	10.7492699	9.9932171	225	54
7	9.2446558	7086	9.2514612	7311	10.7485388	9.9931946	225	53
8	9.2453632	7074	9.2521912	7300	10.7478088	9.9931720	226	52
9	9.2460695	7063	9.2529200	7288	10.7470800	9.9931494	226	51
10	9.2467746	7051	9.2536477	7277	10.7463523	9.9931268	226	50
11	9.2474784	7038	9.2543743	7266	10.7456257	9.9931041	227	49
12	9.2481811	7027	9.2550997	7254	10.7449003	9.9930814	227	48
13	9.2488827	7016	9.2558240	7243	10.7441760	9.9930587	227	47
14	9.2495830	7003	9.2565472	7232	10.7434528	9.9930359	228	46
15	9.2502822	6992	9.2572692	7220	10.7427308	9.9930131	228	45
16	9.2509803	6981	9.2579901	7209	10.7420099	9.9929902	229	44
17	9.2516772	6969	9.2587099	7198	10.7412901	9.9929673	229	43
18	9.2523729	6957	9.2594285	7186	10.7405715	9.9929444	229	42
19	9.2530675	6946	9.2601461	7176	10.7398539	9.9929214	230	41
20	9.2537609	6934	9.2608625	7164	10.7391375	9.9928984	230	40
21	9.2544532	6923	9.2615779	7154	10.7384221	9.9928753	231	39
22	9.2551444	6912	9.2622921	7142	10.7377079	9.9928522	231	38
23	9.2558344	6900	9.2630053	7132	10.7369947	9.9928291	231	37
24	9.2565233	6889	9.2637173	7120	10.7362827	9.9928059	232	36
25	9.2572110	6877	9.2644283	7110	10.7355717	9.9927827	232	35
26	9.2578977	6867	9.2651382	7099	10.7348618	9.9927595	232	34
27	9.2585832	6855	9.2658470	7088	10.7341530	9.9927362	233	33
28	9.2592676	6844	9.2665547	7077	10.7334453	9.9927129	233	32
29	9.2599509	6833	9.2672613	7066	10.7327387	9.9926895	234	31
30	9.2606330	6821	9.2679669	7056	10.7320331	9.9926661	234	30
	Cosin. 79°	Diff.	Cot. 79°	Diff. com.	Tang. 79°	Sinus 79°	Diff	'

′	Sinus 10°	Diff.	Tang. 10°	Diff. com.	Cotang. 10°	Cosin. 10°	Diff	
30	9.2606330	6811	9.2679669	7045	10.7320331	9.9926661	234	30
31	9.2613141	6800	9.2686714	7035	10.7313286	9.9926427	235	29
32	9.2619941	6788	9.2693749	7023	10.7306251	9.9926192	235	28
33	9.2626729	6778	9.2700772	7014	10.7299228	9.9925957	235	27
34	9.2633507	6767	9.2707786	7002	10.7292214	9.9925722	236	26
35	9.2640274	6756	9.2714788	6992	10.7285212	9.9925486	236	25
36	9.2647030	6745	9.2721780	6982	10.7278220	9.9925250	237	24
37	9.2653775	6734	9.2728762	6971	10.7271238	9.9925013	237	23
38	9.2660509	6723	9.2735733	6961	10.7264267	9.9924776	237	22
39	9.2667232	6713	9.2742694	6950	10.7257306	9.9924539	238	21
40	9.2673945	6702	9.2749644	6940	10.7250356	9.9924301	238	20
41	9.2680647	6691	9.2756584	6930	10.7243416	9.9924063	239	19
42	9.2687338	6681	9.2763514	6920	10.7236486	9.9923824	239	18
43	9.2694019	6670	9.2770434	6909	10.7229566	9.9923585	239	17
44	9.2700689	6659	9.2777343	6899	10.7222657	9.9923346	240	16
45	9.2707348	6649	9.2784242	6889	10.7215758	9.9923106	240	15
46	9.2713997	6638	9.2791131	6878	10.7208869	9.9922866	240	14
47	9.2720635	6628	9.2798009	6869	10.7201991	9.9922626	241	13
48	9.2727263	6617	9.2804878	6858	10.7195122	9.9922385	241	12
49	9.2733880	6607	9.2811736	6849	10.7188264	9.9922144	242	11
50	9.2740487	6596	9.2818585	6838	10.7181415	9.9921902	242	10
51	9.2747083	6586	9.2825423	6828	10.7174577	9.9921660	242	9
52	9.2753669	6576	9.2832251	6819	10.7167749	9.9921418	243	8
53	9.2760245	6566	9.2839070	6808	10.7160930	9.9921175	243	7
54	9.2766811	6555	9.2845878	6799	10.7154122	9.9920932	243	6
55	9.2773366	6545	9.2852677	6789	10.7147323	9.9920689	244	5
56	9.2779911	6534	9.2859466	6779	10.7140534	9.9920445	244	4
57	9.2786445	6525	9.2866245	6769	10.7133755	9.9920201	245	3
58	9.2792970	6514	9.2873014	6759	10.7126986	9.9919956	245	2
59	9.2799484	6504	9.2879773	6750	10.7120227	9.9919711	245	1
60	9.2805988		9.2886523		10.7113477	9.9919466		0
	Cosin. 79°	Diff.	Cot. 79°	Diff. com.	Tang. 79°	Sinus 79°	Diff	′

′	Sinus 11°	Diff.	Tang. 11°	Diff. com.	Cotang. 11°	Cosin. 11°	Diff	
0	9.2805988	6495	9.2886523	6740	10.7113477	9.9919466	246	60
1	9.2812483	6484	9.2893263	6730	10.7106737	9.9919220	246	59
2	9.2818967	6474	9.2899993	6720	10.7100007	9.9918974	247	58
3	9.2825441	6464	9.2906713	6711	10.7093287	9.9918727	247	57
4	9.2831905	6454	9.2913424	6702	10.7086576	9.9918480	247	56
5	9.2838359	6444	9.2920126	6691	10.7079874	9.9918233	247	55
6	9.2844803	6434	9.2926817	6683	10.7073183	9.9917986	249	54
7	9.2851237	6424	9.2933500	6672	10.7066500	9.9917737	248	53
8	9.2857661	6415	9.2940172	6664	10.7059828	9.9917489	249	52
9	9.2864076	6404	9.2946836	6653	10.7053164	9.9917240	249	51
10	9.2870480	6395	9.2953489	6645	10.7046511	9.9916991	250	50
11	9.2876875	6385	9.2960134	6635	10.7039866	9.9916741	249	49
12	9.2883260	6376	9.2966769	6626	10.7033231	9.9916492	251	48
13	9.2889636	6365	9.2973395	6616	10.7026605	9.9916241	251	47
14	9.2896001	6356	9.2980011	6607	10.7019989	9.9915990	251	46
15	9.2902357	6347	9.2986618	6598	10.7013382	9.9915739	251	45
16	9.2908704	6336	9.2993216	6588	10.7006784	9.9915488	252	44
17	9.2915040	6327	9.2999804	6579	10.7000196	9.9915236	252	43
18	9.2921367	6318	9.3006383	6571	10.6993617	9.9914984	253	42
19	9.2927685	6308	9.3012954	6560	10.6987046	9.9914731	253	41
20	9.2933993	6298	9.3019514	6552	10.6980486	9.9914478	253	40
21	9.2940291	6289	9.3026066	6543	10.6973934	9.9914225	254	39
22	9.2946580	6279	9.3032609	6534	10.6967391	9.9913971	254	38
23	9.2952859	6270	9.3039143	6524	10.6960857	9.9913717	255	37
24	9.2959129	6261	9.3045667	6516	10.6954333	9.9913462	255	36
25	9.2965390	6251	9.3052183	6506	10.6947817	9.9913207	255	35
26	9.2971641	6242	9.3058689	6498	10.6941311	9.9912952	256	34
27	9.2977883	6233	9.3065187	6488	10.6934813	9.9912696	256	33
28	9.2984116	6223	9.3071675	6480	10.6928325	9.9912440	256	32
29	9.2990339	6214	9.3078155	6471	10.6921845	9.9912184	257	31
30	9.2996553		9.3084626		10.6915374	9.9911927		30
	Cosin. 78°	Diff.	Cot. 78°	Diff. com.	Tang. 78°	Sinus 78°	Diff	′

′	Sinus 11°	Diff.	Tang. 11°	Diff. com.	Cotang. 11°	Cosin. 11°	Diff	
30	9.2996553	6205	9.3084626	6462	10.6915374	9.9911927	257	30
31	9.3002758	6195	9.3091088	6453	10.6908912	9.9911670	258	29
32	9.3008953	6187	9.3097541	6444	10.6902459	9.9911412	258	28
33	9.3015140	6177	9.3103985	6436	10.6896015	9.9911154	258	27
34	9.3021317	6168	9.3110421	6427	10.6889579	9.9910896	259	26
35	9.3027485	6159	9.3116848	6418	10.6883152	9.9910637	259	25
36	9.3033644	6150	9.3123266	6409	10.6876734	9.9910378	259	24
37	9.3039794	6140	9.3129675	6401	10.6870325	9.9910119	260	23
38	9.3045934	6132	9.3136076	6392	10.6863924	9.9909859	261	22
39	9.3052066	6123	9.3142468	6383	10.6857532	9.9909598	260	21
40	9.3058189	6114	9.3148851	6375	10.6851149	9.9909338	261	20
41	9.3064303	6104	9.3155226	6366	10.6844774	9.9909077	262	19
42	9.3070407	6096	9.3161592	6358	10.6838408	9.9908815	262	18
43	9.3076503	6087	9.3167950	6349	10.6832050	9.9908553	262	17
44	9.3082590	6078	9.3174299	6341	10.6825701	9.9908291	262	16
45	9.3088668	6069	9.3180640	6332	10.6819360	9.9908029	263	15
46	9.3094737	6061	9.3186972	6323	10.6813028	9.9907766	264	14
47	9.3100798	6051	9.3193295	6316	10.6806705	9.9907502	263	13
48	9.3106849	6043	9.3199611	6307	10.6800389	9.9907239	265	12
49	9.3112892	6034	9.3205918	6298	10.6794082	9.9906974	264	11
50	9.3118926	6025	9.3212216	6290	10.6787784	9.9906710	265	10
51	9.3124951	6017	9.3218506	6282	10.6781494	9.9906445	265	9
52	9.3130968	6008	9.3224788	6273	10.6775212	9.9906180	266	8
53	9.3136976	5999	9.3231061	6266	10.6768939	9.9905914	266	7
54	9.3142975	5990	9.3237327	6257	10.6762673	9.9905648	266	6
55	9.3148965	5982	9.3243584	6248	10.6756416	9.9905382	267	5
56	9.3154947	5974	9.3249832	6241	10.6750168	9.9905115	267	4
57	9.3160921	5964	9.3256073	6232	10.6743927	9.9904848	268	3
58	9.3166885	5956	9.3262305	6224	10.6737695	9.9904580	268	2
59	9.3172841	5948	9.3268529	6216	10.6731471	9.9904312	268	1
60	9.3178789		9.3274745		10.6725255	9.9904044		0
	Cosin. 78°	Diff.	Cot. 78°	Diff. com.	Tang. 78°	Sinus 78°	Diff	′

′	Sinus 12°	Diff.	Tang. 12°	Diff. com.	Cotang. 12°	Cosin. 12°	Diff	
0	9.3178789	5939	9.3274745	6208	10.6725255	9.9904044	269	60
1	9.3184728	5931	9.3280953	6200	10.6719047	9.9903775	269	59
2	9.3190659	5922	9.3287153	6192	10.6712847	9.9903506	269	58
3	9.3196581	5914	9.3293345	6183	10.6706655	9.9903237	270	57
4	9.3202495	5905	9.3299528	6176	10.6700472	9.9902967	270	56
5	9.3208400	5897	9.3305704	6168	10.6694296	9.9902697	271	55
6	9.3214297	5889	9.3311872	6159	10.6688128	9.9902426	271	54
7	9.3220186	5880	9.3318031	6152	10.6681969	9.9902155	272	53
8	9.3226066	5872	9.3324183	6144	10.6675817	9.9901883	271	52
9	9.3231938	5864	9.3330327	6136	10.6669673	9.9901612	273	51
10	9.3237802	5855	9.3336463	6128	10.6663537	9.9901339	272	50
11	9.3243657	5848	9.3342591	6120	10.6657409	9.9901067	273	49
12	9.3249505	5839	9.3348711	6112	10.6651289	9.9900794	273	48
13	9.3255344	5830	9.3354823	6104	10.6645177	9.9900521	274	47
14	9.3261174	5823	9.3360927	6097	10.6639073	9.9900247	274	46
15	9.3266997	5814	9.3367024	6089	10.6632976	9.9899973	275	45
16	9.3272811	5806	9.3373113	6081	10.6626887	9.9899698	275	44
17	9.3278617	5799	9.3379194	6073	10.6620806	9.9899423	275	43
18	9.3284416	5790	9.3385267	6066	10.6614733	9.9899148	275	42
19	9.3290206	5782	9.3391333	6058	10.6608667	9.9898873	276	41
20	9.3295988	5773	9.3397391	6050	10.6602609	9.9898597	277	40
21	9.3301761	5766	9.3403441	6043	10.6596559	9.9898320	277	39
22	9.3307527	5758	9.3409484	6035	10.6590516	9.9898043	277	38
23	9.3313285	5750	9.3415519	6027	10.6584481	9.9897766	277	37
24	9.3319035	5742	9.3421546	6020	10.6578454	9.9897489	278	36
25	9.3324777	5734	9.3427566	6012	10.6572434	9.9897211	279	35
26	9.3330511	5726	9.3433578	6005	10.6566422	9.9896932	278	34
27	9.3336237	5718	9.3439583	5997	10.6560417	9.9896654	280	33
28	9.3341955	5710	9.3445580	5990	10.6554420	9.9896374	279	32
29	9.3347665	5703	9.3451570	5982	10.6548430	9.9896095	280	31
30	9.3353368		9.3457552		10.6542448	9.9895815		30
	Cosin. 77°	Diff.	Cot. 77°	Diff. com.	Tang. 77°	Sinus 77°	Diff	′

'	Sinus 12°	Diff.	Tang. 12°	Diff. com.	Cotang. 12°	Cosin. 12°	Diff	
30	9.3353368	5694	9.3457552	5975	10.6542448	9.9895815	280	30
31	9.3359062	5687	9.3463527	5967	10.6536473	9.9895535	281	29
32	9.3364749	5679	9.3469494	5960	10.6530506	9.9895254	281	28
33	9.3370428	5671	9.3475454	5953	10.6524546	9.9894973	281	27
34	9.3376099	5663	9.3481407	5945	10.6518593	9.9894692	282	26
35	9.3381762	5656	9.3487352	5938	10.6512648	9.9894410	282	25
36	9.3387418	5647	9.3493290	5930	10.6506710	9.9894128	283	24
37	9.3393065	5641	9.3499220	5923	10.6500780	9.9893845	283	23
38	9.3398706	5632	9.3505143	5916	10.6494857	9.9893562	283	22
39	9.3404338	5625	9.3511059	5909	10.6488941	9.9893279	284	21
40	9.3409963	5617	9.3516968	5901	10.6483032	9.9892995	284	20
41	9.3415580	5610	9.3522869	5894	10.6477131	9.9892711	284	19
42	9.3421190	5602	9.3528763	5887	10.6471237	9.9892427	285	18
43	9.3426792	5594	9.3534650	5880	10.6465350	9.9892142	286	17
44	9.3432386	5587	9.3540530	5872	10.6459470	9.9891856	285	16
45	9.3437973	5579	9.3546402	5865	10.6453598	9.9891571	286	15
46	9.3443552	5572	9.3552267	5859	10.6447733	9.9891285	287	14
47	9.3449124	5564	9.3558126	5851	10.6441874	9.9890998	287	13
48	9.3454688	5557	9.3563977	5844	10.6436023	9.9890711	287	12
49	9.3460245	5549	9.3569821	5837	10.6430179	9.9890424	287	11
50	9.3465794	5542	9.3575658	5829	10.6424342	9.9890137	288	10
51	9.3471336	5534	9.3581487	5823	10.6418513	9.9889849	289	9
52	9.3476870	5527	9.3587310	5816	10.6412690	9.9889560	289	8
53	9.3482397	5520	9.3593126	5809	10.6406874	9.9889271	289	7
54	9.3487917	5512	9.3598935	5801	10.6401065	9.9888982	289	6
55	9.3493429	5505	9.3604736	5795	10.6395264	9.9888693	290	5
56	9.3498934	5498	9.3610531	5788	10.6389469	9.9888403	290	4
57	9.3504432	5490	9.3616319	5781	10.6383681	9.9888113	291	3
58	9.3509922	5483	9.3622100	5774	10.6377900	9.9887822	291	2
59	9.3515405	5475	9.3627874	5767	10.6372126	9.9887531	292	1
60	9.3520880		9.3633641		10.6366359	9.9887239		0
	Cosin. 77°	Diff.	Cot. 77°	Diff. com.	Tang. 77°	Sinus 77°	Diff	'

'	Sinus 13°	Diff.	Tang. 13°	Diff. com	Cotang. 13°	Cosin. 13°	Diff	
0	9.3520880	5469	9.3633641	5760	10.6366359	9.9887239	292	60
1	9.3526349	5461	9.3639401	5754	10.6360599	9.9886947	292	59
2	9.3531810	5454	9.3645155	5746	10.6354845	9.9886655	292	58
3	9.3537264	5446	9.3650901	5740	10.6349099	9.9886363	293	57
4	9.3542710	5440	9.3656641	5733	10.6343359	9.9886070	294	56
5	9.3548150	5432	9.3662374	5726	10 6337626	9.9885776	294	55
6	9.3553582	5425	9.3668100	5719	10.6331900	9.9885482	294	54
7	9.3559007	5419	9.3673819	5713	10.6326181	9.9885188	294	53
8	9.3564426	5410	9.3679532	5706	10.6320468	9.9884894	295	52
9	9.3569836	5404	9.3685238	5699	10.6314762	9.9884599	296	51
10	9.3575240	5397	9.3690937	5692	10.6309063	9.9884303	295	50
11	9.3580637	5390	9.3696629	5686	10.6303371	9.9884008	296	49
12	9.3586027	5382	9.3702315	5679	10.6297685	9.9883712	297	48
13	9.3591409	5376	9.3707994	5673	10.6292006	9.9883415	297	47
14	9.3596785	5369	9.3713667	5666	10.6286333	9.9883118	297	46
15	9.3602154	5361	9.3719333	5659	10.6280667	9.9882821	298	45
16	9.3607515	5355	9.3724992	5653	10.6275008	9.9882523	298	44
17	9.3612870	5347	9.3730645	5646	10.6269355	9.9882225	298	43
18	9.3618217	5341	9 3736291	5639	10.6263709	9.9881927	299	42
19	9.3623558	5334	9.3741930	5633	10.6258070	9.9881628	299	41
20	9.3628892	5327	9.3747563	5627	10.6252437	9.9881329	300	40
21	9.3634219	5320	9.3753190	5620	10.6246810	9.9881029	300	39
22	9.3639539	5313	9.3758810	5613	10.6241190	9.9880729	300	38
23	9.3644852	5306	9.3764423	5607	10.6235577	9.9880429	301	37
24	9.3650158	5300	9.3770030	5601	10.6229970	9.9880128	301	36
25	9.3655458	5292	9.3775631	5594	10.6224369	9.9879827	302	35
26	9.3660750	5286	9.3781225	5588	10.6218775	9.9879525	302	34
27	9.3666036	5279	9.3786813	5581	10.6213187	9.9879223	302	33
28	9.3671315	5272	9.3792394	5575	10.6207606	9.9878921	303	32
29	9.3676587	5266	9.3797969	5568	10.6202031	9.9878618	303	31
30	9.3681853		9.3803537		10.6196463	9.9878315		30
	Cosin. 76°	Diff.	Cot. 76°	Diff. com.	Tang. 76°	Sinus 76°	Diff	'

′	Sinus 13°	Diff.	Tang. 13°	Diff. com.	Cotang. 13°	Cosin. 13°	Diff	′
30	9.3681853	5258	9.3803537	5563	10.6196463	9.9878315	303	30
31	9.3687111	5252	9.3809100	5555	10.6190900	9.9878012	304	29
32	9.3692363	5245	9.3814655	5550	10.6185345	9.9877708	304	28
33	9.3697608	5239	9.3820205	5543	10.6179795	9.9877404	305	27
34	9.3702847	5232	9.3825748	5537	10.6174252	9.9877099	305	26
35	9.3708079	5225	9.3831285	5531	10.6168715	9.9876794	306	25
36	9.3713304	5219	9.3836816	5524	10.6163184	9.9876488	305	24
37	9.3718523	5212	9.3842340	5518	10.6157660	9.9876183	307	23
38	9.3723735	5205	9.3847858	5512	10.6152142	9.9875876	306	22
39	9.3728940	5199	9.3853370	5506	10.6146630	9.9875570	307	21
40	9.3734139	5192	9.3858876	5500	10.6141124	9.9875263	308	20
41	9.3739331	5186	9.3864376	5493	10.6135624	9.9874955	307	19
42	9.3744517	5179	9.3869869	5487	10.6130131	9.9874648	309	18
43	9.3749696	5172	9.3875356	5481	10.6124644	9.9874339	308	17
44	9.3754868	5166	9.3880837	5475	10.6119163	9.9874031	309	16
45	9.3760034	5160	9.3886312	5469	10.6113688	9.9873722	309	15
46	9.3765194	5153	9.3891781	5463	10.6108219	9.9873413	310	14
47	9.3770347	5146	9.3897244	5456	10.6102756	9.9873103	310	13
48	9.3775493	5140	9.3902700	5451	10.6097300	9.9872793	311	12
49	9.3780633	5134	9.3908151	5444	10.6091849	9.9872482	311	11
50	9.3785767	5127	9.3913595	5439	10.6086405	9.9872171	311	10
51	9.3790894	5121	9.3919034	5432	10.6080966	9.9871860	311	9
52	9.3796015	5114	9.3924466	5427	10.6075534	9.9871549	313	8
53	9.3801129	5108	9.3929893	5420	10.6070107	9.9871236	312	7
54	9.3806237	5102	9.3935313	5414	10.6064687	9.9870924	313	6
55	9.3811339	5095	9.3940727	5409	10.6059273	9.9870611	313	5
56	9.3816434	5089	9.3946136	5402	10.6053864	9.9870298	314	4
57	9.3821523	5082	9.3951538	5397	10.6048462	9.9869984	314	3
58	9.3826605	5077	9.3956935	5391	10.6043065	9.9869670	314	2
59	9.3831682	5070	9.3962326	5385	10.6037674	9.9869356	315	1
60	9.3836752		9.3967711		10.6032289	9.9869041		0
	Cosin. 76°	Diff.	Cot. 76°	Diff. com.	Tang. 76°	Sinus 76°	Diff	′

′	Sinus 14°	Diff.	Tang. 14°	Diff. com.	Cotang. 14°	Cosin. 14°	Diff	
0	9.3836752	5063	9.3967711	5378	10.6032289	9.9869041	315	60
1	9.3841815	5058	9.3973089	5374	10.6026911	9.9868726	316	59
2	9.3846873	5051	9.3978463	5367	10.6021537	9.9868410	316	58
3	9.3851924	5045	9.3983830	5361	10.6016170	9.9868094	316	57
4	9.3856969	5039	9.3989191	5356	10.6010809	9.9867778	317	56
5	9.3862008	5032	9.3994547	5349	10.6005453	9.9867461	317	55
6	9.3867040	5027	9.3999896	5344	10.6000104	9.9867144	317	54
7	9.3872067	5020	9.4005240	5338	10.5994760	9.9866827	318	53
8	9.3877087	5014	9.4010578	5332	10.5989422	9.9866509	318	52
9	9.3882101	5008	9.4015910	5327	10.5984090	9.9866191	319	51
10	9.3887109	5002	9.4021237	5321	10.5978763	9.9865872	319	50
11	9.3892111	4995	9.4026558	5315	10.5973442	9.9865553	320	49
12	9.3897106	4990	9.4031873	5309	10.5968127	9.9865233	320	48
13	9.3902096	4983	9.4037182	5304	10.5962818	9.9864913	320	47
14	9.3907079	4978	9.4042486	5298	10.5957514	9.9864593	320	46
15	9.3912057	4971	9.4047784	5292	10.5952216	9.9864273	321	45
16	9.3917028	4965	9.4053076	5287	10.5946924	9.9863952	322	44
17	9.3921993	4959	9.4058363	5281	10.5941637	9.9863630	322	43
18	9.3926952	4953	9.4063644	5275	10.5936356	9.9863308	322	42
19	9.3931905	4947	9.4068919	5270	10.5931081	9.9862986	323	41
20	9.3936852	4942	9.4074189	5264	10.5925811	9.9862663	323	40
21	9.3941794	4935	9.4079453	5259	10.5920547	9.9862340	323	39
22	9.3946729	4929	9.4084712	5253	10.5915288	9.9862017	324	38
23	9.3951658	4923	9.4089965	5247	10.5910035	9.9861693	324	37
24	9.3956581	4918	9.4095212	5242	10.5904788	9.9861369	324	36
25	9.3961499	4911	9.4100454	5236	10.5899546	9.9861045	325	35
26	9.3966410	4905	9.4105690	5231	10.5894310	9.9860720	326	34
27	9.3971315	4900	9.4110921	5225	10.5889079	9.9860394	325	33
28	9.3976215	4894	9.4116146	5220	10.5883854	9.9860069	327	32
29	9.3981109	4887	9.4121366	5215	10.5878634	9.9859742	326	31
30	9.3985996		9.4126581		10.5873419	9.9859416		30
	Cosin. 75°	Diff.	Cot. 75°	Diff. com.	Tang. 75°	Sinus 75°	Diff	′

′	Sinus 14°	Diff.	Tang. 14°	Diff. com.	Cotang. 14°	Cosin. 14°	Diff	
30	9.3985996	4882	9.4126581	5208	10.5873419	9.9859416	327	30
31	9.3990878	4876	9.4131789	5204	10.5868211	9.9859089	327	29
32	9.3995754	4871	9.4136993	5198	10.5863007	9.9858762	328	28
33	9.4000625	4864	9.4142191	5192	10.5857809	9.9858434	328	27
34	9.4005489	4859	9.4147383	5187	10.5852617	9.9858106	329	26
35	9.4010348	4853	9.4152570	5182	10.5847430	9.9857777	328	25
36	9.4015201	4847	9.4157752	5176	10.5842248	9.9857449	330	24
37	9.4020048	4841	9.4162928	5171	10.5837072	9.9857119	329	23
38	9.4024889	4835	9.4168099	5166	10.5831901	9.9856790	330	22
39	9.4029724	4830	9.4173265	5160	10.5826735	9.9856460	331	21
40	9.4034554	4824	9.4178425	5155	10.5821575	9.9856129	331	20
41	9.4039378	4818	9.4183580	5149	10.5816420	9.9855798	331	19
42	9.4044196	4813	9.4188729	5145	10.5811271	9.9855467	332	18
43	9.4049009	4807	9.4193874	5139	10.5806126	9.9855135	332	17
44	9.4053816	4801	9.4199013	5133	10.5800987	9.9854803	332	16
45	9.4058617	4796	9.4204146	5129	10.5795854	9.9854471	333	15
46	9.4063413	4790	9.4209275	5123	10.5790725	9.9854138	333	14
47	9.4068203	4784	9.4214398	5117	10.5785602	9.9853805	334	13
48	9.4072987	4779	9.4219515	5113	10.5780485	9.9853471	333	12
49	9.4077766	4773	9.4224628	5107	10.5775372	9.9853138	335	11
50	9.4082539	4767	9.4229735	5103	10.5770265	9.9852803	335	10
51	9.4087306	4762	9.4234838	5097	10.5765162	9.9852468	335	9
52	9.4092068	4756	9.4239935	5091	10.5760065	9.9852133	335	8
53	9.4096824	4751	9.4245026	5087	10.5754974	9.9851798	336	7
54	9.4101575	4745	9.4250113	5081	10.5749887	9.9851462	337	6
55	9.4106320	4739	9.4255194	5077	10.5744806	9.9851125	336	5
56	9.4111059	4734	9.4260271	5071	10.5739729	9.9850789	337	4
57	9.4115793	4729	9.4265342	5066	10.5734658	9.9850452	338	3
58	9.4120522	4723	9.4270408	5061	10.5729592	9.9850114	338	2
59	9.4125245	4717	9.4275469	5056	10.5724531	9.9849776	338	1
60	9.4129962		9.4280525		10.5719475	9.9849438		0
	Cosin. 75°	Diff.	Cot. 75°	Diff. com.	Tang. 75°	Sinus 75°	Diff	′

′	Sinus 15°	Diff.	Tang. 15°	Diff. com.	Cotang. 15°	Cosin. 15°	Diff	
0	9.4129962	4712	9.4280525	5050	10.5719475	9.9849438	339	60
1	9.4134674	4707	9.4285575	5046	10.5714425	9.9849099	339	59
2	9.4139381	4701	9.4290621	5040	10.5709379	9.9848760	340	58
3	9.4144082	4696	9.4295661	5036	10.5704339	9.9848420	339	57
4	9.4148778	4690	9.4300697	5030	10.5699303	9.9848081	341	56
5	9.4153468	4684	9.4305727	5026	10.5694273	9.9847740	340	55
6	9.4158152	4680	9.4310753	5020	10.5689247	9.9847400	341	54
7	9.4162832	4674	9.4315773	5016	10.5684227	9.9847059	342	53
8	9.4167506	4668	9.4320789	5010	10.5679211	9.9846717	342	52
9	9.4172174	4663	9.4325799	5005	10.5674201	9.9846375	342	51
10	9.4176837	4658	9.4330804	5001	10.5669196	9.9846033	343	50
11	9.4181495	4653	9.4335805	4995	10.5664195	9.9845690	343	49
12	9.4186148	4647	9.4340800	4991	10.5659200	9.9845347	343	48
13	9.4190795	4641	9.4345791	4985	10.5654209	9.9845004	344	47
14	9.4195436	4637	9.4350776	4981	10.5649224	9.9844660	344	46
15	9.4200073	4631	9.4355757	4976	10.5644243	9.9844316	345	45
16	9.4204704	4626	9.4360733	4971	10.5639267	9.9843971	345	44
17	9.4209330	4620	9.4365704	4966	10.5634296	9.9843626	345	43
18	9.4213950	4616	9.4370670	4961	10.5629330	9.9843281	346	42
19	9.4218566	4610	9.4375631	4956	10.5624369	9.9842935	346	41
20	9.4223176	4604	9.4380587	4951	10.5619413	9.9842589	347	40
21	9.4227780	4600	9.4385538	4947	10.5614462	9.9842242	347	39
22	9.4232380	4594	9.4390485	4941	10.5609515	9.9841895	347	38
23	9.4236974	4589	9.4395426	4937	10.5604574	9.9841548	348	37
24	9.4241563	4584	9.4400363	4932	10.5599637	9.9841200	348	36
25	9.4246147	4579	9.4405295	4927	10.5594705	9.9840852	349	35
26	9.4250726	4573	9.4410222	4923	10.5589778	9.9840503	349	34
27	9.4255299	4568	9.4415145	4917	10.5584855	9.9840154	349	33
28	9.4259867	4563	9.4420062	4913	10.5579938	9.9839805	350	32
29	9.4264430	4558	9.4424975	4908	10.5575025	9.9839455	350	31
30	9.4268988		9.4429883		10.5570117	9.9839105		30
	Cosin. 74°	Diff.	Cot. 74°	Diff. com.	Tang. 74°	Sinus 74°	Diff	′

′	Sinus 15°	Diff.	Tang. 15°	Diff. com.	Cotang. 15°	Cosin. 15°	Diff	
30	9.4268988	4553	9.4429883	4903	10.5570117	9.9839105	350	30
31	9.4273541	4548	9.4434786	4899	10.5565214	9.9838755	351	29
32	9.4278089	4542	9 4439685	4894	10 5560315	9.9838404	352	28
33	9.4282631	4538	9.4444579	4889	10.5555421	9.9838052	351	27
34	9.4287169	4532	9.4449468	4884	10.5550532	9.9837701	353	26
35	9.4291701	4527	9.4454352	4880	10.5545648	9.9837348	352	25
36	9.4296228	4522	9.4459232	4875	10.5540768	9.9836996	353	24
37	9.4300750	4517	9.4464107	4871	10.5535893	9.9836643	353	23
38	9.4305267	4512	9.4468978	4865	10.5531022	9.9836290	354	22
39	9.4309779	4507	9.4473843	4861	10.5526157	9.9835936	354	21
40	9.4314286	4502	9.4478704	4857	10.5521296	9.9835582	355	20
41	9.4318788	4497	9.4483561	4852	10.5516439	9.9835227	355	19
42	9.4323285	4492	9.4488413	4847	10.5511587	9.9834872	355	18
43	9.4327777	4487	9.4493260	4842	10.5506740	9.9834517	356	17
44	9.4332264	4482	9.4498102	4838	10.5501898	9.9834161	356	16
45	9.4336746	4477	9 4502940	4834	10.5497060	9.9833805	356	15
46	9.4341223	4471	9.4507774	4828	10.5492226	9.9833449	357	14
47	9.4345694	4467	9.4512602	4825	10.5487398	9.9833092	357	13
48	9.4350161	4462	9.4517427	4819	10.5482573	9.9832735	358	12
49	9.4354623	4457	9.4522246	4815	10.5477754	9.9832377	358	11
50	9.4359080	4452	9.4527061	4811	10.5472939	9.9832019	358	10
51	9.4363532	4448	9.4531872	4806	10.5468128	9.9831661	359	9
52	9.4367980	4442	9.4536678	4801	10.5463322	9.9831302	360	8
53	9.4372422	4437	9.4541479	4797	10.5458521	9.9830942	359	7
54	9.4376859	4433	9 4546276	4793	10.5453724	9.9830583	360	6
55	9.4381292	4427	9.4551069	4788	10.5448931	9.9830223	361	5
56	9.4385719	4423	9.4555857	4784	10.5444143	9.9829862	361	4
57	9.4390142	4418	9.4560641	4779	10.5439359	9.9829501	361	3
58	9.4394560	4413	9.4565420	4774	10.5434580	9.9829140	362	2
59	9.4398973	4408	9.4570194	4770	10.5429806	9.9828778	362	1
60	9.4403381		9.4574964		10.5425036	9.9828416		0
	Cosin. 74°	Diff.	Cot. 74°	Diff. com.	Tang. 74°	Sinus 74°	Diff	′

'	Sinus 16°	Diff.	Tang. 16°	Diff. com.	Cotang. 16°	Cosin. 16°	Diff	
0	9.4403381	4403	9.4574964	4766	10.5425036	9.9828416	362	60
1	9.4407784	4398	9.4579730	4761	10.5420270	9.9828054	363	59
2	9.4412182	4394	9.4584491	4757	10.5415509	9.9827691	363	58
3	9.4416576	4389	9.4589248	4753	10.5410752	9.9827328	364	57
4	9.4420965	4384	9.4594001	4748	10.5405999	9.9826964	364	56
5	9.4425349	4379	9.4598749	4743	10.5401251	9.9826600	364	55
6	9.4429728	4375	9.4603492	4740	10.5396508	9.9826236	365	54
7	9.4434103	4369	9.4608232	4735	10.5391768	9.9825871	365	53
8	9.4438472	4365	9.4612967	4730	10.5387033	9.9825506	366	52
9	9.4442837	4360	9.4617697	4726	10.5382303	9.9825140	366	51
10	9.4447197	4356	9.4622423	4722	10.5377577	9.9824774	366	50
11	9.4451553	4351	9.4627145	4718	10.5372855	9.9824408	367	49
12	9.4455904	4346	9.4631863	4713	10.5368137	9.9824041	367	48
13	9.4460250	4341	9.4636576	4709	10.5363424	9.9823674	368	47
14	9.4464591	4336	9.4641285	4705	10.5358715	9.9823306	368	46
15	9.4468927	4332	9.4645990	4700	10.5354010	9.9822938	369	45
16	9.4473259	4327	9.4650690	4696	10.5349310	9.9822569	368	44
17	9.4477586	4323	9.4655386	4692	10.5344614	9.9822201	370	43
18	9.4481909	4318	9.4660078	4687	10.5339922	9.9821831	369	42
19	9.4486227	4313	9.4664765	4683	10.5335235	9.9821462	370	41
20	9.4490540	4309	9.4669448	4679	10.5330552	9.9821092	371	40
21	9.4494849	4304	9.4674127	4675	10.5325873	9.9820721	370	39
22	9.4499153	4299	9.4678802	4671	10.5321198	9.9820351	372	38
23	9.4503452	4295	9.4683473	4666	10.5316527	9.9819979	371	37
24	9.4507747	4290	9.4688139	4662	10.5311861	9.9819608	372	36
25	9.4512037	4285	9.4692801	4658	10.5307199	9.9819236	373	35
26	9.4516322	4281	9.4697459	4653	10.5302541	9.9818863	373	34
27	9.4520603	4276	9.4702112	4650	10.5297888	9.9818490	373	33
28	9.4524879	4272	9.4706762	4645	10.5293238	9.9818117	373	32
29	9.4529151	4267	9.4711407	4641	10.5288593	9.9817744	374	31
30	9.4533418		9.4716048		10.5283952	9.9817370		30
	Cosin. 73°	Diff.	Cot. 73°	Diff. com	Tang. 73°	Sinus 73°	Diff	'

′	Sinus 16°	Diff.	Tang. 16°	Diff. com.	Cotang. 16°	Cosin. 16°	Diff	
30	9.4533418	4263	9.4716048	4637	10.5283952	9.9817370	375	30
31	9.4537681	4258	9.4720685	4633	10.5279315	9.9816995	375	29
32	9.4541939	4253	9.4725318	4629	10.5274682	9.9816620	375	28
33	9.4546192	4249	9.4729947	4625	10.5270053	9.9816245	375	27
34	9.4550441	4245	9.4734572	4620	10.5265428	9.9815870	376	26
35	9.4554686	4240	9.4739192	4616	10.5260808	9.9815494	377	25
36	9.4558926	4235	9.4743808	4613	10 5256192	9.9815117	377	24
37	9.4563161	4231	9.4748421	4608	10.5251579	9.9814740	377	23
38	9.4567392	4226	9.4753029	4604	10.5246971	9.9814363	377	22
39	9.4571618	4222	9.4757633	4600	10.5242367	9.9813986	378	21
40	9.4575840	4218	9.4762233	4596	10.5237767	9.9813608	379	20
41	9.4580058	4213	9.4766829	4592	10.5233171	9.9813229	379	19
42	9.4584271	4209	9.4771421	4588	10.5228579	9.9812850	379	18
43	9.4588480	4204	9.4776009	4583	10.5223991	9.9812471	380	17
44	9.4592684	4200	9.4780592	4580	10.5219408	9.9812091	380	16
45	9.4596884	4195	9.4785172	4576	10.5214828	9.9811711	380	15
46	9.4601079	4191	9 4789748	4571	10.5210252	9.9811331	381	14
47	9.4605270	4186	9.4794319	4568	10.5205681	9.9810950	381	13
48	9.4609456	4182	9.4798887	4564	10.5201113	9.9810569	382	12
49	9.4613638	4178	9.4803451	4560	10.5196549	9.9810187	382	11
50	9.4617816	4173	9.4808011	4555	10.5191989	9.9809805	382	10
51	9.4621989	4169	9.4812566	4552	10.5187434	9.9809423	383	9
52	9.4626158	4165	9.4817118	4548	10.5182882	9.9809040	383	8
53	9.4630323	4160	9.4821666	4544	10.5178334	9.9808657	384	7
54	9.4634483	4156	9.4826210	4540	10.5173790	9.9808273	384	6
55	9.4638639	4151	9.4830750	4536	10.5169250	9.9807889	384	5
56	9.4642790	4148	9.4835286	4532	10.5164714	9.9807505	385	4
57	9.4646938	4143	9.4839818	4528	10.5160182	9.9807120	385	3
58	9.4651081	4138	9.4844346	4524	10.5155654	9.9806735	386	2
59	9.4655219	4134	9.4848870	4520	10.5151130	9.9806349	386	1
60	9.4659353		9.4853390		10.5146610	9.9805963		0
	Cosin. 73°	Diff.	Cot. 73°	Diff. com.	Tang. 73°	Sinus. 73°	Diff	′

′	Sinus 17°	Diff.	Tang. 17°	Diff. com.	Cotang. 17°	Cosin. 17°	Diff	
0	9.4659353	4130	9.4853390	4517	10.5146610	9.9805963	386	60
1	9.4663483	4126	9.4857907	4512	10.5142093	9.9805577	387	59
2	9.4667609	4121	9.4862419	4509	10.5137581	9.9805190	387	58
3	9.4671730	4118	9.4866928	4505	10.5133072	9.9804803	388	57
4	9.4675848	4112	9.4871433	4500	10.5128567	9.9804415	388	56
5	9.4679960	4109	9.4875933	4497	10.5124067	9.9804027	388	55
6	9.4684069	4104	9.4880430	4494	10.5119570	9.9803639	389	54
7	9.4688173	4100	9.4884924	4489	10.5115076	9.9803250	390	53
8	9.4692273	4096	9.4889413	4485	10.5110587	9.9802860	389	52
9	9.4696369	4092	9.4893898	4482	10.5106102	9.9802471	390	51
10	9.4700461	4087	9.4898380	4478	10.5101620	9.9802081	391	50
11	9.4704548	4083	9.4902858	4474	10.5097142	9.9801690	391	49
12	9.4708631	4079	9.4907332	4470	10.5092668	9.9801299	391	48
13	9.4712710	4075	9.4911802	4467	10.5088198	9.9800908	392	47
14	9.4716785	4071	9.4916269	4462	10.5083731	9.9800516	392	46
15	9.4720856	4066	9.4920731	4459	10.5079269	9.9800124	392	45
16	9.4724922	4063	9.4925190	4456	10.5074810	9.9799732	393	44
17	9.4728985	4058	9.4929646	4451	10.5070354	9.9799339	393	43
18	9.4733043	4054	9.4934097	4448	10.5065903	9.9798946	394	42
19	9.4737097	4049	9.4938545	4443	10.5061455	9.9798552	394	41
20	9.4741146	4046	9.4942988	4441	10.5057012	9.9798158	394	40
21	9.4745192	4042	9.4947429	4436	10.5052571	9.9797764	395	39
22	9.4749234	4037	9.4951865	4433	10.5048135	9.9797369	396	38
23	9.4753271	4033	9.4956298	4429	10.5043702	9.9796973	395	37
24	9.4757304	4030	9.4960727	4425	10.5039273	9.9796578	396	36
25	9.4761334	4025	9.4965152	4422	10.5034848	9.9796182	397	35
26	9.4765359	4021	9.4969574	4417	10.5030426	9.9795785	397	34
27	9.4769380	4016	9.4973991	4415	10.5026009	9.9795388	397	33
28	9.4773396	4013	9.4978406	4410	10.5021594	9.9794991	398	32
29	9.4777409	4009	9.4982816	4407	10.5017184	9.9794593	398	31
30	9.4781418		9.4987223		10.5012777	9.9794195		30
	Cosin. 72°	Diff.	Cot. 72°	Diff. com.	Tang. 72°	Sinus 72°	Diff	′

'	Sinus 17°	Diff.	Tang. 17°	Diff. com.	Cotang. 17°	Cosin. 17°	Diff	
30	9.4781418	4005	9.4987223	4403	10.5012777	9.9794195	399	30
31	9.4785423	4000	9.4991626	4400	10.5008374	9.9793796	398	29
32	9.4789423	3997	9.4996026	4396	10.5003974	9.9793398	400	28
33	9.4793420	3992	9.5000422	4392	10.4999578	9.9792998	399	27
34	9.4797412	3989	9.5004814	4389	10.4995186	9.9792599	401	26
35	9.4801401	3984	9.5009203	4385	10.4990797	9.9792198	400	25
36	9.4805385	3981	9.5013588	4381	10.4986412	9.9791798	401	24
37	9.4809366	3976	9.5017969	4378	10.4982031	9.9791397	401	23
38	9.4813342	3973	9.5022347	4374	10.4977653	9.9790996	402	22
39	9.4817315	3968	9.5026721	4371	10.4973279	9.9790594	402	21
40	9.4821283	3965	9.5031092	4367	10.4968908	9.9790192	403	20
41	9.4825248	3960	9.5035459	4363	10.4964541	9.9789789	403	19
42	9.4829208	3957	9.5039822	4360	10.4960178	9.9789386	403	18
43	9.4833165	3952	9.5044182	4356	10.4955818	9.9788983	404	17
44	9.4837117	3949	9.5048538	4353	10.4951462	9.9788579	404	16
45	9.4841066	3944	9.5052891	4349	10.4947109	9.9788175	405	15
46	9.4845010	3941	9.5057240	4346	10.4942760	9.9787770	405	14
47	9.4848951	3937	9.5061586	4342	10.4938414	9.9787365	405	13
48	9.4852888	3932	9.5065928	4339	10.4934072	9.9786960	406	12
49	9.4856820	3929	9.5070267	4335	10.4929733	9.9786554	406	11
50	9.4860749	3925	9.5074602	4331	10.4925398	9.9786148	407	10
51	9.4864674	3921	9.5078933	4328	10.4921067	9.9785741	407	9
52	9.4868595	3917	9.5083261	4325	10.4916739	9.9785334	407	8
53	9.4872512	3914	9.5087586	4321	10.4912414	9.9784927	408	7
54	9.4876426	3909	9.5091907	4317	10.4908093	9.9784519	408	6
55	9.4880335	3905	9.5096224	4315	10.4903776	9.9784111	409	5
56	9.4884240	3902	9.5100539	4310	10.4899461	9.9783702	409	4
57	9.4888142	3898	9.5104849	4307	10.4895151	9.9783293	410	3
58	9.4892040	3894	9.5109156	4304	10.4890844	9.9782883	409	2
59	9.4895934	3890	9.5113460	4300	10.4886540	9.9782474	411	1
60	9.4899824		9.5117760		10.4882240	9.9782063		0
	Cosin. 72°	Diff.	Cot. 72°	Diff. com.	Tang. 72°	Sinus 72°	Diff	'

′	Sinus 18°	Diff.	Tang. 18°	Diff. com.	Cotang. 18°	Cosin. 18°	Diff	
0	9.4899824	3886	9.5117760	4297	10.4882240	9.9782063	410	60
1	9.4903710	3882	9.5122057	4294	10.4877943	9.9781653	412	59
2	9.4907592	3879	9.5126351	4290	10.4873649	9.9781241	411	58
3	9.4911471	3874	9.5130641	4286	10.4869359	9.9780830	412	57
4	9.4915345	3871	9.5134927	4283	10.4865073	9.9780418	412	56
5	9.4919216	3867	9.5139210	4280	10.4860790	9.9780006	413	55
6	9.4923083	3863	9.5143490	4276	10.4856510	9.9779593	413	54
7	9.4926946	3860	9.5147766	4273	10.4852234	9.9779180	414	53
8	9.4930806	3855	9.5152039	4270	10.4847961	9.9778766	413	52
9	9.4934661	3852	9.5156309	4266	10.4843691	9.9778353	415	51
10	9.4938513	3848	9.5160575	4263	10.4839425	9.9777938	415	50
11	9.4942361	3844	9.5164838	4259	10.4835162	9.9777523	415	49
12	9.4946205	3841	9.5169097	4256	10.4830903	9.9777108	415	48
13	9.4950046	3837	9.5173353	4253	10.4826647	9.9776693	416	47
14	9.4953883	3833	9.5177606	4249	10.4822394	9.9776277	417	46
15	9.4957716	3829	9.5181855	4246	10.4818145	9.9775860	416	45
16	9.4961545	3825	9.5186101	4243	10.4813899	9.9775444	418	44
17	9.4965370	3822	9.5190344	4239	10.4809656	9.9775026	417	43
18	9.4969192	3818	9.5194583	4236	10.4805417	9.9774609	418	42
19	9.4973010	3814	9.5198819	4233	10.4801181	9.9774191	419	41
20	9.4976824	3811	9.5203052	4230	10.4796948	9.9773772	418	40
21	9.4980635	3807	9.5207282	4226	10.4792718	9.9773354	420	39
22	9.4984442	3803	9.5211508	4222	10.4788492	9.9772934	419	38
23	9.4988245	3800	9.5215730	4220	10.4784270	9.9772515	420	37
24	9.4992045	3795	9.5219950	4216	10.4780050	9.9772095	421	36
25	9.4995840	3793	9.5224166	4213	10.4775834	9.9771674	421	35
26	9.4999633	3788	9.5228379	4210	10.4771621	9.9771253	421	34
27	9.5003421	3785	9.5232589	4206	10.4767411	9.9770832	422	33
28	9.5007206	3781	9.5236795	4204	10.4763205	9.9770410	422	32
29	9.5010987	3777	9.5240999	4200	10.4759001	9.9769988	422	31
30	9.5014764		9.5245199		10.4754801	9.9769566		30
	Cosin. 71°	Diff.	Cot. 71°	Diff. com.	Tang. 71°	Sinus 71°	Diff	′

′	Sinus 18°	Diff.	Tang. 18°	Diff. com.	Cotang. 18°	Cosin. 18°	Diff	
30	9.5014764	3774	9.5245199	4196	10.4754801	9.9769566	423	30
31	9.5018538	3770	9.5249395	4194	10.4750605	9.9769143	423	29
32	9.5022308	3767	9.5253589	4190	10.4746411	9.9768720	424	28
33	9.5026075	3763	9.5257779	4187	10.4742221	9.9768296	424	27
34	9.5029838	3759	9.5261966	4184	10.4738034	9.9767872	425	26
35	9.5033597	3756	9.5266150	4181	10.4733850	9.9767447	425	25
36	9.5037353	3752	9.5270331	4177	10.4729669	9.9767022	425	24
37	9.5041105	3748	9.5274508	4174	10.4725492	9.9766597	426	23
38	9.5044853	3745	9.5278682	4171	10.4721318	9.9766171	426	22
39	9.5048598	3741	9.5282853	4168	10.4717147	9.9765745	427	21
40	9.5052339	3738	9.5287021	4165	10.4712979	9.9765318	427	20
41	9.5056077	3734	9.5291186	4161	10.4708814	9.9764891	427	19
42	9.5059811	3731	9.5295347	4158	10.4704653	9.9764464	428	18
43	9.5063542	3727	9.5299505	4156	10.4700495	9.9764036	428	17
44	9.5067269	3723	9.5303661	4152	10.4696339	9.9763608	429	16
45	9.5070992	3720	9.5307813	4148	10.4692187	9.9763179	429	15
46	9.5074712	3716	9.5311961	4146	10.4688039	9.9762750	429	14
47	9.5078428	3713	9.5316107	4143	10.4683893	9.9762321	430	13
48	9.5082141	3709	9.5320250	4139	10.4679750	9.9761891	430	12
49	9.5085850	3706	9.5324389	4137	10.4675611	9.9761461	431	11
50	9.5089556	3702	9.5328526	4133	10.4671474	9.9761030	431	10
51	9.5093258	3698	9.5332659	4130	10.4667341	9.9760599	432	9
52	9.5096956	3695	9.5336789	4127	10.4663211	9.9760167	431	8
53	9.5100651	3692	9.5340916	4124	10.4659084	9.9759736	433	7
54	9.5104343	3688	9.5345040	4121	10.4654960	9.9759303	433	6
55	9.5108031	3685	9.5349161	4117	10.4650839	9.9758870	433	5
56	9.5111716	3681	9.5353278	4115	10.4646722	9.9758437	433	4
57	9.5115397	3677	9.5357393	4112	10.4642607	9.9758004	434	3
58	9.5119074	3675	9.5361505	4108	10.4638495	9.9757570	435	2
59	9.5122749	3670	9.536 613	4106	10.4634387	9.9757135	434	1
60	9.5126419		9.5369719		10.4630281	9.9756701		0
	Cosin. 71°	Diff.	Cot. 71°	Diff. com.	Tang. 71°	Sinus 71°	Diff	′

′	Sinus 19°	Diff.	Tang. 19°	Diff. com.	Cotang. 19°	Cosin. 19°	Diff.	
0	9.5126419	3667	9.5369719	4102	10.4630281	9.9756701	436	60
1	9.5130086	3664	9.5373821	4099	10.4626179	9.9756265	435	59
2	9.5133750	3660	9.5377920	4097	10.4622080	9.9755830	436	58
3	9.5137410	3657	9.5382017	4093	10.4617983	9.9755394	437	57
4	9.5141067	3654	9.5386110	4090	10.4613890	9.9754957	436	56
5	9.5144721	3650	9.5390200	4087	10.4609800	9.9754521	438	55
6	9.5148371	3646	9.5394287	4084	10.4605713	9.9754083	437	54
7	9.5152017	3643	9.5398371	4082	10.4601629	9.9753646	438	53
8	9.5155660	3640	9.5402453	4078	10.4597547	9.9753208	439	52
9	9.5159300	3636	9.5406531	4075	10.4593469	9.9752769	439	51
10	9.5162936	3633	9.5410606	4072	10.4589394	9.9752330	439	50
11	9.5166569	3629	9.5414678	4069	10.4585322	9.9751891	440	49
12	9.5170198	3626	9.5418747	4066	10.4581253	9.9751451	440	48
13	9.5173824	3623	9.5422813	4064	10.4577187	9.9751011	441	47
14	9.5177447	3619	9.5426877	4060	10.4573123	9.9750570	441	46
15	9.5181066	3616	9.5430937	4057	10.4569063	9.9750129	441	45
16	9.5184682	3613	9.5434994	4054	10.4565006	9.9749688	442	44
17	9.5188295	3609	9.5439048	4052	10.4560952	9.9749246	442	43
18	9.5191904	3606	9.5443100	4048	10.4556900	9.9748804	443	42
19	9.5195510	3602	9.5447148	4045	10.4552852	9.9748361	443	41
20	9.5199112	3599	9.5451193	4043	10.4548807	9.9747918	443	40
21	9.5202711	3596	9.5455236	4040	10.4544764	9.9747475	444	39
22	9.5206307	3592	9.5459276	4036	10.4540724	9.9747031	444	38
23	9.5209899	3589	9.5463312	4034	10.4536688	9.9746587	445	37
24	9.5213488	3586	9.5467346	4031	10.4532654	9.9746142	445	36
25	9.5217074	3582	9.5471377	4028	10.4528623	9.9745697	445	35
26	9.5220656	3579	9.5475405	4025	10.4524595	9.9745252	446	34
27	9.5224235	3576	9.5479430	4022	10.4520570	9.9744806	447	33
28	9.5227811	3572	9.5483452	4019	10.4516548	9.9744359	446	32
29	9.5231383	3570	9.5487471	4016	10.4512529	9.9743913	447	31
30	9.5234953		9.5491487		10.4508513	9.9743466		30
	Cosin. 70°	Diff.	Cot. 70°	Diff. com.	Tang. 70°	Sinus 70°	Diff.	′

′	Sinus 19°	Diff.	Tang 19°	Diff. com.	Cotang. 19°	Cosin. 19°	Diff	
30	9.5234953	3565	9.5491487	4013	10.4508513	9.9743466	448	30
31	9.5238518	3563	9.5495500	4011	10.4504500	9.9743018	448	29
32	9.5242081	3559	9.5499511	4008	10.4500489	9.9742570	448	28
33	9.5245640	3556	9.5503519	4004	10.4496481	9.9742122	449	27
34	9.5249196	3553	9.5507523	4002	10.4492477	9.9741673	449	26
35	9.5252749	3549	9.5511525	3999	10.4488475	9.9741224	450	25
36	9.5256298	3546	9.5515524	3997	10.4484476	9.9740774	450	24
37	9.5259844	3543	9.5519521	3993	10.4480479	9.9740324	451	23
38	9.5263387	3540	9.5523514	3990	10.4476486	9.9739873	451	22
39	9.5266927	3536	9.5527504	3988	10.4472496	9.9739422	451	21
40	9.5270463	3534	9.5531492	3985	10.4468508	9.9738971	452	20
41	9.5273997	3529	9.5535477	3982	10.4464523	9.9738519	452	19
42	9.5277526	3527	9.5539459	3979	10.4460541	9.9738067	452	18
43	9.5281053	3524	9.5543438	3977	10.4456562	9.9737615	453	17
44	9.5284577	3520	9.5547415	3973	10.4452585	9.9737162	453	16
45	9.5288097	3517	9.5551388	3971	10.4448612	9.9736709	454	15
46	9.5291614	3514	9.5555359	3968	10.4444641	9.9736255	454	14
47	9.5295128	3510	9.5559327	3965	10.4440673	9.9735801	455	13
48	9.5298638	3508	9.5563292	3963	10.4436708	9.9735346	455	12
49	9.5302146	3504	9.5567255	3959	10.4432745	9.9734891	456	11
50	9.5305650	3501	9.5571214	3957	10.4428786	9.9734435	455	10
51	9.5309151	3498	9.5575171	3954	10.4424829	9.9733980	457	9
52	9.5312649	3494	9.5579125	3952	10.4420875	9.9733523	456	8
53	9.5316143	3492	9.5583077	3948	10.4416923	9.9733067	457	7
54	9.5319635	3488	9.5587025	3946	10.4412975	9.9732610	458	6
55	9.5323123	3485	9.5591971	3943	10.4409029	9.9732152	458	5
56	9.5326608	3482	9.5594914	3940	10.4405086	9.9731694	458	4
57	9.5330090	3479	9.5598854	3938	10.4401146	9.9731236	459	3
58	9.5333569	3475	9.5602792	3935	10.4397208	9.9730777	459	2
59	9.5337044	3473	9.5606727	3932	10.4393273	9.9730318	460	1
60	9.5340517		9.5610659		10.4389341	9.9729858		0
	Cosin 70°	Diff.	Cot. 70°	Diff. com.	Tang. 70°	Sinus 70°	Diff	′

′	Sinus 20°	Diff.	Tang. 20°	Diff. com.	Cotang. 20°	Cosin. 20°	Diff	′
0	9.5340517	3469	9.5610659	3929	10.4389341	9.9729858	460	60
1	9.5343986	3466	9.5614588	3927	10.4385412	9.9729398	460	69
2	9.5347452	3463	9.5618515	3924	10.4381485	9.9728938	461	58
3	9.5350915	3460	9.5622439	3921	10.4377561	9.9728477	461	57
4	9.5354375	3457	9.5626360	3918	10.4373640	9.9728016	462	56
5	9.5357832	3454	9.5630278	3916	10.4369722	9.9727554	462	55
6	9.5361286	3451	9.5634194	3913	10.4365806	9.9727092	463	54
7	9.5364737	3447	9.5638107	3911	10.4361893	9.9726629	463	53
8	9.5368184	3445	9.5642018	3907	10.4357982	9.9726166	463	52
9	9.5371629	3441	9 5645925	3906	10.4354075	9.9725703	464	51
10	9.5375070	3438	9.5649831	3902	10.4350169	9.9725239	464	50
11	9.5378508	3435	9.5653733	3900	10.4346267	9.9724775	465	49
12	9.5381943	3432	9.5657633	3897	10.4342367	9.9724310	465	48
13	9.5385375	3429	9.5661530	3894	10.4338470	9.9723845	465	47
14	9.5388804	3426	9.5665424	3892	10.4334576	9.9723380	466	46
15	9.5392230	3423	9.5669316	3889	10.4330684	9.9722914	466	45
16	9.5395653	3420	9.5673205	3886	10.4326795	9.9722448	467	44
17	9.5399073	3416	9.5677091	3884	10.4322909	9.9721981	467	43
18	9.5402489	3414	9.5680975	3881	10.4319025	9.9721514	467	42
19	9.5405903	3411	9.5684856	3879	10.4315144	9.9721047	468	41
20	9.5409314	3407	9.5688735	3876	10.4311265	9.9720579	469	40
21	9.5412721	3405	9.5692611	3873	10 4307389	9.9720110	468	39
22	9.5416126	3401	9.5696484	3871	10.4303516	9.9719642	470	38
23	9.5419527	3399	9.5700355	3868	10.4299645	9.9719172	469	37
24	9.5422926	3395	9.5704223	3865	10.4295777	9.9718703	470	36
25	9.5426321	3392	9.5708088	3863	10.4291912	9.9718233	471	35
26	9.5429713	3390	9.5711951	3860	10.4288049	9.9717762	471	34
27	9.5433103	3386	9.5715811	3858	10.4284189	9.9717291	471	33
28	9.5436489	3384	9.5719669	3855	10.4280331	9.9716820	472	32
29	9 5439873	3380	9.5723524	3853	10.4276476	9.9716348	472	31
30	9.5443253		9.5727377		10.4272623	9.9715876		30
	Cosin. 69°	Diff.	Cot. 69°	Diff. com.	Tang. 69°	Sinus 69°	Diff	′

′	Sinus 20°	Diff.	Tang. 20°	Diff. com.	Cotang. 20°	Cosin. 20°	Diff	
30	9.5443253	3377	9.5727377	3850	10.4272623	9.9715876	472	30
31	9.5446630	3375	9.5731227	3847	10.4268773	9.9715404	473	29
32	9.5450005	3371	9.5735074	3845	10.4264926	9.9714931	474	28
33	9.5453376	3369	9.5738919	3842	10.4261081	9.9714457	473	27
34	9.5456745	3365	9.5742761	3840	10.4257239	9.9713984	475	26
35	9.5460110	3362	9.5746601	3837	10.4253399	9.9713509	474	25
36	9.5463472	3360	9.5750438	3834	10.4249562	9.9713035	475	24
37	9.5466832	3357	9.5754272	3832	10.4245728	9.9712560	476	23
38	9.5470189	3353	9.5758104	3830	10.4241896	9.9712084	476	22
39	9.5473542	3351	9.5761934	3827	10.4238066	9.9711608	476	21
40	9.5476893	3347	9.5765761	3824	10.4234239	9.9711132	477	20
41	9.5480240	3345	9.5769585	3822	10.4230415	9.9710655	477	19
42	9.5483585	3342	9.5773407	3819	10.4226593	9.9710178	477	18
43	9.5486927	3339	9.5777226	3817	10.4222774	9.9709701	478	17
44	9.5490266	3336	9.5781043	3815	10.4218957	9.9709223	479	16
45	9.5493602	3333	9.5784858	3811	10.4215142	9.9708744	479	15
46	9.5496935	3330	9.5788669	3810	10.4211331	9.9708265	479	14
47	9.5500265	3327	9.5792479	3807	10.4207521	9.9707786	480	13
48	9.5503592	3324	9.5796286	3804	10.4203714	9.9707306	480	12
49	9.5506916	3321	9.5800090	3802	10.4199910	9.9706826	480	11
50	9.5510237	3319	9.5803892	3799	10.4196108	9.9706346	481	10
51	9.5513556	3315	9.5807691	3797	10.4192309	9.9705865	482	9
52	9.5516871	3313	9.5811488	3794	10.4188512	9.9705383	481	8
53	9.5520184	3310	9.5815282	3792	10.4184718	9.9704902	483	7
54	9.5523494	3307	9.5819074	3790	10.4180926	9.9704419	482	6
55	9.5526801	3304	9.5822864	3787	10.4177136	9.9703937	483	5
56	9.5530105	3301	9.5826651	3784	10.4173349	9.9703454	484	4
57	9.5533406	3298	9.5830435	3782	10.4169565	9.9702970	484	3
58	9.5536704	3295	9.5834217	3780	10.4165783	9.9702486	484	2
59	9.5539999	3293	9.5837997	3777	10.4162003	9.9702002	485	1
60	9.5543292		9.5841774		10.4158226	9.9701517		0
	Cosin. 69°	Diff.	Cot. 69°	Diff. com.	Tang. 69°	Sinus 69°	Diff	′

'	Sinus 21°	Diff.	Tang. 21°	Diff. com.	Cotang. 21°	Cosin. 21°	Diff	
0	9.5543292	5289	9.5841774	3775	10.4158226	9.9701517	485	60
1	9.5546581	5287	9.5845549	3772	10.4154451	9.9701032	485	59
2	9.5549868	5284	9.5849321	3770	10.4150679	9.9700547	486	58
3	9.5553152	5281	9.5853091	3768	10.4146909	9.9700061	487	57
4	9.5556433	5278	9.5856859	3765	10.4143141	9.9699574	487	56
5	9.5559711	5276	9.5860624	3762	10.4139376	9.9699087	487	55
6	9.5562987	5272	9.5864386	3761	10.4135614	9.9698600	488	54
7	9.5566259	5270	9.5868147	3757	10.4131853	9.9698112	488	53
8	9.5569529	5267	9.5871904	3756	10.4128096	9.9697624	488	52
9	9.5572796	5264	9.5875660	3753	10.4124340	9.9697136	489	51
10	9.5576060	5261	9.5879413	3750	10.4120587	9.9696647	489	50
11	9.5579321	5258	9.5883163	3749	10.4116837	9.9696158	490	49
12	9.5582579	5256	9.5886912	3745	10.4113088	9.9695668	491	48
13	9.5585835	5253	9.5890657	3744	10.4109343	9.9695177	490	47
14	9.5589088	5250	9.5894401	3741	10.4105599	9.9694687	491	46
15	9.5592338	5247	9.5898142	3739	10.4101858	9.9694196	492	45
16	9.5595585	5244	9.5901881	3736	10.4098119	9.9693704	492	44
17	9.5598829	5242	9.5905617	3734	10.4094383	9.9693212	492	43
18	9.5602071	5239	9.5909351	3731	10.4090649	9.9692720	493	42
19	9.5605310	5236	9.5913082	3730	10.4086918	9.9692227	493	41
20	9.5608546	5233	9.5916812	3727	10.4083188	9.9691734	493	40
21	9.5611779	5231	9.5920539	3724	10.4079461	9.9691241	495	39
22	9.5615010	5227	9.5924263	3722	10.4075737	9.9690746	494	38
23	9.5618237	5225	9.5927985	3720	10.4072015	9.9690252	495	37
24	9.5621462	5223	9.5931705	3718	10.4068295	9.9689757	495	36
25	9.5624685	5219	9.5935423	3715	10.4064577	9.9689262	496	35
26	9.5627904	5217	9.5939138	3713	10.4060862	9.9688766	496	34
27	9.5631121	5214	9.5942851	3710	10.4057149	9.9688270	497	33
28	9.5634335	5211	9.5946561	3708	10.4053439	9.9687773	497	32
29	9.5637546	5208	9.5950269	3706	10.4049731	9.9687276	497	31
30	9.5640754		9.5953975		10.4046025	9.9686779		30
	Cosin. 68°	Diff.	Cot. 68°	Diff. com.	Tang 68°	Sinus 68°	Diff	'

′	Sinus 21°	Diff.	Tang. 21°	Diff. com.	Cotang. 21°	Cosin. 21°	Diff	
30	9.5640754	3206	9.5953975	3704	10.4046025	9.9686779	498	30
31	9.5643960	3203	9.5957679	3701	10.4042321	9.9686281	498	29
32	9.5647163	3200	9.5961380	3699	10.4038620	9.9685783	499	28
33	9.5650363	3198	9.5965079	3697	10.4034921	9.9685284	499	27
34	9.5653561	3195	9.5968776	3694	10.4031224	9.9684785	499	26
35	9.5656756	3192	9.5972470	3692	10.4027530	9.9684286	500	25
36	9.5659948	3189	9.5976162	3690	10.4023838	9.9683786	501	24
37	9.5663137	3187	9.5979852	3688	10.4020148	9.9683285	501	23
38	9.5666324	3184	9.5983540	3685	10.4016460	9.9682784	501	22
39	9.5669508	3181	9.5987225	3683	10.4012775	9.9682283	502	21
40	9.5672689	3179	9.5990908	3680	10.4009092	9.9681781	502	20
41	9.5675868	3176	9.5994588	3679	10.4005412	9.9681279	502	19
42	9.5679044	3173	9.5998267	3676	10.4001733	9.9680777	503	18
43	9.5682217	3170	9.6001943	3674	10.3998057	9.9680274	503	17
44	9.5685387	3168	9.6005617	3672	10.3994383	9.9679771	504	16
45	9.5688555	3166	9.6009289	3669	10.3990711	9.9679267	504	15
46	9.5691721	3162	9.6012958	3667	10.3987042	9.9678763	505	14
47	9.5694883	3160	9.6016625	3665	10.3983375	9.9678258	505	13
48	9.5698043	3157	9.6020290	3663	10.3979710	9.9677753	506	12
49	9.5701200	3155	9.6023953	3660	10.3976047	9.9677247	506	11
50	9.5704355	3151	9.6027613	3658	10.3972387	9.9676741	506	10
51	9.5707506	3150	9.6031271	3656	10.3968729	9.9676235	507	9
52	9.5710656	3146	9.6034927	3654	10 3965073	9.9675728	507	8
53	9.5713802	3144	9.6038581	3652	10.3961419	9.9675221	508	7
54	9.5716946	3141	9.6042233	3649	10.3957767	9.9674713	508	6
55	9.5720087	3139	9.6045882	3647	10.3954118	9.9674205	508	5
56	9.5723226	3136	9.6049529	3645	10.3950471	9.9673697	509	4
57	9.5726362	3133	9.6053174	3643	10.3946826	9.9673188	509	3
58	9.5729495	3131	9.6056817	3640	10.3943183	9.9672679	510	2
59	9.5732626	3128	9.6060457	3639	10.3939543	9.9672169	510	1
60	9.5735754		9.6064096		10.3935904	9.9671659		0
	Cosin. 68°	Diff.	Cot. 68°	Diff. com.	Tang. 68°	Sinus 68°	Diff	′

′	Sinus 22°	Diff.	Tang. 22°	Diff. com.	Cotang. 22°	Cosin. 22°	Diff	
0	9.5735754	3126	9.6064096	3636	10.3935904	9.9671659	511	60
1	9.5738880	3123	9.6067732	3634	10.3932268	9.9671148	511	59
2	9.5742003	3120	9.6071366	3631	10.3928634	9.9670637	512	58
3	9.5745123	3117	9.6074997	3630	10.3925003	9.9670125	511	57
4	9.5748240	3116	9.6078627	3627	10.3921373	9.9669614	513	56
5	9.5751356	3112	9.6082254	3626	10.3917746	9.9669101	513	55
6	9.5754468	3110	9.6085880	3623	10.3914120	9.9668588	513	54
7	9.5757578	3107	9.6089503	3621	10.3910497	9.9668075	513	53
8	9.5760685	3105	9.6093124	3618	10.3906876	9.9667562	514	52
9	9.5763790	3102	9.6096742	3617	10.3903258	9.9667048	515	51
10	9.5766892	3099	9.6100359	3614	10.3899641	9.9666533	515	50
11	9.5769991	3097	9.6103973	3613	10.3896027	9.9666018	515	49
12	9.5773088	3095	9.6107586	3610	10.3892414	9.9665503	516	48
13	9.5776183	3092	9.6111196	3608	10.3888804	9.9664987	516	47
14	9.5779275	3089	9.6114804	3605	10.3885196	9.9664471	517	46
15	9.5782364	3086	9.6118409	3604	10.3881591	9.9663954	517	45
16	9.5785450	3085	9.6122013	3602	10.3877987	9.9663437	517	44
17	9.5788535	3081	9.6125615	3599	10.3874385	9.9662920	518	43
18	9.5791616	3079	9.6129214	3598	10.3870786	9.9662402	518	42
19	9.5794695	3077	9.6132812	3595	10.3867188	9.9661884	519	41
20	9.5797772	3073	9.6136407	3593	10.3863593	9.9661365	519	40
21	9.5800845	3072	9.6140000	3591	10.3860000	9.9660846	520	39
22	9.5803917	3069	9.6143591	3589	10.3856409	9.9660326	520	38
23	9.5806986	3066	9.6147180	3586	10.3852820	9.9659806	521	37
24	9.5810052	3064	9.6150766	3585	10.3849234	9.9659285	521	36
25	9.5813116	3061	9.6154351	3583	10.3845649	9.9658764	521	35
26	9.5816177	3059	9.6157934	3580	10.3842066	9.9658243	522	34
27	9.5819236	3056	9.6161514	3579	10.3838486	9.9657721	522	33
28	9.5822292	3053	9.6165093	3576	10.3834907	9.9657199	522	32
29	9.5825345	3052	9.6168669	3574	10.3831331	9.9656677	524	31
30	9.5828397		9.6172243		10.3827757	9.9656153		30
	Cosin. 67°	Diff.	Cot. 67°	Diff. com.	Tang. 67°	Sinus 67°	Diff	′

′	Sinus 22°	Diff.	Tang. 22°	Diff. com.	Cotang. 22°	Cosin. 22°	Diff	
30	9.5828397	3048	9.6172243	3572	10.3827757	9.9656153	523	30
31	9.5831445	3046	9.6175815	3570	10.3824185	9.9655630	524	29
32	9.5834491	3044	9.6179385	3568	10.3820615	9.9655106	524	28
33	9.5837535	3041	9.6182953	3566	10.3817047	9.9654582	525	27
34	9.5840576	3039	9.6186519	3564	10.3813481	9.9654057	525	26
35	9.5843615	3036	9.6190083	3562	10.3809917	9.9653532	526	25
36	9.5846651	3034	9.6193645	3560	10.3806355	9.9653006	526	24
37	9.5849685	3031	9.6197205	3557	10.3802795	9.9652480	527	23
38	9.5852716	3029	9.6200762	3556	10.3799238	9.9651953	527	22
39	9.5855745	3026	9.6204318	3554	10.3795682	9.9651426	527	21
40	9.5858771	3024	9.6207872	3551	10.3792128	9.9650899	528	20
41	9.5861795	3021	9.6211423	3550	10.3788577	9.9650371	528	19
42	9.5864816	3019	9.6214973	3547	10.3785027	9.9649843	529	18
43	9.5867835	3016	9.6218520	3546	10.3781480	9.9649314	529	17
44	9.5870851	3014	9.6222066	3543	10.3777934	9.9648785	529	16
45	9.5873865	3011	9.6225609	3541	10.3774391	9.9648256	530	15
46	9.5876875	3009	9.6229150	3540	10.3770850	9.9647726	531	14
47	9.5879885	3007	9.6232690	3537	10.3767310	9.9647195	530	13
48	9.5882892	3004	9.6236227	3536	10.3763773	9.9646665	532	12
49	9.5885896	3001	9.6239763	3533	10.3760237	9.9646133	531	11
50	9.5888897	3000	9.6243296	3531	10.3756704	9.9645602	533	10
51	9.5891897	2996	9.6246827	3529	10.3753173	9.9645069	532	9
52	9.5894893	2995	9.6250356	3528	10.3749644	9.9644537	533	8
53	9.5897888	2992	9.6253884	3525	10.3746116	9.9644004	534	7
54	9.5900880	2989	9.6257409	3523	10.3742591	9.9643470	533	6
55	9.5903869	2987	9.6260932	3522	10.3739068	9.9642937	535	5
56	9.5906856	2985	9.6264454	3519	10.3735546	9.9642402	534	4
57	9.5909841	2982	9.6267973	3518	10.3732027	9.9641868	536	3
58	9.5912823	2980	9.6271491	3515	10.3728509	9.9641332	535	2
59	9.5915803	2977	9.6275006	3513	10.3724994	9.9640797	536	1
60	9.5918780		9.6278519		10.3721481	9.9640261		0
	Cosin. 67°	Diff.	Cot. 67°	Diff. com.	Tang. 67°	Sinus 67°	Diff	′

′	Sinus 23°	Diff.	Tang. 23°	Diff. com.	Cotang. 23°	Cosin. 23°	Diff.	
0	9.5918780	2975	9.6278519	3512	10.3721481	9.9640261	537	60
1	9.5921755	2973	9.6282031	3509	10.3717969	9.9639724	537	59
2	9.5924728	2970	9.6285540	3508	10.3714460	9.9639187	537	58
3	9.5927698	2968	9.6289048	3505	10.3710952	9.9638650	538	57
4	9.5930666	2965	9.6292553	3504	10.3707447	9.9638112	538	56
5	9.5933631	2963	9.6296057	3501	10.3703943	9.9637574	538	55
6	9.5936594	2961	9.6299558	3500	10.3700442	9.9637036	540	54
7	9.5939555	2958	9.6303058	3498	10.3696942	9.9636496	539	53
8	9.5942513	2956	9.6306556	3496	10.3693444	9.9635957	540	52
9	9.5945469	2953	9.6310052	3493	10.3689948	9.9635417	540	51
10	9.5948422	2951	9.6313545	3492	10.3686455	9.9634877	541	50
11	9.5951373	2949	9.6317037	3490	10.3682963	9.9634336	541	49
12	9.5954322	2946	9.6320527	3488	10.3679473	9.9633795	542	48
13	9.5957268	2944	9.6324015	3486	10.3675985	9.9633253	542	47
14	9.5960212	2942	9.6327501	3484	10.3672499	9.9632711	543	46
15	9.5963154	2939	9.6330985	3483	10.3669015	9.9632168	543	45
16	9.5966093	2937	9.6334468	3480	10.3665532	9.9631625	543	44
17	9.5969030	2935	9.6337948	3478	10.3662052	9.9631082	544	43
18	9.5971965	2932	9.6341426	3477	10.3658574	9.9630538	544	42
19	9.5974897	2930	9.6344903	3475	10.3655097	9.9629994	545	41
20	9.5977827	2927	9.6348378	3472	10.3651622	9.9629449	545	40
21	9.5980754	2925	9.6351850	3471	10.3648150	9.9628904	546	39
22	9.5983679	2923	9.6355321	3469	10.3644679	9.9628358	546	38
23	9.5986602	2921	9.6358790	3467	10.3641210	9.9627812	546	37
24	9.5989523	2918	9.6362257	3465	10.3637743	9.9627266	547	36
25	9.5992441	2916	9.6365722	3463	10.3634278	9.9626719	547	35
26	9.5995357	2913	9.6369185	3461	10.3630815	9.9626172	548	34
27	9.5998270	2911	9.6372646	3460	10.3627354	9.9625624	548	33
28	9.6001181	2909	9.6376106	3457	10.3623894	9.9625076	549	32
29	9.6004090	2907	9.6379563	3456	10.3620437	9.9624527	549	31
30	9.6006997		9.6383019		10.3616981	9.9623978		30
	Cosin. 66°	Diff.	Cot. 66°	Diff. com.	Tang. 66°	Sinus 66°	Diff.	′

′	Sinus 23°	Diff.	Tang. 23°	Diff. com.	Cotang. 23°	Cosin. 23°	Diff	
30	9.6006997	2904	9.6383019	3454	10.3616981	9.9623978	550	30
31	9.6009901	2902	9.6386473	3452	10.3613527	9.9623428	550	29
32	9.6012803	2900	9.6389925	3450	10.3610075	9.9622878	550	28
33	9.6015703	2897	9.6393375	3448	10.3606625	9.9622328	551	27
34	9.6018600	2895	9.6396823	3446	10.3603177	9.9621777	551	26
35	9.6021495	2893	9.6400269	3445	10.3599731	9.9621226	552	25
36	9.6024388	2890	9.6403714	3442	10.3596286	9.9620674	552	24
37	9.6027278	2888	9.6407156	3441	10.3592844	9.9620122	553	23
38	9.6030166	2886	9.6410597	3439	10.3589403	9.9619569	553	22
39	9.6033052	2884	9.6414036	3437	10.3585964	9.9619016	553	21
40	9.6035936	2881	9.6417473	3435	10.3582527	9.9618463	554	20
41	9.6038817	2879	9.6420908	3434	10.3579092	9.9617909	554	19
42	9.6041696	2877	9.6424342	3431	10.3575658	9.9617355	555	18
43	9.6044573	2875	9.6427773	3430	10.3572227	9.9616800	555	17
44	9.6047448	2872	9.6431203	3428	10.3568797	9.9616245	556	16
45	9.6050320	2870	9.6434631	3426	10.3565369	9.9615689	556	15
46	9.6053190	2867	9.6438057	3424	10.3561943	9.9615133	557	14
47	9.6056057	2866	9.6441481	3422	10.3558519	9.9614576	556	13
48	9.6058923	2863	9.6444903	3421	10.3555097	9.9614020	558	12
49	9.6061786	2861	9.6448324	3419	10.3551676	9.9613462	558	11
50	9.6064647	2859	9.6451743	3417	10.3548257	9.9612904	558	10
51	9.6067506	2856	9.6455160	3415	10.3544840	9.9612346	559	9
52	9.6070362	2854	9.6458575	3413	10.3541425	9.9611787	559	8
53	9.6073216	2852	9.6461988	3412	10.3538012	9.9611228	560	7
54	9.6076068	2850	9.6465400	3410	10.3534600	9.9610668	560	6
55	9.6078918	2847	9.6468810	3407	10.3531190	9.9610108	560	5
56	9.6081765	2846	9.6472217	3407	10.3527783	9.9609548	561	4
57	9.6084611	2843	9.6475624	3404	10.3524376	9.9608987	561	3
58	9.6087454	2840	9.6479028	3403	10.3520972	9.9608426	562	2
59	9.6090294	2839	9.6482431	3400	10.3517569	9.9607864	562	1
60	9.6093133		9.6485831		10.3514169	9.9607302		0
	Cosin. 66°	Diff.	Cot. 66°	Diff. com.	Tang. 66°	Sinus 66°	Diff	′

'	Sinus 24°	Diff.	Tang. 24°	Diff. com.	Cotang. 24°	Cosin. 24°	Diff	
0	9.6093133	2836	9.6485831	3399	10.3514169	9.9607302	563	60
1	9.6095969	2834	9.6489230	3398	10.3510770	9.9606739	563	59
2	9.6098803	2832	9.6492628	3395	10.3507372	9.9606176	564	58
3	9.6101635	2830	9.6496023	3394	10.3503977	9.9605612	564	57
4	9.6104465	2828	9.6499417	3392	10.3500583	9.9605048	564	56
5	9.6107293	2825	9.6502809	3390	10.3497191	9.9604484	565	55
6	9.6110118	2823	9.6506199	3388	10.3493801	9.9603919	565	54
7	9.6112941	2821	9.6509587	3387	10.3490413	9.9603354	566	53
8	9.6115762	2818	9.6512974	3385	10.3487026	9.9602788	566	52
9	9.6118580	2817	9.6516359	3383	10.3483641	9.9602222	567	51
10	9.6121397	2814	9.6519742	3381	10.3480258	9.9601655	567	50
11	9.6124211	2812	9.6523123	3380	10.3476877	9.9601088	568	49
12	9.6127023	2810	9.6526503	3378	10.3473497	9.9600520	568	48
13	9.6129833	2808	9.6529881	3376	10.3470119	9.9599952	568	47
14	9.6132641	2805	9.6533257	3374	10.3466743	9.9599384	569	46
15	9.6135446	2804	9.6536631	3373	10.3463369	9.9598815	569	45
16	9.6138250	2801	9.6540004	3371	10.3459996	9.9598246	570	44
17	9.6141051	2799	9.6543375	3369	10.3456625	9.9597676	570	43
18	9.6143850	2797	9.6546744	3368	10.3453256	9.9597106	571	42
19	9.6146647	2794	9.6550112	3365	10.3449888	9.9596535	571	41
20	9.6149441	2793	9.6553477	3364	10.3446523	9.9595964	571	40
21	9.6152234	2790	9.6556841	3363	10.3443159	9.9595393	572	39
22	9.6155024	2788	9.6560204	3360	10.3439796	9.9594821	573	38
23	9.6157812	2787	9.6563564	3359	10.3436436	9.9594248	573	37
24	9.6160599	2783	9.6566923	3357	10.3433077	9.9593675	573	36
25	9.6163382	2782	9.6570280	3356	10.3429720	9.9593102	574	35
26	9.6166164	2780	9.6573636	3353	10.3426364	9.9592528	574	34
27	9.6168944	2777	9.6576989	3352	10.3423011	9.9591954	574	33
28	9.6171721	2775	9.6580341	3351	10.3419659	9.9591380	575	32
29	9.6174496	2774	9.6583692	3349	10.3416308	9.9590805	576	31
30	9.6177270		9.6587041		10.3412959	9.9590229		30
	Cosin. 65°	Diff.	Cot. 65°	Diff. com	Tang. 65°	Sinus 65°	Diff	'

′	Sinus 24°	Diff.	Tang. 24°	Diff. com.	Cotang. 24°	Cosin. 24°	Diff	
30	9.6177270	2771	9.6587041	3346	10.3412959	9.9590229	576	30
31	9.6180041	2768	9.6590387	3346	10.3409613	9.9589653	576	29
32	9.6182809	2767	9.6593733	3343	10.3406267	9.9589077	577	28
33	9.6185576	2765	9.6597076	3342	10.3402924	9.9588500	577	27
34	9.6188341	2762	9.6600418	3340	10.3399582	9.9587923	578	26
35	9.6191103	2761	9.6603758	3339	10 3396242	9.9587345	578	25
36	9.6193864	2758	9.6607097	3337	10.3392903	9.9586767	579	24
37	9.6196622	2756	9.6610434	3335	10.3389566	9.9586188	579	23
38	9.6199378	2754	9.6613769	3334	10.3386231	9.9585609	579	22
39	9.6202132	2752	9.6617103	3331	10.3382897	9.9585030	580	21
40	9.6204884	2750	9.6620434	3331	10.3379566	9.9584450	581	20
41	9.6207634	2748	9.6623765	3328	10.3376235	9.9583869	581	19
42	9.6210382	2745	9.6627093	3327	10.3372907	9.9583288	581	18
43	9.6213127	2744	9.6630420	3325	10.3369580	9.9582707	582	17
44	9.6215871	2741	9.6633745	3324	10.3366255	9.9582125	582	16
45	9.6218612	2739	9.6637069	3322	10.3362931	9.9581543	582	15
46	9.6221351	2737	9.6640391	3320	10.3359609	9.9580961	583	14
47	9.6224088	2736	9.6643711	3319	10.3356289	9.9580378	584	13
48	9.6226824	2733	9.6647030	3316	10.3352970	9.9579794	584	12
49	9.6229557	2730	9.6650346	3316	10.3349654	9.9579210	584	11
50	9.6232287	2729	9.6653662	3313	10.3346338	9.9578626	585	10
51	9.6235016	2727	9.6656975	3313	10.3343025	9.9578041	585	9
52	9.6237743	2725	9.6660288	3310	10.3339712	9.9577456	586	8
53	9.6240468	2722	9.6663598	3309	10.3336402	9.9576870	586	7
54	9.6243190	2721	9.6666907	3307	10.3333093	9.9576284	587	6
55	9.6245911	2718	9.6670214	3305	10.3329786	9.9575697	587	5
56	9.6248629	2717	9.6673519	3304	10.3326481	9.9575110	588	4
57	9.6251346	2714	9.6676823	3303	10.3323177	9.9574522	588	3
58	9.6254060	2712	9.6680126	3300	10.3319874	9.9573934	588	2
59	9.6256772	2711	9 6683426	3299	10.3316574	9.9573346	589	1
60	9.6259483		9.6686725		10.3313275	9.9572757		0
	Cosin. 65°	Diff.	Cot. 65°	Diff. com	Tang. 65°	Sinus 65°	Diff	′

′	Sinus 25°	Diff.	Tang. 25°	Diff. com.	Cotang. 25°	Cosin. 25°	Diff	
0	9.6259483	2708	9.6686725	3298	10.3313275	9.9572757	589	60
1	9.6262191	2706	9.6690023	3296	10.3309977	9.9572168	590	59
2	9.6264897	2704	9.6693319	3294	10.3306681	9.9571578	590	58
3	9.6267601	2702	9.6696613	3293	10.3303387	9.9570988	591	57
4	9.6270303	2700	9.6699906	3291	10.3300094	9.9570397	591	56
5	9.6273003	2698	9.6703197	3289	10.3296803	9.9569806	591	55
6	9.6275701	2696	9.6706486	3288	10.3293514	9.9569215	592	54
7	9.6278397	2693	9.6709774	3286	10.3290226	9.9568623	593	53
8	9.6281090	2692	9.6713060	3285	10.3286940	9.9568030	593	52
9	9.6283782	2690	9.6716345	3283	10.3283655	9.9567437	593	51
10	9.6286472	2688	9.6719628	3282	10.3280372	9.9566844	594	50
11	9.6289160	2685	9.6722910	3280	10.3277090	9.9566250	594	49
12	9.6291845	2684	9.6726190	3278	10.3273810	9.9565656	595	48
13	9.6294529	2682	9.6729468	3277	10.3270532	9.9565061	595	47
14	9.6297211	2679	9.6732745	3275	10.3267255	9.9564466	596	46
15	9.6299890	2678	9.6736020	3274	10.3263980	9.9563870	596	45
16	9.6302568	2675	9.6739294	3272	10.3260706	9.9563274	596	44
17	9.6305243	2674	9.6742566	3270	10.3257434	9.9562678	597	43
18	9.6307917	2672	9.6745836	3269	10.3254164	9.9562081	598	42
19	9.6310589	2669	9.6749105	3267	10.3250895	9.9561483	597	41
20	9.6313258	2668	9.6752372	3266	10.3247628	9.9560886	599	40
21	9.6315926	2665	9.6755638	3265	10.3244362	9.9560287	598	39
22	9.6318591	2664	9.6758903	3262	10.3241097	9.9559689	600	38
23	9.6321255	2661	9.6762165	3261	10.3237835	9.9559089	599	37
24	9.6323916	2660	9.6765426	3260	10.3234574	9.9558490	600	36
25	9.6326576	2657	9.6768686	3258	10.3231314	9.9557890	601	35
26	9.6329233	2656	9.6771944	3257	10.3228056	9.9557289	601	34
27	9.6331889	2653	9.6775201	3255	10.3224799	9.9556688	601	33
28	9.6334542	2652	9.6778456	3253	10.3221544	9.9556087	602	32
29	9.6337194	2650	9.6781709	3252	10.3218291	9.9555485	603	31
30	9.6339844		9.6784961		10.3215039	9.9554882		30
	Cosin. 64°	Diff.	Cot. 64°	Diff. com.	Tang. 64°	Sinus 64°	Diff	′

′	Sinus 25°	Diff.	Tang. 25°	Diff. com.	Cotang. 25°	Cosin. 25°	Diff	
30	9.6339844	2647	9.6784961	3250	10.3215039	9.9554882	602	30
31	9.6342491	2646	9.6788211	3249	10.3211789	9.9554280	604	29
32	9.6345137	2643	9.6791460	3248	10.3208540	9.9553676	603	28
33	9.6347780	2642	9.6794708	3245	10.3205292	9.9553073	604	27
34	9.6350422	2640	9.6797953	3245	10.3202047	9.9552469	605	26
35	9.6353062	2637	9.6801198	3242	10.3198802	9.9551864	605	25
36	9.6355699	2636	9.6804440	3242	10.3195560	9.9551259	606	24
37	9.6358335	2634	9.6807682	3239	10.3192318	9.9550653	606	23
38	9.6360969	2632	9.6810921	3239	10.3189079	9.9550047	606	22
39	9.6363601	2630	9.6814160	3236	10.3185840	9.9549441	607	21
40	9.6366231	2628	9.6817396	3236	10 3182604	9.9548834	607	20
41	9.6368859	2625	9.6820632	3233	10.3179368	9.9548227	608	19
42	9.6371484	2624	9.6823865	3233	10.3176135	9.9547619	608	18
43	9.6374108	2623	9.6827098	3230	10.3172902	9.9547011	609	17
44	9.6376731	2620	9.6830328	3229	10.3169672	9.9546402	609	16
45	9.6379351	2618	9.6833557	3228	10.3166443	9.9545793	609	15
46	9.6381969	2616	9.6836785	3226	10.3163215	9.9545184	610	14
47	9.6384585	2614	9.6840011	3225	10.3159989	9.9544574	611	13
48	9.6387199	2613	9.6843236	3223	10.3156764	9.9543963	611	12
49	9.6389812	2610	9.6846459	3222	10.3153541	9.9543352	611	11
50	9.6392422	2608	9.6849681	3220	10.3150319	9.9542741	612	10
51	9.6395030	2607	9.6852901	3219	10.3147099	9.9542129	612	9
52	9.6397637	2604	9.6856120	3218	10.3143880	9.9541517	613	8
53	9.6400241	2603	9.6859338	3215	10.3140662	9.9540904	613	7
54	9.6402844	2601	9.6862553	3215	10.3137447	9.9540291	614	6
55	9.6405445	2599	9.6865768	3213	10.3134232	9.9539677	614	5
56	9.6408044	2596	9.6868981	3211	10.3131019	9.9539063	615	4
57	9.6410640	2595	9.6872192	3210	10.3127808	9.9538448	615	3
58	9.6413235	2593	9.6875402	3209	10.3124598	9.9537833	615	2
59	9.6415828	2592	9.6878611	3207	10.3121389	9.9537218	616	1
60	9.6418420		9.6881818		10.3118182	9.9536602		0
	Cosin. 64°	Diff.	Cot. 64°	Diff. com.	Tang. 64°	Sinus 64°	Diff	′

′	Sinus 26°	Diff.	Tang. 26°	Diff. com.	Cotang. 26°	Cosin. 26°	Diff.	
0	9.6418420	2589	9.6881818	3205	10.3118182	9.9536602	617	60
1	9.6421009	2587	9.6885023	3204	10.3114977	9.9535985	616	59
2	9.6423596	2586	9.6888227	3203	10.3111773	9.9535369	618	58
3	9.6426182	2583	9.6891430	3201	10.3108570	9.9534751	617	57
4	9.6428765	2582	9.6894631	3200	10.3105369	9.9534134	619	56
5	9.6431347	2579	9.6897831	3199	10.3102169	9.9533515	618	55
6	9.6433926	2578	9.6901030	3196	10.3098970	9.9532897	619	54
7	9.6436504	2576	9.6904226	3196	10.3095774	9.9532278	620	53
8	9.6439080	2574	9.6907422	3194	10.3092578	9.9531658	620	52
9	9.6441654	2572	9.6910616	3193	10.3089384	9.9531038	620	51
10	9.6444226	2570	9.6913809	3191	10.3086191	9.9530418	621	50
11	9.6446796	2569	9.6917000	3189	10.3083000	9.9529797	622	49
12	9.6449365	2566	9.6920189	3189	10.3079811	9.9529175	622	48
13	9.6451931	2565	9.6923378	3187	10.3076622	9.9528553	622	47
14	9.6454496	2562	9.6926565	3185	10.3073435	9.9527931	623	46
15	9.6457058	2561	9.6929750	3184	10.3070250	9.9527308	623	45
16	9.6459619	2559	9.6932934	3183	10.3067066	9.9526685	624	44
17	9.6462178	2557	9.6936117	3181	10.3063883	9.9526061	624	43
18	9.6464735	2555	9.6939298	3180	10.3060702	9.9525437	624	42
19	9.6467290	2554	9.6942478	3178	10.3057522	9.9524813	625	41
20	9.6469844	2551	9.6945656	3177	10.3054344	9.9524188	626	40
21	9.6472395	2550	9.6948833	3176	10.3051167	9.9523562	626	39
2	9.6474945	2547	9.6952009	3174	10.3047991	9.9522936	626	38
23	9.6477492	2546	9.6955183	3172	10.3044817	9.9522310	627	37
24	9.6480038	2544	9.6958355	3172	10.3041645	9.9521683	628	36
25	9.6482582	2542	9.6961527	3170	10.3038473	9.9521055	627	35
26	9.6485124	2541	9.6964697	3168	10.3035303	9.9520428	629	34
27	9.6487665	2538	9.6967865	3167	10.3032135	9.9519799	628	33
28	9.6490203	2537	9.6971032	3166	10.3028968	9.9519171	630	32
29	9.6492740	2534	9.6974198	3165	10.3025802	9.9518541	629	31
30	9.6495274		9.6977363		10 3022637	9.9517912		30
	Cosin. 63°	Diff.	Cot. 63°	Diff. com.	Tang. 63°	Sinus 63°	Diff	′

′	Sinus 26°	Diff.	Tang. 26°	Diff. com.	Cotang. 26°	Cosin. 26°	Diff	
30	9.6495274		9.6977363		10.3022637	9.9517912		30
31	9.6497807	2533	9.6980526	3163	10.3019474	9.9517282	630	29
32	9.6500338	2531	9.6983687	3161	10.3016313	9.9516651	631	28
33	9.6502868	2530	9.6986847	3160	10.3013153	9.9516020	631	27
34	9.6505395	2527	9.6990006	3159	10.3009994	9.9515389	631	26
35	9.6507920	2525	9.6993164	3158	10.3006836	9.9514757	632	25
36	9.6510444	2524	9.6996320	3156	10.3003680	9.9514124	633	24
37	9.6512966	2522	9.6999474	3154	10.3000526	9.9513492	632	23
38	9.6515486	2520	9.7002628	3154	10.2997372	9.9512858	634	22
39	9.6518004	2518	9.7005780	3152	10.2994220	9.9512224	634	21
40	9.6520521	2517	9.7008930	3150	10.2991070	9.9511590	634	20
41	9.6523035	2514	9.7012080	3150	10.2987920	9.9510956	634	19
42	9.6525548	2513	9.7015227	3147	10.2984773	9.9510320	636	18
43	9.6528059	2511	9.7018374	3147	10.2981626	9.9509685	635	17
44	9.6530568	2509	9.7021519	3145	10.2978481	9.9509049	636	16
45	9.6533075	2507	9.7024663	3144	10.2975337	9.9508412	637	15
46	9.6535581	2506	9.7027805	3142	10.2972195	9.9507775	637	14
47	9.6538084	2503	9.7030946	3141	10.2969054	9.9507138	637	13
48	9.6540586	2502	9.7034086	3140	10.2965914	9.9506500	638	12
49	9.6543086	2500	9.7037225	3139	10.2962775	9.9505861	639	11
50	9.6545584	2498	9.7040362	3137	10.2959638	9.9505223	638	10
51	9.6548081	2497	9.7043497	3135	10.2956503	9.9504583	640	9
52	9.6550575	2494	9.7046632	3135	10.2953368	9.9503944	639	8
63	9.6553068	2493	9.7049765	3133	10.2950235	9.9503303	641	7
54	9.6555559	2491	9.7052897	3132	10.2947103	9.9502663	640	6
55	9.6558048	2489	9.7056027	3130	10.2943973	9.9502022	641	5
56	9.6560536	2488	9.7059156	3129	10.2940844	9.9501380	642	4
57	9.6563021	2485	9.7062284	3128	10.2937716	9.9500738	642	3
58	9.6565505	2484	9.7065410	3126	10.2934590	9.9500095	643	2
59	9.6567987	2482	9.7068535	3125	10.2931465	9.9499452	643	1
60	9.6570468	2481	9.7071659	3124	10.2928341	9.9498809	643	0
	Cosin. 63°	Diff.	Cot. 63°	Diff. com.	Tang 63°	Sinus 63°	Diff	′

′	Sinus 27°	Diff.	Tang. 27°	Diff. com.	Cotang. 27°	Cosin. 27°	Diff	
0	9.6570468	2478	9.7071659	3122	10.2928341	9.9498809	644	60
1	9.6572946	2477	9.7074781	3121	10.2925219	9.9498165	644	59
2	9.6575423	2475	9.7077902	3120	10.2922098	9.9497521	645	58
3	9.6577898	2473	9.7081022	3119	10.2918978	9.9496876	646	57
4	9.6580371	2471	9.7084141	3117	10.2915859	9.9496230	645	56
5	9.6582842	2470	9.7087258	3116	10.2912742	9.9495585	647	55
6	9.6585312	2468	9.7090374	3114	10.2909626	9.9494938	646	54
7	9.6587780	2466	9.7093488	3113	10.2906512	9.9494292	647	53
8	9.6590246	2464	9.7096601	3112	10.2903399	9.9493645	648	52
9	9.6592710	2463	9.7099713	3111	10.2900287	9.9492997	648	51
10	9.6595173	2460	9.7102824	3109	10.2897176	9.9492349	649	50
11	9.6597633	2460	9.7105933	3108	10.2894067	9.9491700	649	49
12	9.6600093	2457	9.7109041	3107	10.2890959	9.9491051	649	48
13	9.6602550	2455	9.7112148	3106	10.2887852	9.9490402	650	47
14	9.6605005	2454	9.7115254	3104	10.2884746	9.9489752	651	46
15	9.6607459	2452	9.7118358	3103	10.2881642	9.9489101	651	45
16	9.6609911	2450	9.7121461	3101	10.2878539	9.9488450	651	44
17	9.6612361	2449	9.7124562	3100	10.2875438	9.9487799	652	43
18	9.6614810	2447	9.7127662	3099	10.2872338	9.9487147	652	42
19	9.6617257	2445	9.7130761	3098	10.2869239	9.9486495	653	41
20	9.6619702	2443	9.7133859	3097	10.2866141	9.9485842	653	40
21	9.6622145	2441	9.7136956	3095	10.2863044	9.9485189	654	39
22	9.6624586	2440	9.7140051	3094	10.2859949	9.9484535	654	38
23	9 6627026	2438	9.7143145	3092	10.2856855	9.9483881	654	37
24	9.6629464	2436	9.7146237	3092	10.2853763	9.9483227	655	36
25	9.6631900	2435	9.7149329	3090	10.2850671	9.9482572	656	35
26	9.6634335	2433	9.7152419	3089	10.2847581	9.9481916	656	34
27	9.6636768	2431	9.7155508	3087	10.2844492	9.9481260	656	33
28	9.6639199	2429	9.7158595	3087	10.2841405	9.9480604	657	32
29	9.6641628	2428	9.7161682	3085	10.2838318	9.9479947	658	31
30	9.6644056		9.7164767		10.2835233	9.9479289		30
	Cosin. 62°	Diff.	Cot. 62°	Diff. com.	Tang. 62°	Sinus 62°	Diff	′

′	Sinus 27°	Diff.	Tang. 27°	Diff. com.	Cotang. 27°	Cosin. 27°	Diff	
30	9.6644056	2426	9.7164767	3084	10.2835233	9.9479289	658	30
31	9.6646482	2424	9.7167851	3082	10.2832149	9.9478631	658	29
32	9.6648906	2423	9.7170933	3081	10.2829067	9.9477973	659	28
33	9.6651329	2420	9.7174014	3080	10.2825986	9.9477314	659	27
34	9.6653749	2419	9.7177094	3079	10.2822906	9.9476655	660	26
35	9.6656168	2418	9.7180173	3078	10.2819827	9.9475995	660	25
36	9.6658586	2415	9.7183251	3076	10.2816749	9.9475335	661	24
37	9.6661001	2414	9.7186327	3075	10.2813673	9.9474674	661	23
38	9.6663415	2413	9.7189402	3074	10.2810598	9.9474013	661	22
39	9.6665828	2410	9.7192476	3073	10.2807524	9.9473352	663	21
40	9.6668238	2409	9.7195549	3071	10.2804451	9.9472689	662	20
41	9.6670647	2407	9.7198620	3070	10.2801380	9.9472027	663	19
42	9.6673054	2405	9.7201690	3069	10.2798310	9.9471364	664	18
43	9.6675459	2404	9.7204759	3068	10.2795241	9.9470700	664	17
44	9.6677863	2402	9.7207827	3066	10.2792173	9.9470036	664	16
45	9.6680265	2400	9.7210893	3065	10.2789107	9.9469372	665	15
46	9.6682665	2399	9.7213958	3064	10.2786042	9.9468707	665	14
47	9.6685064	2397	9.7217022	3063	10.2782978	9.9468042	666	13
48	9.6687461	2395	9.7220085	3062	10.2779915	9.9467376	666	12
49	9.6689856	2394	9.7223147	3060	10.2776853	9.9466710	667	11
50	9.6692250	2392	9.7226207	3059	10.2773793	9.9466043	667	10
51	9.6694642	2390	9.7229266	3058	10.2770734	9.9465376	668	9
52	9.6697032	2388	9.7232324	3057	10.2767676	9.9464708	668	8
53	9.6699420	2387	9.7235381	3055	10.2764619	9.9464040	669	7
54	9.6701807	2385	9.7238436	3054	10.2761564	9.9463371	669	6
55	9.6704192	2384	9.7241490	3053	10.2758510	9.9462702	670	5
56	9.6706576	2382	9.7244543	3052	10.2755457	9.9462032	670	4
57	9.6708958	2380	9.7247595	3051	10.2752405	9.9461362	670	3
58	9.6711338	2378	9.7250646	3049	10.2749354	9.9460692	671	2
59	9.6713716	2377	9.7253695	3049	10.2746305	9.9460021	672	1
60	9.6716093		9.7256744		10.2743256	9.9459349		0
	Cosin. 62°	Diff.	Cot. 62°	Diff com.	Tang. 62°	Sinus 62°	Diff	′

′	Sinus 28°	Diff.	Tang. 28°	Diff. com.	Cotang. 28°	Cosin. 28°	Diff	
0	9.6716093	2375	9.7256744	3047	10.2743256	9.9459349	672	60
1	9.6718468	2373	9.7259791	3046	10.2740209	9.9458677	672	59
2	9.6720841	2372	9.7262837	3044	10.2737163	9.9458005	673	58
3	9.6723213	2370	9.7265881	3044	10.2734119	9.9457332	673	57
4	9.6725583	2369	9.7268925	3042	10.2731075	9.9456659	674	56
5	9.6727952	2367	9.7271967	3041	10.2728033	9.9455985	675	55
6	9.6730319	2365	9.7275008	3040	10.2724992	9.9455310	674	54
7	9.6732684	2363	9.7278048	3039	10.2721952	9.9454636	676	53
8	9.6735047	2362	9.7281087	3037	10.2718913	9.9453960	675	52
9	9.6737409	2360	9.7284124	3037	10.2715876	9.9453285	676	51
10	9.6739769	2359	9.7287161	3035	10.2712839	9.9452609	677	50
11	9.6742128	2357	9.7290196	3034	10.2709804	9.9451932	677	49
12	9.6744485	2355	9.7293230	3033	10.2706770	9.9451255	678	48
13	9.6746840	2354	9.7296263	3032	10.2703737	9.9450577	678	47
14	9.6749194	2352	9.7299295	3030	10.2700705	9.9449899	679	46
15	9.6751546	2350	9.7302325	3029	10.2697675	9.9449220	679	45
16	9.6753896	2349	9.7305354	3029	10.2694646	9.9448541	679	44
17	9.6756245	2347	9.7308383	3027	10.2691617	9.9447862	680	43
18	9.6758592	2345	9.7311410	3026	10.2688590	9.9447182	681	42
19	9.6760937	2344	9.7314436	3024	10.2685564	9.9446501	680	41
20	9.6763281	2342	9.7317460	3024	10.2682540	9.9445821	682	40
21	9.6765623	2340	9.7320484	3022	10.2679516	9.9445139	682	39
22	9.6767963	2339	9.7323506	3021	10.2676494	9.9444457	682	38
23	9.6770302	2338	9.7326527	3020	10.2673473	9.9443775	683	37
24	9.6772640	2335	9.7329547	3019	10.2670453	9.9443092	683	36
25	9.6774975	2334	9.7332566	3018	10.2667434	9.9442409	684	35
26	9.6777309	2333	9.7335584	3017	10.2664416	9.9441725	684	34
27	9.6779642	2330	9.7338601	3015	10.2661399	9.9441041	685	33
28	9.6781972	2329	9.7341616	3015	10.2658384	9.9440356	685	32
29	9.6784301	2328	9.7344631	3013	10.2655369	9.9439671	686	31
30	9.6786629		9.7347644		10.2652356	9.9438985		30
	Cosin. 61°	Diff.	Cot. 61°	Diff. com.	Tang. 61°	Sinus 61°	Diff	′

′	Sinus 28°	Diff.	Tang. 28°	Diff. com.	Cotang. 28°	Cosin. 28°	Diff	
30	9.6786629	2326	9.7347644	3012	10.2652356	9.9438985	686	30
31	9.6788955	2324	9.7350656	3011	10.2649344	9.9438299	687	29
32	9.6791279	2323	9.7353667	3010	10.2646333	9.9437612	687	28
33	9.6793602	2321	9.7356677	3008	10.2643323	9.9436925	687	27
34	9.6795923	2320	9.7359685	3008	10.2640315	9.9436238	689	26
35	9.6798243	2317	9.7362693	3006	10.2637307	9.9435549	688	25
36	9.6800560	2317	9.7365699	3006	10.2634301	9.9434861	689	24
37	9.6802877	2314	9.7368705	3004	10.2631295	9.9434172	690	23
38	9.6805191	2313	9.7371709	3003	10.2628291	9.9433482	690	22
39	9.6807504	2312	9.7374712	3002	10.2625288	9.9432792	690	21
40	9.6809816	2310	9.7377714	3001	10.2622286	9.9432102	691	20
41	9.6812126	2308	9.7380715	2999	10.2619285	9.9431411	691	19
42	9.6814434	2307	9.7383714	2999	10.2616286	9.9430720	692	18
43	9.6816741	2305	9.7386713	2997	10.2613287	9.9430028	693	17
44	9.6819046	2303	9.7389710	2997	10.2610290	9.9429335	692	16
45	9.6821349	2302	9.7392707	2995	10.2607293	9.9428643	694	15
46	9.6823651	2301	9.7395702	2994	10.2604298	9.9427949	694	14
47	9.6825952	2298	9.7398696	2993	10.2601304	9.9427255	694	13
48	9.6828250	2298	9.7401689	2992	10.2598311	9.9426561	695	12
49	9.6830548	2295	9.7404681	2991	10.2595319	9.9425866	695	11
50	9.6832843	2294	9.7407672	2990	10.2592328	9.9425171	695	10
51	9.6835137	2293	9.7410662	2988	10.2589338	9.9424476	697	9
52	9.6837430	2290	9.7413650	2988	10.2586350	9.9423779	696	8
53	9.6839720	2290	9.7416638	2986	10.2583362	9.9423083	697	7
54	9.6842010	2287	9.7419624	2985	10.2580376	9.9422386	698	6
55	9.6844297	2286	9.7422609	2985	10.2577391	9.9421688	698	5
56	9.6846583	2285	9.7425594	2983	10.2574406	9.9420990	699	4
57	9.6848868	2283	9.7428577	2982	10.2571423	9.9420291	699	3
58	9.6851151	2281	9.7431559	2981	10.2568441	9.9419592	699	2
59	9.6853432	2280	9.7434540	2980	10.2565460	9.9418893	700	1
60	9.6855712		9.7437520		10.2562480	9.9418193		0
	Cosin. 61°	Diff.	Cot. 61°	Diff. com.	Tang. 61°	Sinus 61°	Diff	′

′	Sinus 29°	Diff.	Tang. 29°	Diff. com.	Cotang. 29°	Cosin. 29°	Diff	
0	9.6855712	2279	9.7437520	2979	10.2562480	9.9418193	701	60
1	9.6857991	2276	9.7440499	2977	10.2559501	9.9417492	701	59
2	9.6860267	2275	9.7443476	2977	10.2556524	9.9416791	701	58
3	9.6862542	2274	9.7446453	2975	10.2553547	9.9416090	702	57
4	9.6864816	2272	9.7449428	2975	10.2550572	9.9415388	703	56
5	9.6867088	2271	9.7452403	2973	10.2547597	9.9414685	703	55
6	9.6869359	2269	9.7455376	2973	10.2544624	9.9413982	703	54
7	9.6871628	2267	9.7458349	2971	10.2541651	9.9413279	704	53
8	9.6873895	2266	9.7461320	2970	10.2538680	9.9412575	704	52
9	9.6876161	2264	9.7464290	2969	10.2535710	9.9411871	705	51
10	9.6878425	2263	9.7467259	2968	10.2532741	9.9411166	705	50
11	9.6880688	2261	9.7470227	2967	10.2529773	9.9410461	706	49
12	9.6882949	2260	9.7473194	2966	10.2526806	9.9409755	707	48
13	9.6885209	2258	9.7476160	2965	10.2523840	9.9409048	706	47
14	9.6887467	2256	9.7479125	2964	10.2520875	9.9408342	708	46
15	9.6889723	2255	9.7482089	2963	10.2517911	9.9407634	707	45
16	9.6891978	2254	9.7485052	2961	10.2514948	9.9406927	708	44
17	9.6894232	2252	9.7488013	2961	10.2511987	9.9406219	709	43
18	9.6896484	2250	9.7490974	2960	10.2509026	9.9405510	709	42
19	9.6898734	2249	9.7493934	2958	10.2506066	9.9404801	710	41
20	9.6900983	2248	9.7496892	2958	10.2503108	9.9404091	710	40
21	9.6903231	2245	9.7499850	2956	10.2500150	9.9403381	711	39
22	9.6905476	2245	9.7502806	2956	10.2497194	9.9402670	711	38
23	9.6907721	2243	9.7505762	2954	10.2494238	9.9401959	711	37
24	9.6909964	2241	9.7508716	2953	10.2491284	9.9401248	713	36
25	9.6912205	2240	9.7511669	2953	10.2488331	9.9400535	712	35
26	9.6914445	2238	9.7514622	2951	10.2485378	9.9399823	713	34
27	9.6916683	2236	9.7517573	2950	10.2482427	9.9399110	714	33
28	9.6918919	2236	9.7520523	2949	10.2479477	9.9398396	714	32
29	9.6921155	2233	9.7523472	2948	10.2476528	9.9397682	714	31
30	9.6923388		9.7526420		10.2473580	9.9396968		30
	Cosin. 60°	Diff.	Cot 60°	Diff. com.	Tang. 60°	Sinus 60°	Diff	′

′	Sinus 29°	Diff.	Tang. 29°	Diff. com.	Cotang. 29°	Cosin. 29°	Diff	
30	9.6923388		9.7526420		10.2473580	9.9396968		30
31	9.6925620	2232	9.7529368	2948	10.2470632	9.9396253	715	29
32	9.6927851	2231	9.7532314	2946	10.2467686	9.9395537	716	28
33	9.6930080	2229	9.7535259	2945	10.2464741	9.9394821	716	27
34	9.6932308	2228	9.7538203	2944	10.2461797	9.9394105	716	26
35	9.6934534	2226	9.7541146	2943	10.2458854	9.9393388	717	25
36	9.6936758	2224	9.7544088	2942	10.2455912	9.9392671	717	24
37	9.6938981	2223	9.7547029	2941	10.2452971	9.9391953	718	23
38	9.6941203	2222	9.7549969	2940	10.2450031	9.9391234	719	22
39	9.6943423	2220	9.7552908	2939	10.2447092	9.9390515	719	21
40	9.6945642	2219	9.7555846	2938	10.2444154	9.9389796	719	20
41	9.6947859	2217	9.7558783	2937	10.2441217	9.9389076	720	19
42	9.6950074	2215	9.7561718	2935	10.2438282	9.9388356	720	18
43	9.6952288	2214	9.7564653	2935	10.2435347	9.9387635	721	17
44	9.6954501	2213	9.7567587	2934	10.2432413	9.9386914	721	16
45	9.6956712	2211	9.7570520	2933	10.2429480	9.9386192	722	15
46	9.6958922	2210	9.7573452	2932	10.2426548	9.9385470	722	14
47	9.6961130	2208	9.7576383	2931	10.2423617	9.9384747	723	13
48	9.6963336	2206	9.7579313	2930	10.2420687	9.9384024	723	12
49	9.6965541	2205	9.7582242	2929	10.2417758	9.9383300	724	11
50	9.6967745	2204	9.7585170	2928	10.2414830	9.9382576	724	10
51	9.6969947	2202	9.7588096	2926	10.2411904	9.9381851	725	9
52	9.6972148	2201	9.7591022	2926	10.2408978	9.9381126	725	8
53	9.6974347	2199	9.7593947	2925	10.2406053	9.9380400	726	7
54	9.6976545	2198	9.7596871	2924	10.2403129	9.9379674	726	6
55	9.6978741	2196	9.7599794	2923	10.2400206	9.9378947	727	5
56	9.6980936	2195	9.7602716	2922	10.2397284	9.9378220	727	4
57	9.6983129	2193	9.7605637	2921	10.2394363	9.9377492	728	3
58	9.6985321	2192	9.7608557	2920	10.2391443	9.9376764	728	2
59	9.6987511	2190	9.7611476	2919	10.2388524	9.9376035	729	1
60	9.6989700	2189	9.7614394	2918	10.2385606	9.9375306	729	0
	Cosin. 60°	Diff.	Cot. 60°	Diff. com.	Tang. 60°	Sinus 60°	Diff	′

′	Sinus 30°	Diff.	Tang. 30°	Diff. com.	Cotang 30°	Cosin. 30°	Diff	
0	9.6989700	2187	9.7614394	2917	10.2385606	9.9375306	729	60
1	9.6991887	2186	9.7617311	2916	10.2382689	9.9374577	730	59
2	9.6994073	2185	9.7620227	2915	10.2379773	9.9373847	731	58
3	9.6996258	2183	9.7623142	2914	10.2376858	9.9373116	731	57
4	9.6998441	2181	9.7626056	2913	10.2373944	9.9372385	732	56
5	9.7000622	2180	9.7628969	2912	10.2371031	9.9371653	732	55
6	9.7002802	2179	9.7631881	2911	10.2368119	9.9370921	732	54
7	9.7004981	2177	9.7634792	2910	10.2365208	9.9370189	733	53
8	9.7007158	2176	9.7637702	2910	10.2362298	9.9369456	734	52
9	9.7009334	2174	9.7640612	2908	10.2359388	9.9368722	734	51
10	9.7011508	2173	9.7643520	2907	10.2356480	9.9367988	734	50
11	9.7013681	2171	9.7646427	2907	10.2353573	9.9367254	735	49
12	9.7015852	2170	9.7649334	2905	10.2350666	9.9366519	736	48
13	9.7018022	2168	9.7652239	2904	10.2347761	9.9365783	736	47
14	9.7020190	2167	9.7655143	2904	10.2344857	9.9365047	736	46
15	9.7022357	2166	9.7658047	2902	10.2341953	9.9364311	737	45
16	9.7024523	2164	9.7660949	2902	10.2339051	9.9363574	738	44
17	9.7026687	2162	9.7663851	2900	10.2336149	9.9362836	738	43
18	9.7028849	2162	9.7666751	2900	10.2333249	9.9362098	738	42
19	9.7031011	2159	9.7669651	2899	10.2330349	9.9361360	739	41
20	9.7033170	2159	9.7672550	2898	10.2327450	9.9360621	740	40
21	9.7035329	2157	9.7675448	2896	10.2324552	9.9359881	740	39
22	9.7037486	2155	9.7678344	2896	10.2321656	9.9359141	740	38
23	9.7039641	2154	9.7681240	2895	10.2318760	9.9358401	741	37
24	9.7041795	2152	9.7684135	2894	10.2315865	9.9357660	742	36
25	9.7043947	2152	9.7687029	2893	10.2312971	9.9356918	741	35
26	9.7046099	2149	9.7689922	2892	10.2310078	9.9356177	743	34
27	9.7048248	2149	9.7692814	2891	10.2307186	9.9355434	743	33
28	9.7050397	2146	9.7695705	2891	10.2304295	9.9354691	743	32
29	9.7052543	2146	9.7698596	2889	10.2301404	9.9353948	744	31
30	9.7054689		9.7701485		10.2298515	9.9353204		30
	Cosin. 59°	Diff.	Cot. 59°	Diff. com.	Tang. 59°	Sinus 59°	Diff	′

′	Sinus 30°	Diff.	Tang. 30°	Diff com.	Cotang. 30°	Cosin. 30°	Diff	
30	9.7054689	2144	9.7701485	2888	10.2298515	9.9353204	745	30
31	9.7056833	2142	9.7704373	2888	10.2295627	9.9352459	744	29
32	9.7058975	2141	9.7707261	2886	10.2292739	9.9351715	746	28
33	9.7061116	2140	9.7710147	2886	10.2289853	9.9350969	746	27
34	9.7063256	2138	9.7713033	2884	10.2286967	9.9350223	746	26
35	9.7065394	2137	9.7715917	2884	10.2284083	9.9349477	747	25
36	9.7067531	2136	9.7718801	2883	10.2281199	9.9348730	747	24
37	9.7069667	2134	9.7721684	2882	10.2278316	9.9347983	748	23
38	9.7071801	2132	9.7724566	2881	10.2275434	9.9347235	749	22
39	9.7073933	2131	9.7727447	2880	10.2272553	9.9346486	748	21
40	9.7076064	2130	9.7730327	2879	10.2269673	9.9345738	750	20
41	9.7078194	2129	9.7733206	2878	10.2266794	9.9344988	750	19
42	9.7080323	2127	9.7736084	2877	10.2263916	9.9344238	750	18
43	9.7082450	2125	9.7738961	2877	10.2261039	9.9343488	751	17
44	9.7084575	2124	9.7741838	2875	10.2258162	9.9342737	751	16
45	9.7086699	2123	9.7744713	2875	10.2255287	9.9341986	752	15
46	9.7088822	2121	9.7747588	2874	10.2252412	9.9341234	752	14
47	9.7090943	2120	9.7750462	2872	10.2249538	9.9340482	753	13
48	9.7093063	2119	9.7753334	2872	10.2246666	9.9339729	753	12
49	9.7095182	2117	9.7756206	2871	10.2243794	9.9338976	754	11
50	9.7097299	2116	9.7759077	2870	10.2240923	9.9338222	755	10
51	9.7099415	2114	9.7761947	2869	10.2238053	9.9337467	754	9
52	9.7101529	2113	9.7764816	2869	10.2235184	9.9336713	756	8
53	9.7103642	2111	9.7767685	2867	10.2232315	9.9335957	756	7
54	9.7105753	2110	9.7770552	2866	10.2229448	9.9335201	756	6
55	9.7107863	2109	9.7773418	2866	10.2226582	9.9334445	757	5
56	9.7109972	2108	9.7776284	2865	10 2223716	9.9333688	757	4
57	9.7112080	2106	9.7779149	2863	10.2220851	9.9332931	758	3
58	9.7114186	2104	9.7782012	2863	10.2217988	9.9332173	758	2
59	9.7116290	2103	9.7784875	2862	10.2215125	9.9331415	759	1
60	9.7118393		9.7787737		10.2212263	9.9330656		0
	Cosin. 59°	Diff.	Cot. 59°	Diff. com	Tang. 59°	Sinus 59°	Diff	′

′	Sinus 31°	Diff.	Tang. 31°	Diff com.	Cotang. 31°	Cosin. 31°	Diff	
0	9.7118393	2102	9.7787737	2862	10.2212263	9.9330656	759	60
1	9.7120495	2101	9.7790599	2860	10.2209401	9.9329897	760	59
2	9.7122596	2099	9.7793459	2859	10.2206541	9.9329137	761	58
3	9.7124695	2097	9.7796318	2859	10.2203682	9.9328376	760	57
4	9.7126792	2097	9.7799177	2857	10.2200823	9.9327616	762	56
5	9.7128889	2094	9.7802034	2857	10.2197966	9.9326854	762	55
6	9.7130983	2094	9.7804891	2856	10.2195109	9.9326092	762	54
7	9.7133077	2092	9.7807747	2855	10.2192253	9.9325330	763	53
8	9.7135169	2091	9.7810602	2854	10.2189398	9.9324567	763	52
9	9.7137260	2089	9.7813456	2853	10.2186544	9.9323804	764	51
10	9.7139349	2088	9.7816309	2853	10.2183691	9.9323040	764	50
11	9.7141437	2087	9.7819162	2851	10.2180838	9.9322276	765	49
12	9.7143524	2085	9.7822013	2851	10.2177987	9.9321511	765	48
13	9.7145609	2084	9.7824864	2849	10.2175136	9.9320746	766	47
14	9.7147693	2083	9.7827713	2849	10.2172287	9.9319980	767	46
15	9.7149776	2081	9.7830562	2848	10.2169438	9.9319213	766	45
16	9.7151857	2080	9.7833410	2848	10.2166590	9.9318447	768	44
17	9.7153937	2078	9.7836258	2846	10.2163742	9.9317679	768	43
18	9.7156015	2077	9.7839104	2845	10.2160896	9.9316911	768	42
19	9.7158092	2076	9.7841949	2845	10.2158051	9.9316143	769	41
20	9.7160168	2075	9.7844794	2844	10.2155206	9.9315374	769	40
21	9.7162243	2073	9.7847638	2843	10.2152362	9.9314605	770	39
22	9.7164316	2071	9.7850481	2842	10.2149519	9.9313835	770	38
23	9.7166387	2071	9.7853323	2841	10.2146677	9.9313065	771	37
24	9.7168458	2068	9.7856164	2840	10.2143836	9.9312294	772	36
25	9.7170526	2068	9.7859004	2840	10.2140996	9.9311522	772	35
26	9.7172594	2066	9.7861844	2838	10.2138156	9.9310750	772	34
27	9.7174660	2065	9.7864682	2838	10.2135318	9.9309978	773	33
28	9.7176725	2064	9.7867520	2837	10.2132480	9.9309205	773	32
29	9.7178789	2062	9.7870357	2836	10.2129643	9.9308432	774	31
30	9.7180851		9.7873193		10.2126807	9.9307658		30
	Cosin. 58°	Diff.	Cot. 58°	Diff. com.	Tang. 58°	Sinus 58°	Diff	′

'	Sinus 31°	Diff.	Tang. 31°	Diff. com.	Cotang. 31°	Cosin. 31°	Diff	
30	9.7180851	2061	9.7873193	2835	10.2126807	9.9307658	775	30
31	9.7182912	2059	9.7876028	2835	10.2123972	9.9306883	774	29
32	9.7184971	2059	9.7878863	2833	10.2121137	9.9306109	776	28
33	9.7187030	2056	9.7881696	2833	10.2118304	9.9305333	776	27
34	9.7189086	2056	9.7884529	2832	10.2115471	9.9304557	776	26
35	9.7191142	2054	9.7887361	2831	10.2112639	9.9303781	777	25
36	9.7193196	2053	9.7890192	2831	10.2109808	9.9303004	778	24
37	9.7195249	2051	9.7893023	2829	10.2106977	9.9302226	778	23
38	9.7197300	2050	9.7895852	2829	10.2104148	9.9301448	778	22
39	9.7199350	2049	9.7898681	2827	10.2101319	9.9300670	779	21
40	9.7201399	2048	9.7901508	2827	10.2098492	9.9299891	779	20
41	9.7203447	2046	9.7904335	2826	10.2095665	9.9299112	780	19
42	9.7205493	2045	9.7907161	2826	10.2092839	9.9298332	781	18
43	9.7207538	2043	9.7909987	2824	10.2090013	9.9297551	781	17
44	9.7209581	2042	9.7912811	2824	10.2087189	9.9296770	781	16
45	9.7211623	2041	9.7915635	2823	10.2084365	9.9295989	782	15
46	9.7213664	2040	9.7918458	2822	10.2081542	9.9295207	783	14
47	9.7215704	2038	9.7921280	2821	10.2078720	9.9294424	783	13
48	9.7217742	2037	9.7924101	2820	10.2075899	9.9293641	784	12
49	9.7219779	2035	9.7926921	2820	10.2073079	9.9292857	784	11
50	9.7221814	2034	9.7929741	2819	10.2070259	9.9292073	784	10
51	9.7223848	2033	9.7932560	2818	10.2067440	9.9291289	785	9
52	9.7225881	2032	9.7935378	2817	10.2064622	9.9290504	786	8
53	9.7227913	2030	9.7938195	2816	10.2061805	9.9289718	786	7
54	9.7229943	2029	9.7941011	2816	10.2058989	9.9288932	787	6
55	9.7231972	2028	9.7943827	2814	10.2056173	9.9288145	787	5
56	9.7234000	2026	9.7946641	2814	10.2053359	9.9287358	787	4
57	9.7236026	2025	9.7949455	2813	10.2050545	9.9286571	788	3
58	9.7238051	2024	9.7952268	2813	10.2047732	9.9285783	789	2
59	9.7240075	2022	9.7955081	2811	10.2044919	9.9284994	789	1
60	9.7242097		9.7957892		10.2042108	9.9284205		0
	Cosin. 58°	Diff.	Cot. 58°	Diff. com	Tang. 53°	Sinus 58°	Diff	'

′	Sinus 32°	Diff.	Tang. 32°	Diff. com.	Cotang. 32°	Cosin. 32°	Diff	
0	9.7242097	2021	9.7957892	2811	10.2042108	9.9284205	790	60
1	9.7244118	2020	9.7960703	2810	10.2039297	9.9283415	790	59
2	9.7246138	2018	9.7963513	2809	10.2036487	9.9282625	791	58
3	9.7248156	2018	9.7966322	2808	10.2033678	9.9281834	791	57
4	9.7250174	2015	9.7969130	2808	10.2030870	9.9281043	792	56
5	9.7252189	2015	9.7971938	2807	10.2028062	9.9280251	792	55
6	9.7254204	2013	9.7974745	2806	10.2025255	9.9279459	793	54
7	9.7256217	2012	9.7977551	2805	10.2022449	9.9278666	793	53
8	9.7258229	2011	9.7980356	2804	10.2019644	9.9277873	794	52
9	9.7260240	2009	9.7983160	2804	10.2016840	9.9277079	794	51
10	9.7262249	2008	9.7985964	2803	10.2014036	9.9276285	795	50
11	9.7264257	2007	9.7988767	2802	10.2011233	9.9275490	795	49
12	9.7266264	2005	9.7991569	2801	10.2008431	9.9274695	796	48
13	9.7268269	2004	9.7994370	2800	10.2005630	9.9273899	796	47
14	9.7270273	2003	9.7997170	2800	10.2002830	9.9273103	797	46
15	9.7272276	2002	9.7999970	2799	10.2000030	9.9272306	797	45
16	9.7274278	2000	9.8002769	2798	10.1997231	9.9271509	798	44
17	9.7276278	1999	9.8005567	2798	10.1994433	9.9270711	798	43
18	9.7278277	1998	9.8008365	2796	10.1991635	9.9269913	799	42
19	9.7280275	1996	9.8011161	2796	10.1988839	9.9269114	800	41
20	9.7282271	1996	9.8013957	2795	10.1986043	9.9268314	800	40
21	9.7284267	1993	9.8016752	2794	10.1983248	9.9267514	800	39
22	9.7286260	1993	9.8019546	2794	10.1980454	9.9266714	801	38
23	9.7288253	1991	9.8022340	2793	10.1977660	9.9265913	801	37
24	9.7290244	1990	9.8025133	2792	10.1974867	9.9265112	802	36
25	9.7292234	1989	9.8027925	2791	10.1972075	9.9264310	803	35
26	9.7294223	1988	9.8030716	2790	10.1969284	9.9263507	803	34
27	9.7296211	1986	9.8033506	2790	10.1966494	9.9262704	803	33
28	9.7298197	1985	9.8036296	2789	10.1963704	9.9261901	805	32
29	9.7300182	1983	9.8039085	2788	10.1960915	9.9261096	804	31
30	9.7302165		9.8041873		10.1958127	9.9260292		30
	Cosin. 57°	Diff.	Cot. 57°	Diff. com.	Tang. 57°	Sinus 57°	Diff	′

′	Sinus 32°	Diff.	Tang. 32°	Diff. com	Cotang. 32°	Cosin. 32°	Diff	
30	9.7302165		9.8041873		10.1958127	9.9260292		30
31	9.7304148	1983	9.8044661	2788	10.1955339	9.9259487	805	29
32	9.7306129	1981	9.8047447	2786	10.1952553	9.9258681	806	28
33	9.7308109	1980	9.8050233	2786	10.1949767	9.9257875	806	27
34	9.7310087	1978	9.8053019	2786	10.1946981	9.9257069	806	26
35	9.7312064	1977	9.8055803	2784	10.1944197	9.9256261	808	25
36	9.7314040	1976	9.8058587	2784	10.1941413	9.9255454	807	24
37	9.7316015	1975	9.8061370	2783	10.1938630	9.9254646	808	23
38	9.7317989	1974	9.8064152	2782	10.1935848	9.9253837	809	22
39	9.7319961	1972	9.8066933	2781	10.1933067	9.9253028	809	21
40	9.7321932	1971	9.8069714	2781	10.1930286	9.9252218	810	20
41	9.7323902	1970	9.8072494	2780	10.1927506	9.9251408	810	19
42	9.7325870	1968	9.8075273	2779	10.1924727	9.9250597	811	18
43	9.7327837	1967	9.8078052	2779	10.1921948	9.9249786	811	17
44	9.7329803	1966	9.8080829	2777	10.1919171	9.9248974	812	16
45	9.7331768	1965	9.8083606	2777	10.1916394	9.9248161	813	15
46	9.7333731	1963	9.8086383	2777	10.1913617	9.9247349	812	14
47	9.7335693	1962	9.8089158	2775	10.1910842	9.9246535	814	13
48	9.7337654	1961	9.8091933	2775	10.1908067	9.9245721	814	12
49	9.7339614	1960	9.8094707	2774	10.1905293	9.9244907	814	11
50	9.7341572	1958	9.8097480	2773	10.1902520	9.9244092	815	10
51	9.7343529	1957	9.8100253	2773	10.1899747	9.9243277	815	9
52	9.7345485	1956	9.8103025	2772	10.1896975	9.9242461	816	8
53	9.7347440	1955	9.8105796	2771	10.1894204	9.9241644	817	7
54	9.7349393	1953	9.8108566	2770	10.1891434	9.9240827	817	6
55	9.7351345	1952	9.8111336	2770	10.1888664	9.9240010	817	5
56	9.7353296	1951	9.8114105	2769	10.1885895	9.9239191	819	4
57	9.7355246	1950	9.8116873	2768	10.1883127	9.9238373	818	3
58	9.7357195	1949	9.8119641	2768	10.1880359	9.9237554	819	2
59	9.7359142	1947	9.8122408	2767	10.1877592	9.9236734	820	1
60	9.7361088	1946	9.8125174	2766	10.1874826	9.9235914	820	0
	Cosin. 57°	Diff.	Cot. 57°	Diff. com.	Tang. 57°	Sinus 57°	Diff	′

′	Sinus 33°	Diff.	Tang. 33°	Diff. com.	Cotang. 33°	Cosin. 3°	Diff	
0	9.7361088	1944	9.8125174	2765	10.1874826	9.9235914	821	60
1	9.7363032	1944	9.8127939	2765	10.1872061	9.9235093	821	59
2	9.7364976	1942	9.8130704	2764	10.1869296	9.9234272	822	58
3	9.7366918	1941	9.8133468	2763	10.1866532	9.9233450	822	57
4	9.7368859	1940	9.8136231	2762	10.1863769	9.9232628	823	56
5	9.7370799	1938	9.8138993	2762	10.1861007	9.9231805	823	55
6	9.7372737	1938	9.8141755	2761	10.1858245	9.9230982	824	54
7	9.7374675	1936	9.8144516	2761	10.1855484	9.9230158	824	53
8	9.7376611	1935	9.8147277	2759	10.1852723	9.9229334	825	52
9	9.7378546	1933	9.8150036	2759	10.1849964	9.9228509	825	51
10	9.7380479	1933	9.8152795	2759	10.1847205	9.9227684	826	50
11	9.7382412	1931	9.8155554	2757	10.1844446	9.9226858	826	49
12	9.7384343	1930	9.8158311	2757	10.1841689	9.9226032	827	48
13	9.7386273	1928	9.8161068	2756	10.1838932	9.9225205	828	47
14	9.7388201	1928	9.8163824	2756	10.1836176	9.9224377	828	46
15	9.7390129	1926	9.8166580	2755	10.1833420	9.9223549	828	45
16	9.7392055	1925	9.8169335	2754	10.1830665	9.9222721	830	44
17	9.7393980	1924	9.8172089	2753	10.1827911	9.9221891	829	43
18	9.7395904	1923	9.8174842	2753	10.1825158	9.9221062	830	42
19	9.7397827	1921	9.8177595	2752	10.1822405	9.9220232	831	41
20	9.7399748	1920	9.8180347	2751	10.1819653	9.9219401	831	40
21	9.7401668	1919	9.8183098	2751	10.1816902	9.9218570	832	39
22	9.7403587	1918	9.8185849	2750	10.1814151	9.9217738	832	38
23	9.7405505	1916	9.8188599	2749	10.1811401	9.9216906	833	37
24	9.7407421	1916	9.8191348	2748	10.1808652	9.9216073	833	36
25	9.7409337	1914	9.8194096	2748	10.1805904	9.9215240	834	35
26	9.7411251	1913	9.8196844	2748	10.1803156	9.9214406	834	34
27	9.7413164	1911	9.8199592	2746	10.1800408	9.9213572	835	33
28	9.7415075	1911	9.8202338	2746	10.1797662	9.9212737	835	32
29	9.7416986	1909	9.8205084	2745	10.1794916	9.9211902	836	31
30	9.7418895		9.8207829		10.1792171	9.9211066		30
	Cosin. 56°	Diff.	Cot. 56°	Diff. com.	Tang. 56°	Sinus 56°	Diff	′

′	Sinus 33°	Diff.	Tang. 33°	Diff. com.	Cotang. 33°	Cosin. 33°	Diff	
30	9.7418895	1908	9.8207829	2745	10.1792171	9.9211066	837	30
31	9.7420803	1907	9.8210574	2743	10.1789426	9.9210229	836	29
32	9.7422710	1906	9.8213317	2743	10.1786683	9.9209393	838	28
33	9.7424616	1904	9.8216060	2743	10.1783940	9.9208555	838	27
34	9.7426520	1903	9.8218803	2742	10.1781197	9.9207717	839	26
35	9.7428423	1902	9.8221545	2741	10.1778455	9.9206878	839	25
36	9.7430325	1901	9.8224286	2740	10.1775714	9.9206039	839	24
37	9.7432226	1900	9.8227026	2740	10.1772974	9.9205200	840	23
38	9.7434126	1898	9.8229766	2739	10.1770234	9.9204360	841	22
39	9.7436024	1897	9.8232505	2739	10.1767495	9.9203519	841	21
40	9.7437921	1896	9.8235244	2737	10.1764756	9.9202678	842	20
41	9.7439817	1895	9.8237981	2738	10.1762019	9.9201836	842	19
42	9.7441712	1894	9.8240719	2736	10.1759281	9.9200994	843	18
43	9.7443606	1892	9.8243455	2736	10.1756545	9.9200151	843	17
44	9.7445498	1892	9.8246191	2735	10.1753809	9.9199308	844	16
45	9.7447390	1890	9.8248926	2734	10.1751074	9.9198464	845	15
46	9.7449280	1889	9.8251660	2734	10.1748340	9.9197619	844	14
47	9.7451169	1887	9.8254394	2733	10.1745606	9.9196775	846	13
48	9.7453056	1887	9.8257127	2733	10.1742873	9.9195929	846	12
49	9.7454943	1885	9.8259860	2732	10.1740140	9.9195083	846	11
50	9.7456828	1884	9.8262592	2731	10.1737408	9.9194237	847	10
51	9.7458712	1883	9.8265323	2730	10.1734677	9.9193390	848	9
52	9.7460595	1882	9.8268053	2730	10.1731947	9.9192542	848	8
53	9.7462477	1881	9.8270783	2730	10.1729217	9.9191694	849	7
54	9.7464358	1879	9.8273513	2728	10.1726487	9.9190845	849	6
55	9.7466237	1878	9.8276241	2728	10.1723759	9.9189996	850	5
56	9.7468115	1877	9.8278969	2727	10.1721031	9.9189146	850	4
57	9.7469992	1876	9.8281696	2727	10.1718304	9.9188296	851	3
58	9.7471868	1875	9.8284423	2726	10.1715577	9.9187445	851	2
59	9.7473743	1874	9.8287149	2725	10.1712851	9.9186594	852	1
60	9.7475617		9.8289874		10.1710126	9.9185742		0
	Cosin. 56°	Diff.	Cot. 56°	Diff. com	Tang. 56°	Sinus 56°	Diff	′

′	Sinus 34°	Diff.	Tang. 34°	Diff. com.	Cotang. 34°	Cosin. 34°	Diff	
0	9.7475617	1872	9.8289874	2725	10.1710126	9.9185742	852	60
1	9.7477489	1871	9.8292599	2724	10.1707401	9.9184890	853	59
2	9.7479360	1870	9.8295323	2724	10.1704677	9.9184037	854	58
3	9.7481230	1869	9.8298047	2722	10.1701953	9.9183183	854	57
4	9.7483099	1868	9.8300769	2723	10.1699231	9.9182329	854	56
5	9.7484967	1866	9.8303492	2721	10.1696508	9.9181475	855	55
6	9.7486833	1865	9.8306213	2721	10.1693787	9.9180620	856	54
7	9.7488698	1864	9.8308934	2720	10.1691066	9.9179764	856	53
8	9.7490562	1863	9.8311654	2720	10.1688346	9.9178908	857	52
9	9.7492425	1862	9.8314374	2719	10.1685626	9.9178051	857	51
10	9.7494287	1861	9.8317093	2718	10.1682907	9.9177194	858	50
11	9.7496148	1859	9.8319811	2718	10.1680189	9.9176336	858	49
12	9.7498007	1859	9.8322529	2717	10.1677471	9.9175478	859	48
13	9.7499866	1857	9.8325246	2717	10.1674754	9.9174619	859	47
14	9.7501723	1856	9.8327963	2716	10.1672037	9.9173760	860	46
15	9.7503579	1855	9.8330679	2715	10.1669321	9.9172900	860	45
16	9.7505434	1853	9.8333394	2715	10.1666606	9.9172040	861	44
17	9.7507287	1853	9.8336109	2714	10.1663891	9.9171179	862	43
18	9.7509140	1851	9.8338823	2713	10.1661177	9.9170317	862	42
19	9.7510991	1851	9.8341536	2713	10.1658464	9.9169455	862	41
20	9.7512842	1849	9.8344249	2712	10.1655751	9.9168593	863	40
21	9.7514691	1847	9.8346961	2712	10.1653039	9.9167730	864	39
22	9.7516538	1847	9.8349673	2711	10.1650327	9.9166866	854	38
23	9.7518385	1846	9.8352384	2710	10.1647616	9.9166002	865	37
24	9.7520231	1844	9.8355094	2710	10.1644906	9.9165137	865	36
25	9.7522075	1844	9.8357804	2709	10.1642196	9.9164272	866	35
26	9.7523919	1842	9.8360513	2708	10.1639487	9.9163406	867	34
27	9.7525761	1841	9.8363221	2708	10.1636779	9.9162539	866	33
28	9.7527602	1840	9.8365929	2707	10.1634071	9.9161673	868	32
29	9.7529442	1838	9.8368636	2707	10.1631364	9.9160805	868	31
30	9.7531280		9.8371343		10.1628657	9.9159937		30
	Cosin. 55°	Dift.	Cot. 55°	Diff. com.	Tang. 55°	Sinus 55°	Diff	′

′	Sinus 34°	Diff.	Tang. 34°	Diff. com.	Cotang. 34°	Cosin. 34°	Diff.	
30	9.7531280	1838	9.8371343	2706	10.1628657	9.9159937	868	30
31	9.7533118	1836	9.8374049	2706	10.1625951	9.9159069	869	29
32	9.7534954	1836	9.8376755	2705	10.1623245	9.9158200	870	28
33	9.7536790	1834	9.8379460	2704	10.1620540	9.9157330	870	27
34	9.7538624	1833	9.8382164	2703	10.1617836	9.9156460	871	26
35	9.7540457	1831	9.8384867	2704	10.1615133	9.9155589	871	25
36	9.7542288	1831	9.8387571	2702	10.1612429	9.9154718	872	24
37	9.7544119	1830	9.8390273	2702	10.1609727	9.9153846	872	23
38	9.7545949	1828	9.8392975	2701	10.1607025	9.9152974	873	22
39	9.7547777	1827	9.8395676	2701	10.1604324	9.9152101	873	21
40	9.7549604	1827	9.8398377	2700	10.1601623	9.9151228	874	20
41	9.7551431	1825	9.8401077	2699	10.1598923	9.9150354	875	19
42	9.7553256	1824	9.8403776	2699	10.1596224	9.9149479	875	18
43	9.7555080	1822	9.8406475	2699	10.1593525	9.9148604	875	17
44	9.7556902	1822	9.8409174	2697	10.1590826	9.9147729	877	16
45	9.7558724	1820	9.8411871	2698	10.1588129	9.9146852	876	15
46	9.7560544	1820	9.8414569	2696	10.1585431	9.9145976	877	14
47	9.7562364	1818	9.8417265	2696	10.1582735	9.9145099	878	13
48	9.7564182	1817	9.8419961	2696	10.1580039	9.9144221	879	12
49	9.7565999	1816	9.8422657	2694	10.1577343	9.9143342	878	11
50	9.7567815	1815	9.8425351	2695	10.1574649	9.9142464	880	10
51	9.7569630	1814	9.8428046	2693	10.1571954	9.9141584	880	9
52	9.7571444	1812	9.8430739	2693	10.1569261	9.9140704	880	8
53	9.7573256	1812	9.8433432	2693	10.1566568	9.9139824	881	7
54	9.7575068	1810	9.8436125	2692	10.1563875	9.9138943	882	6
55	9.7576878	1809	9.8438817	2691	10.1561183	9.9138061	882	5
56	9.7578687	1808	9.8441508	2691	10.1558492	9.9137179	883	4
57	9.7580495	1807	9.8444199	2690	10.1555801	9.9136296	883	3
58	9.7582302	1806	9.8446889	2690	10.1553111	9.9135413	883	2
59	9.7584108	1805	9.8449579	2689	10.1550421	9.9134530	885	1
60	9.7585913		9.8452268		10.1547732	9.9133645		0
	Cosin. 55°	Diff.	Cot. 55°	Diff. com.	Tang. 55°	Sinus. 55°	Diff	′

′	Sinus 35°	Diff.	Tang. 35°	Diff. com.	Cotang. 35°	Cosim 35°	Diff.	
0	9.7585913		9.8452268		10.1547732	9.9133645		60
1	9.7587717	1804	9.8454956	2688	10.1545044	9.9132760	885	59
2	9.7589519	1802	9.8457644	2688	10.1542356	9.9131875	885	58
3	9.7591321	1802	9.8460332	2688	10.1539668	9.9130989	886	57
4	9.7593121	1800	9.8463018	2686	10.1536982	9.9130102	887	56
5	9.7594920	1799	9.8465705	2687	10.1534295	9.9129215	887	55
6	9.7596718	1798	9.8468390	2685	10.1531610	9.9128328	887	54
7	9.7598515	1797	9.8471075	2685	10.1528925	9.9127440	888	53
8	9.7600311	1796	9.8473760	2685	10.1526240	9.9126551	889	52
9	9.7602106	1795	9.8476444	2684	10.1523556	9.9125662	889	51
10	9.7603899	1793	9.8479127	2683	10.1520873	9.9124772	890	50
11	9.7605692	1793	9.8481810	2683	10.1518190	9.9123882	890	49
12	9.7607483	1791	9.8484492	2682	10.1515508	9.9122991	891	48
13	9.7609274	1791	9.8487174	2682	10.1512826	9.9122099	892	47
14	9.7611063	1789	9.8489855	2681	10.1510145	9.9121207	892	46
15	9.7612851	1788	9.8492536	2681	10.1507464	9.9120315	892	45
16	9.7614638	1787	9.8495216	2680	10.1504784	9.9119422	893	44
17	9.7616424	1786	9.8497896	2680	10.1502104	9.9118528	894	43
18	9 7618208	1784	9.8500575	2679	10.1499425	9.9117634	894	42
19	9 7619992	1784	9.8503253	2678	10.1496747	9.9116739	895	41
20	9.7621775	1783	9.8505931	2678	10.1494069	9.9115844	895	40
21	9.7623556	1781	9.8508608	2677	10.1491392	9.9114948	896	39
22	9.7625337	1781	9.8511285	2677	10.1488715	9.9114051	897	38
23	9.7627116	1779	9.8513961	2676	10.1486039	9.9113155	896	37
24	9.7628894	1778	9.8516637	2676	10.1483363	9.9112257	898	36
25	9.7630671	1777	9.8519312	2675	10.1480688	9.9111359	898	35
26	9.7632447	1776	9.8521987	2675	10.1478013	9.9110460	899	34
27	9.7634222	1775	9.8524661	2674	10.1475339	9.9109561	899	33
28	9.7635996	1774	9.8527335	2674	10.1472665	9.9108661	900	32
29	9.7637769	1773	9.8530008	2673	10.1469992	9.9107761	900	31
30	9.7639540	1771	9.8532680	2672	10.1467320	9.9106860	901	30
	Cosin. 54°	Diff.	Cot. 54°	Diff. com.	Tang. 54°	Sinus 54°	Diff	′

'	Sinus 35°	Diff.	Tang. 35°	Diff. com.	Cotang. 35°	Cosin. 35°	Diff	
30	9.7639540	1771	9.8532680	2672	10.1467320	9.9106860	901	30
31	9.7641311	1769	9.8535352	2671	10.1464648	9.9105959	902	29
32	9.7643080	1769	9.8538023	2671	10.1461977	9.9105057	902	28
33	9.7644849	1767	9.8540694	2671	10.1459306	9.9104155	904	27
34	9.7646616	1766	9.8543365	2669	10.1456635	9.9103251	903	26
35	9.7648382	1765	9.8546034	2670	10.1453966	9.9102348	904	25
36	9.7650147	1764	9.8548704	2668	10.1451296	9.9101444	905	24
37	9.7651911	1763	9.8551372	2669	10.1448628	9.9100539	905	23
38	9.7653674	1762	9.8554041	2667	10.1445959	9.9099634	906	22
39	9.7655436	1761	9.8556708	2668	10.1443292	9.9098728	907	21
40	9.7657197	1760	9.8559376	2666	10.1440624	9.9097821	906	20
41	9.7658957	1758	9.8562042	2666	10.1437958	9.9096915	908	19
42	9.7660715	1758	9.8564708	2666	10.1435292	9.9096007	908	18
43	9.7662473	1756	9.8567374	2665	10.1432626	9.9095099	909	17
44	9.7664229	1756	9.8570039	2665	10.1429961	9.9094190	909	16
45	9.7665985	1754	9.8572704	2664	10.1427296	9.9093281	910	15
46	9.7667739	1753	9.8575368	2663	10.1424632	9.9092371	910	14
47	9.7669492	1752	9.8578031	2663	10.1421969	9.9091461	911	13
48	9.7671244	1752	9.8580694	2663	10.1419306	9.9090550	911	12
49	9.7672996	1750	9.8583357	2662	10.1416643	9.9089639	912	11
50	9.7674746	1748	9.8586019	2661	10.1413981	9.9088727	913	10
51	9.7676494	1748	9.8588680	2661	10.1411320	9.9087814	913	9
52	9.7678242	1747	9.8591341	2661	10.1408659	9.9086901	913	8
53	9.7679989	1746	9.8594002	2659	10.1405998	9.9085988	915	7
54	9.7681735	1745	9.8596661	2660	10.1403339	9.9085073	914	6
55	9.7683480	1743	9.8599321	2659	10.1400679	9.9084159	916	5
56	9.7685223	1743	9.8601980	2658	10.1398020	9.9083243	916	4
57	9.7686966	1741	9.8604638	2658	10.1395362	9.9082327	916	3
58	9.7688707	1741	9.8607296	2658	10.1392704	9.9081411	917	2
59	9.7690448	1739	9.8609954	2656	10.1390046	9.9080494	918	1
60	9.7692187		9.8612610		10.1387390	9.9079576		0
	Cosin. 54°	Diff.	Cot. 54°	Diff. com.	Tang. 54°	Sinus 54°	Diff	'

′	Sinus 36°	Diff.	Tang. 36°	Diff. com.	Cotang. 36°	Cosin. 36°	Diff	
0	9.7692187	1738	9.8612610	2657	10.1387390	9.9079576	918	60
1	9.7693925	1737	9.8615267	2656	10.1384733	9.9078658	918	59
2	9.7695662	1736	9.8617923	2655	10.1382077	9.9077740	920	58
3	9.7697398	1736	9.8620578	2655	10.1379422	9.9076820	919	57
4	9.7699134	1734	9.8623233	2654	10.1376767	9.9075901	921	56
5	9.7700868	1733	9.8625887	2654	10.1374113	9.9074980	921	55
6	9.7702601	1731	9.8628541	2654	10.1371459	9.9074059	921	54
7	9.7704332	1731	9.8631195	2653	10.1368805	9.9073138	922	53
8	9.7706063	1730	9.8633848	2652	10.1366152	9.9072216	923	52
9	9.7707793	1729	9.8636500	2652	10.1363500	9.9071293	923	51
10	9.7709522	1727	9.8639152	2651	10.1360848	9.9070370	924	50
11	9.7711249	1727	9.8641803	2651	10.1358197	9.9069446	924	49
12	9.7712976	1726	9.8644454	2651	10.1355546	9.9068522	925	48
13	9.7714702	1724	9.8647105	2650	10.1352895	9.9067597	926	47
14	9.7716426	1724	9.8649755	2649	10.1350245	9.9066671	926	46
15	9.7718150	1722	9.8652404	2649	10.1347596	9.9065745	926	45
16	9.7719872	1721	9.8655053	2649	10.1344947	9.9064819	927	44
17	9.7721593	1721	9.8657702	2648	10.1342298	9.9063892	928	43
18	9.7723314	1719	9.8660350	2647	10.1339650	9.9062964	928	42
19	9.7725033	1718	9.8662997	2647	10.1337003	9.9062036	929	41
20	9.7726751	1717	9.8665644	2647	10.1334356	9.9061107	930	40
21	9.7728468	1717	9.8668291	2646	10.1331709	9.9060177	930	39
22	9.7730185	1715	9.8670937	2646	10.1329063	9.9059247	930	38
23	9.7731900	1714	9.8673583	2645	10.1326417	9.9058317	931	37
24	9.7733614	1713	9.8676228	2645	10.1323772	9.9057386	932	36
25	9.7735327	1712	9.8678873	2644	10.1321127	9.9056454	932	35
26	9.7737039	1710	9.8681517	2643	10.1318483	9.9055522	933	34
27	9.7738749	1710	9.8684160	2644	10.1315840	9.9054589	933	33
28	9.7740459	1709	9.8686804	2642	10.1313196	9.9053656	934	32
29	9.7742168	1708	9.8689446	2643	10.1310554	9.9052722	935	31
30	9.7743876		9.8692089		10.1307911	9.9051787		30
	Cosin. 53°	Diff.	Cot. 53°	Diff. com.	Tang. 53°	Sinus 53°	Diff	′

′	Sinus 36°	Diff.	Tang. 36°	Diff. com.	Cotang. 36°	Cosin. 36°	Diff	
30	9.7743876		9.8692089		10.1307911	9.9051787		30
31	9.7745583	1707	9.8694731	2642	10.1305269	9.9050852	935	29
32	9.7747288	1705	9.8697372	2641	10.1302628	9.9049916	936	28
33	9.7748993	1705	9.8700013	2641	10.1299987	9.9048980	936	27
34	9.7750697	1704	9.8702653	2640	10.1297347	9.9048043	937	26
35	9.7752399	1702	9.8705293	2640	10.1294707	9.9047106	937	25
36	9.7754101	1702	9.8707933	2640	10.1292067	9.9046168	938	24
37	9.7755801	1700	9.8710572	2639	10.1289428	9.9045230	938	23
38	9.7757501	1700	9.8713210	2638	10.1286790	9.9044291	939	22
39	9.7759199	1698	9.8715848	2638	10.1284152	9.9043351	940	21
40	9.7760897	1698	9.8718486	2638	10.1281514	9.9042411	940	20
41	9.7762593	1696	9.8721123	2637	10.1278877	9.9041470	941	19
42	9.7764289	1696	9.8723760	2637	10.1276240	9.9040529	941	18
43	9.7765983	1694	9.8726396	2636	10.1273604	9.9039587	942	17
44	9.7767676	1693	9.8729032	2636	10.1270968	9.9038644	943	16
45	9.7769369	1693	9.8731668	2636	10.1268332	9.9037701	943	15
46	9.7771060	1691	9.8734302	2634	10.1265698	9.9036757	944	14
47	9.7772750	1690	9.8736937	2635	10.1263063	9.9035813	944	13
48	9.7774439	1689	9.8739571	2634	10.1260429	9.9034868	945	12
49	9.7776128	1689	9.8742204	2633	10.1257796	9.9033923	945	11
50	9.7777815	1687	9.8744838	2634	10.1255162	9.9032977	946	10
51	9.7779501	1686	9.8747470	2632	10.1252530	9.9032031	946	9
52	9.7781186	1685	9.8750102	2632	10.1249898	9.9031084	947	8
53	9.7782870	1684	9.8752734	2632	10.1247266	9.9030136	948	7
54	9.7784553	1683	9.8755365	2631	10.1244635	9.9029188	948	6
55	9.7786235	1682	9.8757996	2631	10.1242004	9.9028239	949	5
56	9.7787916	1681	9.8760627	2631	10.1239373	9.9027289	950	4
57	9.7789596	1680	9.8763257	2630	10.1236743	9.9026339	950	3
58	9.7791275	1679	9.8765886	2629	10.1234114	9.9025389	950	2
59	9.7792953	1678	9.8768515	2629	10.1231485	9.9024438	951	1
60	9.7794630	1677	9.8771144	2629	10.1228856	9.9023486	952	0
	Cosin. 53°	Diff.	Cot. 53°	Diff. com.	Tang. 53°	Sinus 53°	Diff	′

′	Sinus 37°	Diff.	Tang. 37°	Diff. com.	Cotang. 37°	Cosin. 37°	Diff	
0	9.7794630	1676	9.8771144	2628	10.1228856	9.9023486	952	60
1	9.7796306	1675	9.8773772	2628	10.1226228	9.9022534	953	59
2	9 7797981	1674	9.8776400	2627	10.1223600	9.9021581	953	58
3	9.7799655	1673	9.8779027	2627	10.1220973	9.9020628	954	57
4	9.7801328	1672	9.8781654	2627	10.1218346	9.9019674	955	56
5	9.7803000	1671	9.8784281	2626	10.1215719	9.9018719	955	55
6	9.7804671	1670	9.8786907	2626	10.1213093	9.9017764	956	54
7	9.7806341	1669	9.8789533	2625	10.1210467	9.9016808	956	53
8	9.7808010	1667	9.8792158	2624	10.1207842	9.9015852	957	52
9	9.7809677	1667	9.8794782	2625	10.1205218	9.9014895	957	51
10	9.7811344	1666	9.8797407	2624	10.1202593	9.9013938	958	50
11	9.7813010	1665	9.8800031	2623	10.1199969	9.9012980	959	49
12	9.7814675	1664	9.8802654	2623	10.1197346	9.9012021	959	48
13	9.7816339	1663	9.8805277	2623	10.1194723	9.9011062	960	47
14	9.7818002	1662	9.8807900	2622	10.1192100	9.9010102	960	46
15	9.7819664	1660	9.8810522	2622	10.1189478	9.9009142	961	45
16	9.7821324	1660	9.8813144	2621	10.1186856	9.9008181	962	44
17	9.7822984	1659	9.8815765	2621	10.1184235	9.9007219	962	43
18	9.7824643	1658	9.8818386	2621	10.1181614	9.9006257	963	42
19	9.7826301	1657	9.8821007	2620	10.1178993	9.9005294	963	41
20	9.7827958	1656	9.8823627	2619	10.1176373	9.9004331	964	40
21	9.7829614	1654	9.8826246	2620	10.1173754	9.9003367	964	39
22	9.7831268	1654	9.8828866	2618	10.1171134	9.9002403	965	38
23	9.7832922	1653	9.8831484	2619	10.1168516	9.9001438	966	37
24	9.7834575	1652	9.8834103	2618	10.1165897	9.9000472	966	36
25	9.7836227	1651	9.8836721	2617	10.1163279	9.8999506	967	35
26	9.7837878	1650	9.8839338	2618	10.1160662	9.8998539	967	34
27	9.7839528	1649	9.8841956	2616	10.1158044	9.8997572	968	33
28	9.7841177	1647	9.8844572	2617	10 1155428	9.8996604	968	32
29	9.7842824	1647	9.8847189	2616	10.[illegible]52811	9.8995636	969	31
30	9.7844471		9.8849805		10.1150195	9.8994667		30
	Cosin. 52°	Diff.	Cot. 52°	Diff. com.	Tang. 52°	Sinus 52°	Diff	′

′	Sinus 37°	Diff.	Tang. 37°	Diff. com.	Cotang. 37°	Cosin. 37°	Diff	
30	9.7844471	1646	9.8849805	2615	10.1150195	9.8994667	970	30
31	9.7846117	1645	9.8852420	2615	10.1147580	9.8993697	970	29
32	9.7847762	1644	9.8855035	2615	10.1144965	9.8992727	971	28
33	9.7849406	1643	9.8857650	2614	10.1142350	9.8991756	972	27
34	9.7851049	1642	9.8860264	2614	10.1139736	9.8990784	972	26
35	9.7852691	1641	9.8862878	2614	10.1137122	9.8989812	972	25
36	9.7854332	1640	9.8865492	2613	10.1134508	9.8988840	973	24
37	9.7855972	1639	9.8868105	2613	10.1131895	9.8987867	974	23
38	9.7857611	1638	9.8870718	2612	10.1129282	9.8986893	974	22
39	9.7859249	1637	9.8873330	2612	10.1126670	9.8985919	975	21
40	9.7860886	1636	9.8875942	2612	10.1124058	9.8984944	976	20
41	9.7862522	1635	9.8878554	2611	10.1121446	9.8983968	976	19
42	9.7864157	1634	9.8881165	2610	10.1118835	9.8982992	977	18
43	9.7865791	1633	9.8883775	2611	10.1116225	9.8982015	977	17
44	9.7867424	1632	9.8886386	2610	10.1113614	9.8981038	978	16
45	9.7869056	1631	9.8888996	2609	10.1111004	9.8980060	978	15
46	9.7870687	1630	9.8891605	2609	10.1108395	9.8979082	979	14
47	9.7872317	1629	9.8894214	2609	10.1105786	9.8978103	980	13
48	9.7873946	1628	9.8896823	2609	10.1103177	9.8977123	980	12
49	9.7875574	1628	9.8899432	2608	10.1100568	9.8976143	981	11
50	9.7877202	1626	9.8902040	2607	10.1097960	9.8975162	981	10
51	9.7878828	1625	9.8904647	2607	10.1095353	9.8974181	982	9
52	9.7880453	1624	9.8907254	2607	10.1092746	9.8973199	983	8
53	9.7882077	1624	9.8909861	2607	10.1090139	9.8972216	983	7
54	9.7883701	1622	9.8912468	2606	10.1087532	9.8971233	984	6
55	9.7885323	1621	9.8915074	2605	10.1084926	9.8970249	984	5
56	9.7886944	1621	9.8917679	2606	10.1082321	9.8969265	985	4
57	9.7888565	1619	9.8920285	2605	10.1079715	9.8968280	986	3
58	9.7890184	1618	9.8922890	2604	10.1077110	9.8967294	986	2
59	9.7891802	1618	9.8925494	2604	10.1074506	9.8966308	987	1
60	9.7893420		9.8928098		10.1071902	9.8965321		0
	Cosin. 52°	Diff.	Cot. 52°	Diff. com.	Tang. 52°	Sinus 52°	Diff	′

′	Sinus 38°	Diff.	Tang. 38°	Diff. com.	Cotang. 38°	Cosin. 38°	Diff.	
0	9.7893420	1616	9.8928098	2604	10.1071902	9.8965321	987	60
1	9.7895036	1616	9.8930702	2604	10.1069298	9.8964334	988	59
2	9.7896652	1614	9.8933306	2603	10.1066694	9.8963346	988	58
3	9.7898266	1614	9.8935909	2602	10.1064091	9.8962358	989	57
4	9.7899880	1613	9.8938511	2603	10.1061489	9.8961369	990	56
5	9.7901493	1611	9.8941114	2601	10.1058886	9.8960379	990	55
6	9.7903104	1611	9.8943715	2602	10.1056285	9.8959389	991	54
7	9.7904715	1610	9.8946317	2601	10.1053683	9.8958398	992	53
8	9.7906325	1608	9.8948918	2601	10.1051082	9.8957406	992	52
9	9.7907933	1608	9.8951519	2600	10.1048481	9.8956414	992	51
10	9.7909541	1607	9.8954119	2600	10.1045881	9.8955422	993	50
11	9.7911148	1606	9.8956719	2600	10.1043281	9.8954429	994	49
12	9.7912754	1605	9.8959319	2599	10.1040681	9.8953435	995	48
13	9.7914359	1604	9.8961918	2599	10.1038082	9.8952440	995	47
14	9.7915963	1603	9.8964517	2599	10.1035483	9.8951445	995	46
15	9.7917566	1602	9.8967116	2598	10.1032884	9.8950450	997	45
16	9.7919168	1601	9.8969714	2598	10.1030286	9.8949453	996	44
17	9.7920769	1600	9.8972312	2598	10.1027688	9.8948457	998	43
18	9.7922360	1599	9.8974910	2597	10.1025090	9.8947459	998	42
19	9.7923968	1598	9.8977507	2597	10.1022493	9.8946461	998	41
20	9.7925566	1597	9.8980104	2596	10.1019896	9.8945463	1000	40
21	9.7927163	1597	9.8982700	2596	10.1017300	9.8944463	999	39
22	9.7928760	1595	9.8985296	2596	10.1014704	9.8943464	1001	38
23	9.7930355	1594	9.8987892	2595	10.1012108	9.8942463	1001	37
24	9.7931949	1594	9.8990487	2595	10.1009513	9.8941462	1001	36
25	9.7933543	1592	9.8993082	2595	10.1006918	9.8940461	1003	35
26	9.7935135	1592	9.8995677	2594	10.1004323	9.8939458	1002	34
27	9.7936727	1590	9.8998271	2594	10.1001729	9.8938456	1004	33
28	9.7938317	1590	9.9000865	2594	10.0999135	9.8937452	1004	32
29	9.7939907	1589	9.9003459	2593	10.0996541	9.8936448	1004	31
30	9.7941496		9.9006052		10.0993948	9.8935444		30
	Cosin. 51°	Diff.	Cot. 51°	Diff. com.	Tang. 51°	Sinus 51°	Diff.	′

′	Sinus 38°	Diff.	Tang. 38°	Diff. com.	Cotang. 38°	Cosin. 38°	Diff.	
30	9.7941496	1587	9.9006052	2593	10.0993948	9.8935444	1005	30
31	9.7943083	1587	9.9008645	2592	10.0991355	9.8934439	1006	29
32	9.7944670	1586	9.9011237	2593	10.0988763	9.8933433	1007	28
33	9.7946256	1585	9.9013830	2592	10.0986170	9.8932426	1007	27
34	9.7947841	1584	9.9016422	2591	10.0983578	9.8931419	1007	26
35	9.7949425	1583	9.9019013	2591	10.0980987	9.8930412	1008	25
36	9.7951008	1582	9.9021604	2591	10.0978396	9.8929404	1009	24
37	9.7952590	1581	9.9024195	2591	10.0975805	9.8928395	1010	23
38	9.7954171	1580	9.9026786	2590	10.0973214	9.8927385	1010	22
39	9.7955751	1579	9.9029376	2590	10.0970624	9.8926375	1010	21
40	9.7957330	1579	9.9031966	2589	10.0968034	9.8925365	1011	20
41	9.7958909	1577	9.9034555	2589	10.0965445	9.8924354	1012	19
42	9.7960486	1576	9.9037144	2589	10.0962856	9.8923342	1013	18
43	9.7962062	1576	9.9039733	2588	10.0960267	9.8922329	1013	17
44	9.7963638	1574	9.9042321	2589	10.0957679	9.8921316	1013	16
45	9.7965212	1574	9.9044910	2587	10.0955090	9.8920303	1014	15
46	9.7966786	1573	9.9047497	2588	10.0952503	9.8919289	1015	14
47	9.7968359	1571	9.9050085	2587	10.0949915	9.8918274	1016	13
48	9.7969930	1571	9.9052672	2587	10.0947328	9.8917258	1016	12
49	9.7971501	1570	9.9055259	2586	10.0944741	9.8916242	1016	11
50	9.7973071	1569	9.9057845	2586	10.0942155	9.8915226	1018	10
51	9.7974640	1568	9.9060431	2586	10.0939569	9.8914208	1017	9
52	9.7976208	1567	9.9063017	2586	10.0936983	9.8913191	1019	8
53	9.7977775	1566	9.9065603	2585	10.0934397	9.8912172	1019	7
54	9.7979341	1565	9.9068188	2585	10.0931812	9.8911153	1020	6
55	9.7980906	1564	9.9070773	2584	10.0929227	9.8910133	1020	5
56	9.7982470	1564	9.9073357	2584	10.0926643	9.8909113	1021	4
57	9.7984034	1562	9.9075941	2584	10.0924059	9.8908092	1021	3
58	9.7985596	1562	9.9078525	2584	10.0921475	9.8907071	1022	2
59	9.7987158	1560	9.9081109	2583	10.0918891	9.8906049	1023	1
60	9.7988718		9.9083692		10.0916308	9.8905026		0
	Cosin. 51°	Diff.	Cot. 51°	Diff. com.	Tang. 51°	Sinus 51°	Diff.	′

′	Sinus 39°	Diff.	Tang. 39°	Diff. com.	Cotang. 39°	Cosin. 39°	Diff.	
0	9.7988718	1560	9.9083692	2583	10.0916308	9.8905026	1023	60
1	9.7990278	1558	9.9086275	2583	10.0913725	9.8904003	1024	59
2	9.7991836	1558	9.9088858	2582	10.0911142	9.8902979	1025	58
3	9.7993394	1557	9.9091440	2582	10.0908560	9.8901954	1025	57
4	9.7994951	1556	9.9094022	2581	10.0905978	9.8900929	1026	56
5	9.7996507	1555	9.9096603	2582	10.0903397	9.8899903	1026	55
6	9.7998062	1554	9.9099185	2581	10.0900815	9.8898877	1027	54
7	9.7999616	1553	9.9101766	2581	10.0898234	9.8897850	1028	53
8	9.8001169	1552	9.9104347	2580	10.0895653	9.8896822	1028	52
9	9.8002721	1551	9.9106927	2580	10.0893073	9.8895794	1029	51
10	9.8004272	1551	9.9109507	2580	10.0890493	9.8894765	1029	50
11	9.8005823	1549	9.9112087	2579	10.0887913	9.8893736	1030	49
12	9.8007372	1549	9.9114666	2579	10.0885334	9.8892706	1031	48
13	9.8008921	1547	9.9117245	2579	10.0882755	9.8891675	1031	47
14	9.8010468	1547	9.9119824	2579	10.0880176	9.8890644	1032	46
15	9.8012015	1546	9.9122403	2578	10.0877597	9.8889612	1032	45
16	9.8013561	1545	9.9124981	2578	10.0875019	9.8888580	1033	44
17	9.8015106	1543	9.9127559	2578	10.0872441	9.8887547	1034	43
18	9.8016649	1543	9.9130137	2577	10.0869863	9.8886513	1034	42
19	9.8018192	1543	9.9132714	2577	10.0867286	9.8885479	1035	41
20	9.8019735	1541	9.9135291	2577	10.0864709	9.8884444	1036	40
21	9.8021276	1540	9.9137868	2576	10.0862132	9.8883408	1036	39
22	9.8022816	1539	9.9140444	2576	10.0859556	9.8882372	1037	38
23	9.8024355	1539	9.9143020	2576	10.0856980	9.8881335	1037	37
24	9.8025894	1537	9.9145596	2575	10.0854404	9.8880298	1038	36
25	9.8027431	1537	9.9148171	2576	10.0851829	9.8879260	1039	35
26	9.8028968	1536	9.9150747	2575	10.0849253	9.8878221	1039	34
27	9.8030504	1534	9.9153322	2574	10.0846678	9.8877182	1040	33
28	9.8032038	1534	9.9155896	2575	10.0844104	9.8876142	1040	32
29	9.8033572	1533	9.9158471	2574	10.0841529	9.8875102	1041	31
30	9.8035105		9.9161045		10.0838955	9.8874061		30
	Cosin. 50°	Diff.	Cot. 50°	Diff. com.	Tang. 50°	Sinus 50°	Diff.	′

′	Sinus 39°	Diff.	Tang. 39°	Diff. com.	Cotang. 39°	Cosin. 39°	Diff.	
30	9.8035105	1532	9.9161045	2573	10.0838955	9.8874061	1042	30
31	9.8036637	1531	9.9163618	2574	10.0836382	9.8873019	1042	29
32	9.8038168	1531	9.9166192	2573	10.0833808	9.8871977	1043	28
33	9.8039699	1529	9.9168765	2573	10.0831235	9.8870934	1044	27
34	9.8041228	1529	9.9171338	2573	10.0828662	9.8869890	1044	26
35	9.8042757	1527	9.9173911	2572	10.0826089	9.8868846	1045	25
36	9.8044284	1527	9.9176483	2572	10.0823517	9.8867801	1045	24
37	9.8045811	1525	9.9179055	2572	10.0820945	9.8866756	1046	23
38	9.8047336	1525	9.9181627	2571	10.0818373	9.8865710	1047	22
39	9.8048861	1524	9.9184198	2571	10.0815802	9.8864663	1047	21
40	9.8050385	1523	9.9186769	2571	10.0813231	9.8863616	1048	20
41	9.8051908	1522	9.9189340	2571	10.0810660	9.8862568	1049	19
42	9.8053430	1521	9.9191911	2570	10.0808089	9.8861519	1049	18
43	9.8054951	1521	9.9194481	2570	10.0805519	9.8860470	1050	17
44	9.8056472	1519	9.9197051	2570	10.0802949	9.8859420	1050	16
45	9.8057991	1519	9.9199621	2570	10.0800379	9.8858370	1051	15
46	9.8059510	1517	9.9202191	2569	10.0797809	9.8857319	1052	14
47	9.8061027	1517	9.9204760	2569	10.0795240	9.8856267	1052	13
48	9.8062544	1516	9.9207329	2569	10.0792671	9.8855215	1053	12
49	9.8064060	1515	9.9209898	2568	10.0790102	9.8854162	1053	11
50	9.8065575	1514	9.9212466	2568	10.0787534	9.8853109	1054	10
51	9.8067089	1513	9.9215034	2568	10.0784966	9.8852055	1055	9
52	9.8068602	1512	9.9217602	2568	10.0782398	9.8851000	1055	8
53	9.8070114	1512	9.9220170	2567	10.0779830	9.8849945	1056	7
54	9.8071626	1510	9.9222737	2567	10.0777263	9.8848889	1057	6
55	9.8073136	1510	9.9225304	2567	10.0774696	9.8847832	1057	5
56	9.8074646	1508	9.9227871	2566	10.0772129	9.8846775	1058	4
57	9.8076154	1508	9.9230437	2567	10.0769563	9.8845717	1058	3
58	9.8077662	1507	9.9233004	2566	10.0766996	9.8844659	1060	2
59	9.8079169	1506	9.9235570	2565	10.0764430	9.8843599	1059	1
60	9.8080675		9.9238135		10.0761865	9.8842540		0
	Cosin. 50°	Diff.	Cot. 50°	Diff. com.	Tang. 50°	Sinus 50°	Diff.	′

'	Sinus 40°	Diff.	Tang. 40°	Diff. com.	Cotang. 40°	Cosin. 40°	Diff.	
0	9.8080675	1505	9.9238135	2566	10.0761865	9.8842540	1061	60
1	9.8082180	1504	9.9240701	2565	10.0759299	9.8841479	1061	59
2	9.8083684	1504	9.9243266	2565	10.0756734	9.8840418	1061	58
3	9.8085188	1502	9.9245831	2565	10.0754169	9.8839357	1063	57
4	9.8086690	1502	9.9248396	2564	10.0751604	9.8838294	1062	56
5	9.8088192	1500	9.9250960	2564	10.0749040	9.8837232	1064	55
6	9.8089692	1500	9.9253524	2564	10.0746476	9.8836168	1064	54
7	9.8091192	1499	9.9256088	2564	10.0743912	9.8835104	1065	53
8	9.8092691	1498	9.9258652	2563	10.0741348	9.8834039	1065	52
9	9.8094189	1497	9.9261215	2563	10.0738785	9.8832974	1066	51
10	9.8095686	1496	9.9263778	2563	10.0736222	9.8831908	1067	50
11	9.8097182	1496	9.9266341	2563	10.0733659	9.8830841	1067	49
12	9.8098678	1494	9.9268904	2562	10.0731096	9.8829774	1068	48
13	9.8100172	1494	9.9271466	2562	10.0728534	9.8828706	1068	47
14	9.8101666	1493	9.9274028	2562	10.0725972	9.8827638	1070	46
15	9.8103159	1491	9.9276590	2562	10.0723410	9.8826568	1069	45
16	9.8104650	1491	9.9279152	2561	10.0720848	9.8825499	1071	44
17	9.8106141	1490	9.9281713	2561	10.0718287	9.8824428	1071	43
18	9.8107631	1490	9.9284274	2561	10.0715726	9.8823357	1072	42
19	9.8109121	1488	9.9286835	2561	10.0713165	9.8822285	1072	41
20	9.8110609	1487	9.9289396	2560	10.0710604	9.8821213	1073	40
21	9.8112096	1487	9.9291956	2560	10.0708044	9.8820140	1073	39
22	9.8113583	1486	9.9294516	2560	10.0705484	9.8819067	1075	38
23	9.8115069	1485	9.9297076	2560	10.0702924	9.8817992	1074	37
24	9.8116554	1484	9.9299636	2559	10.0700364	9.8816918	1076	36
25	9.8118038	1483	9.9302195	2560	10.0697805	9.8815842	1076	35
26	9.8119521	1482	9.9304755	2559	10.0695245	9.8814766	1077	34
27	9.8121003	1481	9.9307314	2558	10.0692686	9.8813689	1077	33
28	9.8122484	1481	9.9309872	2559	10.0690128	9.8812612	1078	32
29	9.8123965	1479	9.9312431	2558	10.0687569	9.8811534	1079	31
30	9.8125444		9.9314989		10.0685011	9.8810455		30
	Cosin. 49°	Diff.	Cot. 49°	Diff. com.	Tang. 49°	Sinus 49°	Diff.	'

′	Sinus 40°	Diff.	Tang. 40°	Diff. com.	Cotang. 40°	Cosin. 40°	Diff.	
30	9.8125444	1479	9.9314989	2558	10.0685011	9.8810455	1079	30
31	9.8126923	1478	9.9317547	2558	10.0682453	9.8809376	1080	29
32	9.8128401	1477	9.9320105	2557	10.0679895	9.8808296	1081	28
33	9.8129878	1476	9.9322662	2558	10.0677338	9.8807215	1081	27
34	9.8131354	1475	9.9325220	2557	10.0674780	9.8806134	1082	26
35	9.8132829	1474	9.9327777	2557	10.0672223	9.8805052	1082	25
36	9.8134303	1474	9.9330334	2556	10.0669666	9.8803970	1083	24
37	9.8135777	1473	9.9332890	2556	10.0667110	9.8802887	1084	23
38	9.8137250	1471	9.9335446	2557	10.0664554	9.8801803	1084	22
39	9.8138721	1471	9.9338003	2556	10.0661997	9.8800719	1085	21
40	9.8140192	1470	9.9340559	2555	10.0659441	9.8799634	1086	20
41	9.8141662	1469	9.9343114	2556	10.0656886	9.8798548	1086	19
42	9.8143131	1469	9.9345670	2555	10.0654330	9.8797462	1087	18
43	9.8144600	1467	9.9348225	2555	10.0651775	9.8796375	1088	17
44	9.8146067	1467	9.9350780	2555	10.0649220	9.8795287	1088	16
45	9.8147534	1465	9.9353335	2554	10.0646665	9.8794199	1089	15
46	9.8148999	1465	9.9355889	2555	10.0644111	9.8793110	1089	14
47	9.8150464	1464	9.9358444	2554	10.0641556	9.8792021	1091	13
48	9.8151928	1463	9.9360998	2554	10.0639002	9.8790930	1090	12
49	9.8153391	1463	9.9363552	2553	10.0636448	9.8789840	1092	11
50	9.8154854	1461	9.9366105	2554	10.0633895	9.8788748	1092	10
51	9.8156315	1461	9.9368659	2553	10.0631341	9.8787656	1093	9
52	9.8157776	1459	9.9371212	2553	10.0628788	9.8786563	1093	8
53	9.8159235	1459	9.9373765	2553	10.0626235	9.8785470	1094	7
54	9.8160694	1458	9.9376318	2553	10.0623682	9.8784376	1095	6
55	9.8162152	1457	9.9378871	2552	10.0621129	9.8783281	1095	5
56	9.8163609	1457	9.9381423	2552	10.0618577	9.8782186	1096	4
57	9.8165066	1455	9.9383975	2552	10.0616025	9.8781090	1096	3
58	9.8166521	1454	9.9386527	2552	10.0613473	9.8779994	1098	2
59	9.8167975	1454	9.9389079	2552	10.0610921	9.8778896	1097	1
60	9.8169429		9.9391631		10.0608369	9.8777799		0
	Cosin. 49°	Diff.	Cot. 49°	Diff. com.	Tang. 49°	Sinus 49°	Diff.	′

′	Sinus 41°	Diff.	Tang. 41°	Diff. com.	Cotang. 41°	Cosin. 41°	Diff.	
0	9.8169429	1453	9.9391631	2551	10.0608369	9.8777799	1099	60
1	9.8170882	1452	9.9394182	2551	10.0605818	9.8776700	1099	59
2	9.8172334	1451	9 9396733	2551	10.0603267	9.8775601	1100	58
3	9.8173785	1450	9.9399284	2551	10.0600716	9.8774501	1100	57
4	9.8175235	1450	9.9401835	2550	10.0598165	9.8773401	1101	56
5	9.8176685	1448	9.9404385	2551	10.0595615	9.8772300	1102	55
6	9.8178133	1448	9.9406936	2550	10.0593064	9.8771198	1102	54
7	9.8179581	1447	9.9409486	2550	10.0590514	9.8770096	1103	53
8	9.8181028	1446	9.9412036	2549	10.0587964	9.8768993	1104	52
9	9.8182474	1445	9.9414585	2550	10.0585415	9.8767889	1104	51
10	9.8183919	1445	9.9417135	2549	10.0582865	9.8766785	1105	50
11	9.8185364	1443	9.9419684	2549	10.0580316	9.8765680	1106	49
12	9.8186807	1443	9.9422233	2549	10.0577767	9.8764574	1106	48
13	9.8188250	1442	9.9424782	2549	10.0575218	9.8763468	1107	47
14	9.8189692	1441	9.9427331	2548	10.0572669	9.8762361	1108	46
15	9.8191133	1440	9.9429879	2549	10.0570121	9.8761253	1108	45
16	9.8192573	1439	9.9432428	2548	10.0567572	9.8760145	1109	44
17	9.8194012	1438	9.9434976	2548	10.0565024	9.8759036	1109	43
18	9.8195450	1438	9.9437524	2548	10.0562476	9.8757927	1111	42
19	9.8196888	1437	9.9440072	2547	10.0559928	9.8756816	1110	41
20	9.8198325	1436	9.9442619	2547	10.0557381	9.8755706	1112	40
21	9.8199761	1435	9.9445166	2548	10.0554834	9.8754594	1112	39
22	9.8201196	1434	9.9447714	2547	10.0552286	9.8753482	1113	38
23	9.8202630	1433	9.9450261	2546	10.0549739	9.8752369	1113	37
24	9.8204063	1433	9.9452807	2547	10.0547193	9.8751256	1114	36
25	9.8205496	1431	9.9455354	2546	10.0544646	9.8750142	1115	35
26	9.8206927	1431	9.9457900	2547	10.0542100	9.8749027	1115	34
27	9.8208358	1430	9.9460447	2546	10.0539553	9.8747912	1117	33
28	9.8209788	1429	9.9462993	2546	10.0537007	9.8746795	1116	32
29	9.8211217	1429	9.9465539	2545	10.0534461	9.8745679	1118	31
30	9.8212646		9.9468084		10.0531916	9.8744561		30
	Cosin. 48°	Diff.	Cot. 48°	Diff. com.	Tang. 48°	Sinus 48°	Diff	′

′	Sinus 41°	Diff.	Tang. 41°	Diff. com.	Cotang. 41°	Cosin. 41°	Diff.	
30	9.8212646	1427	9.9468084	2546	10.0531916	9.8744561	1118	30
31	9.8214073	1427	9.9470630	2545	10.0529370	9.8743443	1118	29
32	9.8215500	1426	9.9473175	2545	10.0526825	9.8742325	1120	28
33	9.8216926	1425	9.9475720	2545	10.0524280	9.8741205	1120	27
34	9.8218351	1424	9.9478265	2545	10.0521735	9.8740085	1120	26
35	9.8219775	1423	9.9480810	2545	10.0519190	9.8738965	1121	25
36	9.8221198	1423	9.9483355	2544	10.0516645	9.8737844	1122	24
37	9.8222621	1421	9.9485899	2544	10.0514101	9.8736722	1123	23
38	9.8224042	1421	9.9488443	2544	10.0511557	9.8735599	1123	22
39	9.8225463	1420	9.9490987	2544	10.0509013	9.8734476	1124	21
40	9.8226883	1419	9.9493531	2544	10.0506469	9.8733352	1125	20
41	9.8228302	1419	9.9496075	2544	10.0503925	9.8732227	1125	19
42	9.8229721	1417	9.9498619	2543	10.0501381	9.8731102	1126	18
43	9.8231138	1417	9.9501162	2543	10.0498838	9.8729976	1127	17
44	9.8232555	1416	9.9503705	2543	10.0496295	9.8728849	1127	16
45	9.8233971	1415	9.9506248	2543	10.0493752	9.8727722	1128	15
46	9.8235386	1414	9.9508791	2543	10.0491209	9.8726594	1128	14
47	9.8236800	1413	9.9511334	2542	10.0488666	9.8725466	1129	13
48	9.8238213	1413	9.9513876	2543	10.0486124	9.8724337	1130	12
49	9.8239626	1411	9.9516419	2542	10.0483581	9.8723207	1131	11
50	9.8241037	1411	9.9518961	2542	10.0481039	9.8722076	1131	10
51	9.8242448	1410	9.9521503	2542	10.0478497	9.8720945	1132	9
52	9.8243858	1409	9.9524045	2542	10.0475955	9.8719813	1132	8
53	9.8245267	1409	9.9526587	2541	10.0473413	9.8718681	1133	7
54	9.8246676	1407	9.9529128	2542	10.0470872	9.8717548	1134	6
55	9.8248083	1407	9.9531670	2541	10.0468330	9.8716414	1135	5
56	9.8249490	1406	9.9534211	2541	10.0465789	9.8715279	1135	4
57	9.8250896	1405	9.9536752	2541	10.0463248	9.8714144	1136	3
58	9.8252301	1404	9.9539293	2541	10.0460707	9.8713008	1136	2
59	9.8253705	1404	9.9541834	2540	10.0458166	9.8711872	1137	1
60	9.8255109		9.9544374		10.0455626	9.8710735		0
	Cosin. 48°	Diff.	Cot. 48°	Diff. com.	Tang. 48°	Sinus 48°	Diff.	′

′	Sinus 42°	Diff.	Tang. 42°	Diff. com.	Cotang. 42°	Cosin. 42°	Diff.	
0	9.8255109	1403	9.9544374	2541	10.0455626	9.8710735	1138	60
1	9.8256512	1401	9.9546915	2540	10.0453085	9.8709597	1139	59
2	9.8257913	1401	9.9549455	2540	10.0450545	9.8708458	1139	58
3	9.8259314	1401	9.9551995	2540	10.0448005	9.8707319	1140	57
4	9.8260715	1399	9.9554535	2540	10.0445465	9.8706179	1140	56
5	9.8262114	1398	9.9557075	2540	10.0442925	9.8705039	1141	55
6	9.8263512	1398	9.9559615	2539	10.0440385	9.8703898	1142	54
7	9.8264910	1397	9.9562154	2540	10.0437846	9.8702756	1143	53
8	9.8266307	1396	9.9564694	2539	10.0435306	9.8701613	1143	52
9	9.8267703	1395	9.9567233	2539	10.0432767	9.8700470	1144	51
10	9.8269098	1395	9.9569772	2539	10.0430228	9.8699326	1144	50
11	9.8270493	1394	9.9572311	2539	10.0427689	9.8698182	1145	49
12	9.8271887	1392	9.9574850	2539	10.0425150	9.8697037	1146	48
13	9.8273279	1392	9.9577389	2538	10.0422611	9.8695891	1147	47
14	9.8274671	1392	9.9579927	2538	10.0420073	9.8694744	1147	46
15	9.8276063	1390	9.9582465	2539	10.0417535	9.8693597	1148	45
16	9.8277453	1390	9.9585004	2538	10.0414996	9.8692449	1148	44
17	9.8278843	1388	9.9587542	2538	10.0412458	9.8691301	1149	43
18	9.8280231	1388	9.9590080	2538	10.0409920	9.8690152	1150	42
19	9.8281619	1387	9.9592618	2537	10.0407382	9.8689002	1151	41
20	9.8283006	1387	9.9595155	2538	10.0404845	9.8687851	1151	40
21	9.8284393	1385	9.9597693	2537	10.0402307	9.8686700	1152	39
22	9.8285778	1385	9.9600230	2537	10.0399770	9.8685548	1152	38
23	9.8287163	1384	9.9602767	2538	10.0397233	9.8684396	1154	37
24	9.8288547	1383	9.9605305	2537	10.0394695	9.8683242	1154	36
25	9.8289930	1382	9.9607842	2536	10.0392158	9.8682088	1154	35
26	9.8291312	1382	9.9610378	2537	10.0389622	9.8680934	1155	34
27	9.8292694	1381	9.9612915	2537	10.0387085	9.8679779	1156	33
28	9.8294075	1379	9.9615452	2536	10.0384548	9.8678623	1157	32
29	9.8295454	1379	9.9617988	2537	10.0382012	9.8677466	1157	31
30	9.8296833		9.9620525		10.0379475	9.8676309		30
	Cosin 47°	Diff.	Cot. 47°	Diff. com.	Tang. 47°	Sinus 47°	Diff.	′

′	Sinus 42°	Diff.	Tang 42°	Diff. com.	Cotang. 42°	Cosin. 42°	Diff.	
30	9.8296833	1379	9.9620525	2536	10.0379475	9.8676309	1158	30
31	9.8298212	1377	9.9623061	2536	10.0376939	9.8675151	1159	29
32	9.8299589	1377	9.9625597	2536	10.0374403	9.8673992	1159	28
33	9.8300966	1376	9.9628133	2536	10.0371867	9.8672833	1160	27
34	9.8302342	1375	9.9630669	2535	10.0369331	9.8671673	1161	26
35	9.8303717	1374	9.9633204	2536	10.0366796	9.8670512	1161	25
36	9.8305091	1373	9.9635740	2535	10.0364260	9.8669351	1162	24
37	9.8306464	1373	9.9638275	2536	10.0361725	9.8668189	1163	23
38	9.8307837	1372	9.9640811	2535	10.0359189	9.8667026	1163	22
39	9.8309209	1371	9.9643346	2535	10.0356654	9.8665863	1164	21
40	9.8310580	1370	9.9645881	2535	10.0354119	9.8664699	1165	20
41	9.8311950	1370	9.9648416	2535	10.0351584	9.8663534	1165	19
42	9.8313320	1368	9.9650951	2535	10.0349049	9.8662369	1166	18
43	9.8314688	1368	9.9653486	2534	10.0346514	9.8661203	1167	17
44	9.8316056	1367	9.9656020	2535	10.0343980	9.8660036	1168	16
45	9.8317423	1366	9.9658555	2534	10.0341445	9.8658868	1168	15
46	9.8318789	1366	9.9661089	2534	10.0338911	9.8657700	1169	14
47	9.8320155	1364	9.9663623	2534	10.0336377	9.8656531	1169	13
48	9.8321519	1364	9.9666157	2535	10.0333843	9.8655362	1170	12
49	9.8322883	1363	9.9668692	2533	10.0331308	9.8654192	1171	11
50	9.8324246	1363	9.9671225	2534	10.0328775	9.8653021	1172	10
51	9.8325609	1361	9.9673759	2534	10.0326241	9.8651849	1172	9
52	9.8326970	1361	9.9676293	2534	10.0323707	9.8650677	1173	8
53	9.8328331	1360	9.9678827	2533	10.0321173	9.8649504	1173	7
54	9.8329691	1359	9.9681360	2533	10.0318640	9.8648331	1175	6
55	9.8331050	1358	9.9683893	2534	10.0316107	9.8647156	1175	5
56	9.8332408	1358	9.9686427	2533	10.0313573	9.8645981	1175	4
57	9.8333766	1356	9.9688960	2533	10.0311040	9.8644806	1177	3
58	9.8335122	1356	9.9691493	2533	10.0308507	9.8643629	1177	2
59	9.8336478	1355	9.9694026	2533	10.0305974	9.8642452	1177	1
60	9.8337833		9.9696559		10.0303441	9.8641275		0
	Cosin. 47°	Diff.	Cot. 47°	Diff. com.	Tang. 47°	Sinus 47°	Diff.	′

′	Sinus 43°	Diff.	Tang. 43°	Diff. com.	Cotang. 43°	Cosin. 43°	Diff.	
0	9.8337833		9.9696559		10.0303441	9.8641275		
1	9.8339188	1355	9.9699091	2532	10.0300909	9.8640096	1179	
2	9.8340541	1353	9.9701624	2533	10.0298376	9.8638917	1179	58
3	9.8341894	1353	9.9704157	2533	10.0295843	9.8637737	1180	57
4	9.8343246	1352	9.9706689	2532	10.0293311	9.8636557	1180	56
5	9.8344597	1351	9.9709221	2532	10.0290779	9.8635376	1181	55
6	9.8345948	1351	9.9711754	2533	10.0288246	9.8634194	1182	54
7	9.8347297	1349	9.9714286	2532	10.0285714	9.8633011	1183	53
8	9.8348646	1349	9.9716818	2532	10.0283182	9.8631828	1183	52
9	9.8349994	1348	9.9719350	2532	10.0280650	9.8630644	1184	51
10	9.8351341	1347	9.9721882	2532	10.0278118	9.8629460	1184	50
11	9.8352688	1347	9.9724413	2531	10.0275587	9.8628274	1186	49
12	9.8354033	1345	9.9726945	2532	10.0273055	9.8627088	1185	48
13	9.8355378	1345	9.9729477	2532	10.0270523	9.8625902	1186	47
14	9.8356722	1344	9.9732008	2531	10.0267992	9.8624714	1188	46
15	9.8358056	1344	9.9734539	2531	10.0265461	9.8623526	1188	45
16	9.8359408	1342	9.9737071	2532	10.0262929	9.8622338	1188	44
17	9.8360750	1342	9.9739602	2531	10.0260398	9.8621148	1190	43
18	9.8362091	1341	9.9742133	2531	10.0257867	9.8619958	1190	42
19	9.8363431	1340	9.9744664	2531	10.0255336	9.8618767	1191	41
20	9.8364771	1340	9.9747195	2531	10.0252805	9.8617576	1191	40
21	9.8366109	1338	9.9749726	2531	10.0250274	9.8616383	1193	39
22	9.8367447	1338	9.9752257	2531	10.0247743	9.8615190	1193	38
23	9.8368784	1337	9.9754787	2530	10.0245213	9.8613997	1193	37
24	9.8370121	1337	9.9757318	2531	10.0242682	9.8612803	1194	36
25	9.8371456	1335	9.9759849	2531	10.0240151	9.8611608	1195	35
26	9.8372791	1335	9.9762379	2530	10.0237621	9.8610412	1196	34
27	9.8374125	1334	9.9764909	2530	10.0235091	9.8609215	1197	33
28	9.8375458	1333	9.9767440	2531	10.0232560	9.8608018	1197	32
29	9.8376790	1332	9.9769970	2530	10.0230030	9.8606821	1197	31
30	9.8378122	1332	9.9772500	2530	10.0227500	9.8605622	1199	30
	Cosin. 46°	Diff.	Cot. 46°	Diff. com.	Tang. 46°	Sinus 46°	Diff.	′

′	Sinus 43°	Diff.	Tang. 43°	Diff. com.	Cotang. 43°	Cosin. 43°	Diff.	
30	9.8378122		9.9772500		10.0227500	9.8605622		30
31	9.8379453	1331	9.9775030	2530	10.0224970	9.8604423	1199	29
32	9.8380783	1330	9.9777560	2530	10.0222440	9.8603223	1200	28
33	9.8382112	1329	9.9780090	2530	10.0219910	9.8602022	1201	27
34	9.8383441	1329	9.9782620	2530	10.0217380	9.8600821	1201	26
35	9.8384769	1328	9.9785149	2529	10.0214851	9.8599619	1202	25
36	9.8386096	1327	9.9787679	2530	10.0212321	9.8598416	1203	24
37	9.8387422	1326	9.9790209	2530	10.0209791	9.8597213	1203	23
38	9.8388747	1325	9.9792738	2529	10.0207262	9.8596009	1204	22
39	9.8390072	1325	9.9795268	2530	10.0204732	9.8594804	1205	21
40	9.8391396	1324	9.9797797	2529	10.0202203	9.8593599	1205	20
41	9.8392719	1323	9.9800326	2529	10.0199674	9.8592393	1206	19
42	9.8394041	1322	9.9802856	2530	10.0197144	9.8591186	1207	18
43	9.8395363	1322	9.9805385	2529	10.0194615	9.8589978	1208	17
44	9.8396684	1321	9.9807914	2529	10.0192086	9.8588770	1208	16
45	9.8398004	1320	9.9810443	2529	10.0189557	9.8587561	1209	15
46	9.8399323	1319	9.9812972	2529	10.0187028	9.8586351	1210	14
47	9.8400642	1319	9.9815501	2529	10.0184499	9.8585141	1210	13
48	9.8401959	1317	9.9818030	2529	10.0181970	9.8583929	1212	12
49	9.8403276	1317	9.9820559	2529	10.0179441	9.8582718	1211	11
50	9.8404593	1317	9.9823087	2528	10.0176913	9.8581505	1213	10
51	9.8405908	1315	9.9825616	2529	10.0174384	9.8580292	1213	9
52	9.8407223	1315	9.9828145	2529	10.0171855	9.8579078	1214	8
53	9.8408537	1314	9.9830673	2528	10.0169327	9.8577863	1215	7
54	9.8409850	1313	9.9833202	2529	10.0166798	9.8576648	1215	6
55	9.8411162	1312	9.9835730	2528	10.0164270	9.8575432	1216	5
56	9.8412474	1312	9.9838259	2529	10.0161741	9.8574215	1217	4
57	9.8413785	1311	9.9840787	2528	10.0159213	9.8572998	1217	3
58	9.8415095	1310	9.9843315	2528	10.0156685	9.8571779	1219	2
59	9.8416404	1309	9.9845844	2529	10.0154156	9.8570561	1218	1
60	9.8417713	1309	9.9848372	2528	10.0151628	9.8569341	1220	0
	Cosin 46°	Diff.	Cot. 46°	Diff. com.	Tang. 46°	Sinus 46°	Diff.	′

′	Sinus 44°	Diff.	Tang. 44°	Diff. com.	Cotang. 44°	Cosin. 44°	Diff.	
0	9.8417713	1308	9.9848372	2528	10.0151628	9.8569341	1220	60
1	9.8419021	1307	9.9850900	2528	10.0149100	9.8568121	1221	59
2	9.8420328	1306	9.9853428	2528	10.0146572	9.8566900	1222	58
3	9.8421634	1305	9.9855956	2528	10.0144044	9.8565678	1223	57
4	9.8422939	1305	9.9858484	2528	10.0141516	9.8564455	1223	56
5	9.8424244	1304	9.9861012	2528	10.0138988	9.8563232	1224	55
6	9.8425548	1303	9.9863540	2528	10.0136460	9.8562008	1224	54
7	9.8426851	1303	9.9866068	2528	10.0133932	9.8560784	1226	53
8	9.8428154	1302	9.9868596	2527	10.0131404	9.8559558	1226	52
9	9.8429456	1301	9.9871123	2528	10.0128877	9.8558332	1226	51
10	9.8430757	1300	9.9873651	2528	10.0126349	9.8557106	1228	50
11	9.8432057	1299	9.9876179	2527	10.0123821	9.8555878	1228	49
12	9.8433356	1299	9.9878706	2528	10.0121294	9.8554650	1229	48
13	9.8434655	1298	9.9881234	2527	10.0118766	9.8553421	1229	47
14	9.8435953	1297	9.9883761	2528	10.0116239	9.8552192	1231	46
15	9.8437250	1297	9.9886289	2527	10.0113711	9.8550961	1231	45
16	9.8438547	1295	9.9888816	2528	10.0111184	9.8549730	1231	44
17	9.8439842	1295	9.9891344	2527	10.0108656	9.8548499	1233	43
18	9.8441137	1295	9.9893871	2528	10.0106129	9.8547266	1233	42
19	9.8442432	1293	9.9896399	2527	10.0103601	9.8546033	1234	41
20	9.8443725	1293	9.9898926	2527	10.0101074	9.8544799	1235	40
21	9.8445018	1292	9.9901453	2528	10.0098547	9.8543564	1235	39
22	9.8446310	1291	9.9903981	2527	10.0096019	9.8542329	1236	38
23	9.8447601	1290	9.9906508	2527	10.0093492	9.8541093	1237	37
24	9.8448891	1290	9.9909035	2527	10.0090965	9.8539856	1237	36
25	9.8450181	1289	9.9911562	2527	10.0088438	9.8538619	1238	35
26	9.8451470	1288	9.9914089	2527	10.0085911	9.8537381	1239	34
27	9.8452758	1287	9.9916616	2527	10.0083384	9.8536142	1240	33
28	9.8454045	1287	9.9919143	2527	10.0080857	9.8534902	1240	32
29	9.8455332	1286	9.9921670	2527	10.0078330	9.8533662	1241	31
30	9.8456618		9.9924197		10.0075803	9.8532421		30
	Cosin. 45°	Diff.	Cot. 45°	Diff. com.	Tang. 45°	Sinus 45°	Diff.	′

'	Sinus 44°	Diff.	Tang. 44°	Diff. com.	Cotang. 44°	Cosin. 44°	Diff.	
30	9.8456618	1285	9.9924197	2527	10.0075803	9.8532421	1242	30
31	9.8457903	1285	9.9926724	2527	10.0073276	9.8531179	1243	29
32	9.8459188	1283	9.9929251	2527	10.0070749	9.8529936	1243	28
33	9.8460471	1283	9.9931778	2527	10.0068222	9.8528693	1244	27
34	9.8461754	1282	9.9934305	2527	10.0065695	9.8527449	1245	26
35	9.8463036	1282	9.9936832	2527	10.0063168	9.8526204	1245	25
36	9.8464318	1281	9.9939359	2527	10.0060641	9.8524959	1246	24
37	9.8465599	1280	9.9941886	2527	10.0058114	9.8523713	1247	23
38	9.8466879	1279	9.9944413	2527	10.0055587	9.8522466	1248	22
39	9.8468158	1278	9.9946940	2526	10.0053060	9.8521218	1248	21
40	9.8469436	1278	9.9949466	2527	10.0050534	9.8519970	1249	20
41	9.8470714	1277	9.9951993	2527	10.0048007	9.8518721	1250	19
42	9.8471991	1276	9.9954520	2527	10.0045480	9.8517471	1251	18
43	9.8473267	1276	9.9957047	2526	10.0042953	9.8516220	1251	17
44	9.8474543	1274	9.9959573	2527	10.0040427	9.8514969	1252	16
45	9.8475817	1274	9.9962100	2527	10.0037900	9.8513717	1252	15
46	9.8477091	1274	9.9964627	2527	10.0035373	9.8512465	1254	14
47	9.8478365	1272	9.9967154	2526	10.0032846	9.8511211	1254	13
48	9.8479637	1272	9.9969680	2527	10.0030320	9.8509957	1255	12
49	9.8480909	1271	9.9972207	2527	10.0027793	9.8508702	1256	11
50	9.8482180	1270	9.9974734	2526	10.0025266	9.8507446	1256	10
51	9.8483450	1270	9.9977260	2527	10.0022740	9.8506190	1257	9
52	9.8484720	1269	9.9979787	2527	10.0020213	9.8504933	1258	8
53	9.8485989	1268	9.9982314	2526	10.0017686	9.8503675	1258	7
54	9.8487257	1267	9.9984840	2527	10.0015160	9.8502417	1260	6
55	9.8488524	1267	9.9987367	2526	10.0012633	9.8501157	1260	5
56	9.8489791	1266	9.9989893	2527	10.0010107	9.8499897	1260	4
57	9.8491057	1265	9.9992420	2527	10.0007580	9.8498637	1262	3
58	9.8492322	1264	9.9994947	2526	10.0005053	9.8497375	1262	2
59	9.8493586	1264	9.9997473	2527	10.0002527	9.8496113	1263	1
60	9.8494850		10.0000000		10.0000000	9.8494850		0
	Cosin. 45°	Diff.	Cot. 45°	Diff. com.	Tang. 45°	Sinus 45°	Diff.	'

TABLE A.

″	C. Δ².	D.	C. Δ².	″
0	0.000	8	0.000	60
1	0.008	8	0.008	59
2	0.016	8	0.016	58
3	0.024	7	0.024	57
4	0.031	7	0.031	56
5	0.038	7	0.038	55
6	0.045	6	0.045	54
7	0.051	7	0.051	53
8	0.058	6	0.058	52
9	0.064	5	0.064	51
10	0.069	6	0.069	50
11	0.075	5	0.075	49
12	0.080	5	0.080	48
13	0.085	5	0.085	47
14	0.090	4	0.090	46
15	0.094	4	0.094	45
16	0.098	3	0.098	44
17	0.101	4	0.101	43
18	0.105	3	0.105	42
19	0.108	3	0.108	41
20	0.111	3	0.111	40
21	0.114	2	0.114	39
22	0.116	2	0.116	38
23	0.118	2	0.118	37
24	0.120	1	0.120	36
25	0.121	2	0.121	35
26	0.123	1	0.123	34
27	0.124	0	0.124	33
28	0.124	1	0.124	32
29	0.125	0	0.125	31
30	0.125		0.125	30

LOGARITHMES LES PLUS EN USAGE

Log. de 360° ou 1296000″.	6,1126050
Log. de 24h ou 864000″.	4,9365137
Log de l'arc égal au Rayon.	5,3144251
Log. de la circonférence, 3,14159.	0,4971499
Log. *e base des l. Népériens.*	0,4342945
Log log. *e*.	−0,3622157
$\frac{1}{\log. e}$	2,3025851
Log. d'un Mètre réduit en Toise.	−0,2898199
Log. d'une Toise en Mètre.	0,2898199
Log. d'un Mètre quarré réduit en Toise quarrée. .	−0,5796399
Log. d'une Toise quarrée réduite en Mètre quarré. .	0,5796399
Log d'un Mètre cube réduit en Toise cube.	−0,8694598
Log. d'une Toise cube réduite en Mètre cube. . .	0,8694598
Log. d'un Myriamètre réduit en Lieue terrestre. .	0,3521825
Log. d'une Lieue terrestre réduite en Myriamètre. . .	−0,3521825
Log. d'un Décamètre réduit en Perche (eaux et forêts).	0,1459087
Log. d'une Perche (eaux et forêts) réduite en Décam.	−0,1459087
Log. d'un Myriamètre quarré réduit en lieue quarrée.	0,7043650
Log. d'une Lieue terrestre réduite en Myriam. quarré.	−0,7043650
Log. d'un Hectare réduit en Arpent (eaux et forêts).	0,2918173
Log. d'un Arpent (eaux et forêts) réduit en Hectare.	−0,2918173

FIN.

IMPRIMERIE ET LIBRAIRIE

Pour les Mathématiques, les Sciences et les Arts.

Cet établissement, *exclusivement* consacré à la publication d'ouvrages relatifs aux Sciences et aux Arts, continue à se charger, soit pour son compte, soit pour celui des auteurs, de l'impression d'ouvrages scientifiques, mais spécialement d'ouvrages sur les Mathématiques. On y reçoit également en commission, et on se charge de la vente des livres imprimés, tant en France qu'en pays étrangers.

Les Etablissements publics, MM. les Ingénieurs, les Professeurs, les Chefs d'Institutions, les Bibliothécaires, les Elèves de l'Ecole Polytechnique, et ceux de l'Ecole Centrale des Arts et Manufactures, jouissent de la remise d'usage.

EXTRAIT DU CATALOGUE

Des Livres qui se trouvent chez BACHELIER, Imprimeur-Libraire de l'École Polytechnique, du Bureau des Longitudes, de l'École centrale des Arts et Manufactures, etc., quai des Augustins, n° 55, à Paris.

(MAI 1841.)

DUPIN (CH.) de l'Institut. LE PETIT PRODUCTEUR FRANÇAIS, divisé en 6 petits volumes in-18, qui se vendent séparément 75 c. et franc de port 90 c.

I. Situation progressive des Forces de la France, 75 c.
II. Le petit Propriétaire français, 75 c.
III. Le petit Fabricant français, 75 c.
IV. Le petit Commerçant français, 75 c.

V. L'Ouvrier français, 75 c.

VI. L'Ouvrière française, 75 c.

—— FORCES COMMERCIALES ET PRODUCTIVES DE LA FRANCE, 2 vol. in-4. avec 2 grandes cartes, 1827, 25 fr.

—— GÉOMÉTRIE ET MÉCANIQUE DES ARTS ET MÉTIERS, et des Beaux-Arts, 3 vol. in-8, avec planches, 18 fr.

1er *volume*, GÉOMÉTRIE, ou des Formes nécessaires à l'Industrie, 6 fr.

2e *volume*, MACHINES ÉLÉMENTAIRES nécessaires à l'Industrie, 6 fr.

3e *vol.*, FORCES MOTRICES nécessaires à l'Industrie, 6 fr.

DUPIN. VOYAGES DANS LA GRANDE-BRETAGNE, entrepris relativement aux services publics de la guerre, de la marine et des ponts-et-chaussées, dans les années 1816 à 1824, présentant le tableau des institutions et des établissemens qui se rapportent à

I. La force militaire, II. la force navale, III. aux travaux civils des ports de commerce, des routes, des ponts et des canaux.

Cet ouvrage est divisé en trois parties, qui se vendent séparément.

Première partie (FORCE MILITAIRE), deuxième édition. 2 vol. in-4., avec planches, format atlas. 25 fr.

Seconde partie (FORCE NAVALE), deuxième édition, 2 vol. in-4., avec planches, format atlas. 25 fr.

Troisième partie (FORCE COMMERCIALE ET TRAVAUX CIVILS DES PONTS-ET-CHAUSSÉES, etc. Ire SECTION), 2e édition, 1826, 2 vol. in-4, et atlas. 27 fr.

Voyez le Supplément.

ALLIX, Lieutenant-général. THÉORIE DE L'UNIVERS, ou de la cause primitive du Mouvement et de ses principaux effets, 2e édit., 1 v. in-8., 1818. 5 fr.

Voyez le Supplément.

AMPÈRE. Exposé méthodique des phénomènes électro-dynamiques, et des lois de ces phénomènes, br. in-8., 1823. 1 fr. 50 c.

—— DESCRIPTION D'UN APPAREIL ÉLECTRO-DYNAMIQUE, in-8., 1826. 1 fr. 50 c.

Voyez le Supplément.

ANNALES DE L'INDUSTRIE NATIONALE ET ÉTRANGÈRE, ou *Mercure technologique*, etc., 1820 à 1826. Sept années. Chaque année, 30 fr.

On vend des volumes détachés.

Voyez le Supplément, page 48.

ANNUAIRE présenté au Roi par le Bureau des Longitudes, 1841. 1 fr.

ARAGO. NOTICE SUR LES MACHINES A VAPEUR, 3e édition. (annuaire de 1836,) in-18. 2 fr.

ARDENT, Cap. du Génie, Professeur à l'École d'appl. de Metz. ÉTUDES THÉORIQUES ET EXPÉRI-

MENTALES sur l'établissement des Charpentes à grandes portées, etc., vol. in-4., avec 29 planches. (Ouvrage imprimé par ordre de M. le Ministre de la Guerre.) 1840. 10 fr.

ARITHMÉTIQUE (L') des Campagnes, à l'usage des Écoles primaires, etc., ouvrage adopté par l'Université, in-12, cartonné. 1 fr.

BABBAGE. (*Voyez* le Supplément, page 35.)

BABLOT. CALCUL FAIT DES PIEDS DE FER, suivant leur épaisseur et largeur, réduits au poids; suivi des tarifs à tant la livre et à tant le cent: *nouvelle édition*, revue, corrigée avec soin, et augmentée du tarif du poids du *Fer rond* suivant son diamètre, ainsi que du poids des pièces en fonte le plus en usage dans le bâtiment et les jardins; par M***, architecte. Ouvrage très utile non-seulement aux serruriers, maîtres de forges, marchands de fer et quincailliers, mais encore aux architectes et toiseurs, qui sont souvent chargés de devis et marchés concernant la serrurerie, etc., et généralement à tous ceux qui font bâtir, 5e édit., 1 vol. in-12, 1840. 3 fr.

BARRÈS DU MOLARD (le Vicomte de). NOUVEAU SYSTÈME DE PONTS A GRANDES PORTÉES, ou Moyen très économique de construire des arches de toutes grandeurs, applicable à toutes les constructions particulières et publiques, etc., in-4., fig. 7 fr. 50 c.

BARRÊME. ARITHMÉTIQUE, livre facile pour apprendre l'Arithmétique seul, in-12. 3 fr.

BARROIS (Th.). THÉORIE DES BATEAUX AQUAMOTEURS, propres à remonter les fleuves et à les descendre plus rapidement, par la seule action de leur courant, in-8., 1826, figures. 2 fr. 50 c.
Voyez le Supplément.

BARRUEL. TABLEAUX DE PHYSIQUE, ou Introduction à cette science, à l'usage des Élèves de l'École Polytechnique, nouvelle édition, entièrement refondue et augmentée, grand in-4., cart., 1806, 10 fr.

BASTENAIRE-DAUDENART. TRAITÉ DE L'ART DE LA VITRIFICATION, ouvrage dans lequel sont décrits avec précision les divers procédés qu'on emploie pour se procurer toutes les espèces de Verres et Cristaux colorés, tant pour la formation des Vases que pour les Vitraux et les Pierres imitant les pierres précieuses; ainsi que les manipulations relatives à cette branche importante de l'Industrie française. Suivi d'un Vocabulaire des mots techniques employés dans cet Art, et d'un Traité de la Dorure sur Cristal et sur Verre; 1 vol. in-8., avec planches, 1825. 7 fr. 50 c.

BAUDEUX. Arithmétique universelle, traduit de Newton, 2 vol. in-4.

BERTHOUD, Mécanicien de la Marine, Membre de l'Institut de France, OEUVRES SUR L'HORLOGERIE, savoir:

1o. L'ART DE CONDUIRE ET DE RÉGLER LES PENDULES ET LES MONTRES, 6e édition; vol. in-18, papier fin satiné avec planches et couverture imprimée *Sous presse.*

2o. ESSAI SUR L'HORLOGERIE, dans lequel on traite de cet Art relativement à l'usage civil, à l'Astronomie et à la Navigation, *suivi* des éclaircissemens sur l'invention, la théorie, la construction et les épreuves des nouvelles machines proposées en France pour la détermination des longitudes en mer par la mesure du temps, avec 38 planches, 2 v. in-4.

3o. HISTOIRE DE LA MESURE DU TEMPS par les Horloges. Paris, 1802, 2 vol. in-4., avec 23 pl. gravées. 36 fr.

4o. TRAITÉ DES HORLOGES MARINES, contenant la théorie, la construction, la main-d'œuvre de ces machines, et la manière de les éprouver, suivi des éclaircissemens sur l'invention, la théorie, la construction et les épreuves des nouvelles machines proposées en France pour la détermination des longitudes en mer par la mesure du temps; 1 gros vol. in-4., avec 27 pl., 1773. 24 fr.

5o. ECLAIRCISSEMENS sur l'invention, la théorie, la construction et les épreuves des nouvelles machines proposées en France pour la determination des longitudes en mer par la mesure du temps, servant de suite à l'*Essai sur l'Horlogerie* et au *Traité des Horloges marines*, etc., vol. in-4. 6 fr.

6o. LES LONGITUDES PAR LA MESURE DU TEMPS, ou Methode pour déterminer les longitudes en mer, avec le secours des horloges marines, suivie du Recueil des Tables nécessaires au pilote, pour réduire les observations relatives à la longitude et à la latitude, 1 vol. in-4. 9 fr.

7o. DE LA MESURE DU TEMPS, ou Supplément au Traité des Horloges marines et à l'Essai sur l'Horlogerie, contenant les principes de construction, d'exécution et d'épreuves des petites horloges à longitudes portatives, et l'application des mêmes principes de construction, etc., aux montres de poche, ainsi que plusieurs constructions d'horloges astronomiques, etc., 11 pl., en taille-douce, 1 vol. in-4. 18 fr.

8o. TRAITÉ DES MONTRES A LONGITUDES, contenant la description et tous les détails de main-d'œuvre de ces machines, leurs dimensions, la manière de les éprouver, etc, suivi, 1o d'un Mémoire instructif sur le travail des montres à longitudes; 2o de la Description de deux Horloges astronomiques; 3o de l'Essai sur une Méthode simple de conserver le rapport des poids et des mesures, et d'établir une mesure universelle et perpétuelle, avec sept pl. en taille-douce.

9°. Suite du Traité des Montres à Longitudes, contenant la construction des Montres verticales portatives, et celle des Horloges horizontales, pour servir dans les plus longues traversées, 1 vol. in-4., avec deux pl. en taille-douce.

Prix de ces deux Ouvrages, réunis en un volume, 24 fr.

10°. Supplément au Traité des Montres à Longitudes, suivi de la Notice des recherches de l'Auteur, depuis 1752 jusqu'en 1807, 2e édition, 1838. 12 fr.

BEZOUT. COURS COMPLET DE MATHÉMATIQUES, à l'usage de la Marine, de l'Artillerie, et des Elèves de l'Ecole polytechn., nouv. édit. rev. et augm. par M. le baron REYNAUD, ex-Examinateur des candidats de l'Ecole polytechnique; DE ROSSEL, Contre-Amiral honoraire, Adjoint du Dépôt général des cartes, plans, et archives de la Marine et des Colonies; Membre de l'Institut et du Bureau des Longitudes de France, 6 vol. in-8. avec planches. 36 fr. 50 c.

On vend séparément :

—— Arithmétique avec des Notes fort étendues, etc., par REYNAUD, 20e édition, stéréotype, 1839. 3 fr. 50 c.

—— Géométrie suivie de théorèmes et de problèmes, par le même, 8e édition, avec 22 pl. 1836. 7 fr. 50.

—— Algèbre et Application de cette science à l'Arithmétique et à la Géométrie, nouvelle édition, avec des Notes, par le *même*, 7e édit., in-8., 1834. 7 fr. 50.

L'*Arithmétique* est suivie d'un Traité des nouveaux poids et mesures, d'Additions très étendues et de Tables de Logarithmes. Les Notes à l'*Algèbre* et à la *Géométrie* sont augmentées de plus du double.

—— Traité de Mécanique, 2 vol. in-8.

Les Notes sur l'Arithmétique se vendent séparément. 2 fr. 50 c.

—— sur la Géométrie, 4 fr. 50 c.

—— sur l'Algèbre, 4 fr. 50 c.

—— Traité de Navigation, nouvelle édition, revue et augmentée de Notes, et d'une Section supplémentaire où l'on donne la manière de faire les calculs des observations avec de nouvelles tables qui les facilitent, par M. de Rossel, Membre de l'Institut et du Bureau des Longitudes, etc., 1814, 1 vol. in-8, avec 10 planches. 6 fr.

— Notes et additions aux trois premières sections du Traité de Navigation; par Ant. Reboul, ex-Proviseur du Lycée de Marseille, etc.; in-8. 3 fr.

—— COURS DE MATHÉMATIQUES, avec des Notes et Additions par *Peyrard*. GÉOMÉTRIE, 7e édit., revue et augmentée, 1832, in-8. 7 fr. 50 c.

BEZOUT. Cours de Mathématiques à l'usage de l'Artillerie, 4 vol. grand in-8. (texte pur). 24 fr.

BERNOULLI. RECHERCHES PHYSIQUES ET ASTRONOMIQUES sur la cause physique de l'inclinaison des plans des orbites des planètes, par rapport au plan de l'équateur, 2e édition, tirée à 25 exempl., in-4. 12 fr.

BIOT, Membre de l'Institut, Professeur au Collége de France, etc. TRAITÉ ÉLÉMENTAIRE D'ASTRONOMIE PHYSIQUE, destiné à l'enseignement dans les Colléges, etc., TROISIÈME ÉDITION, in-8. entièrement refondue et considérablement augm. (Sous presse). Le premier vol., de plus de 700 pages, avec un atlas de 26 planches, vient de paraître. Son prix est de 25 fr., dont 10 fr. à valoir sur le dernier volume de l'ouvrage. *Le tome* SECOND est *sous presse.*

—— Physique mécanique, par E.-G. FISCHER, traduite de l'allemand, avec des Notes et un Appendice sur les anneaux colorés, la double réfraction et la polarisation de la lumière ; cinquième édition, revue et considérablement aug., 1 vol. in-8., avec planch., sous presse.

—— Essai de Géométrie analytique, appliquée aux courbes et aux surfaces du second ordre, in-8., 8e édition, 1834. 7 fr. 50 c.

—— TABLES BAROMÉTRIQUES portatives, donnant les différences de niveau par une simple soustraction, in-8. 1 fr. 50 c.

—— NOTIONS ÉLÉMENTAIRES DE STATIQUE, destinées aux jeunes gens qui se préparent pour l'École Polytechnique, ou qui suivent les cours de l'Ecole milit. de Saint-Cyr, etc., in-8, 1829. 4 fr.

BIOT ET ARAGO, Membres de l'Institut. RECUEIL D'OBSERVATIONS géodésiques, astronomiques et physiques, exécutées par ordre du Bureau des Longitudes, en Espagne, en France, en Angleterre et en Écosse, etc., ouvrage faisant suite au tome troisième de la Base métrique, 1 vol. in-4., avec fig., 1821. 21 fr.

BIOT (Edouard), *voir le Supplément*, page 35.

BLUNT (Edmond). Le Guide du Navigateur dans l'Océan atlantique, ou Tableau des bancs, rescifs, brisans, gouffres et autres écueils qui s'y trouvent, in-8., 1822. 4 fr.

BOILEAU ET AUDIBERT. BARRÊME GÉNÉRAL, ou Comptes faits de tout ce qui concerne les nouveaux poids, mesures et monnaies de la France, suivi d'un Vocabulaire des différens poids, mesures et monnaies, tant français qu'étrangers, comparés avec ceux de Paris, 1 vol. de 480 pages, in-8., 1803. 6 fr.

BOISGENETTE. CONSIDÉRATIONS SUR LA MARINE en 1818, et sur les dépenses de ce département, 1 vol. in-8., 1818. 3 fr.

BORDA. TABLES TRIGONOMÉTRIQUES DÉCIMALES, ou Tables des Logarithmes des sinus, sécantes et tangentes, suivant la division du quart de cercle en cent degrés, et précédées de la Table des Logarithmes des nombres, etc.; revues, augmentées et publiées par J.-B.-J. Delambre; Paris, an IX, in-4. 20 fr.

BORGNIS, Ingénieur et Memb. de plusieurs Académies. TRAITÉ COMPLET DE MÉCANIQUE APPLIQUÉE AUX ARTS, contenant l'exposition méthodique des théories et des expériences les plus utiles pour diriger le choix, l'invention, la construction et l'emploi de toutes les espèces de machines. Ouvrage divisé en *dix traités*, format in-4., avec 249 planches dessinées par M. *Girard*, dessinateur à l'École Polytechnique, et gravées par M. *Adam*. 250 fr.
On vend séparément les traités 5e et suivans.

Ier. *De la composition des Machines*, contenant la classification, la description et l'examen comparatif des organes mécaniques; volume de plus de 450 pages, avec tableaux synoptiques et 43 planches donnant les figures de plus de 1200 organes de Machines. 1818.

IIe. *Du mouvement des Fardeaux*, contenant la description et l'examen des machines les plus convenables pour transporter et élever toute espèce de fardeaux; volume de 334 pages et 20 planches gravées. 1818.

IIIe. *Des Machines que l'on emploie dans les constructions diverses*, ou Description des Machines dont on fait usage dans les quatre genres d'Architecture, civile, hydraulique, militaire et navale; volume de 336 pages, avec 26 planches. 1818.

IVe. *Des Machines hydrauliques*, ou Machines employées pour élever l'eau nécessaire aux besoins de la vie, aux usages de l'agriculture, aux épuisemens temporaires et aux épuisemens dans les mines; vol. in-4., avec 27 pl. 1819.

Ve. *Des Machines d'agriculture*, contenant la description des instrumens et machines aratoires, des machines employées à récolter les produits du sol, et à leur donner les préparations premières; des moulins et des mécanismes qui servent à épurer le blé et à bluter les farines, et enfin des pressoirs, des cylindres, des pilons, et autres machines employées à l'extraction des huiles et du vin, etc.; vol. in-4., avec 28 planches. 1819. 21 fr.

VIe. *Des Machines employées dans diverses fabrications*, contenant la description des machines en usage dans les grosses forges et dans les ateliers de métallurgie, dans les papeteries, dans les tanneries, etc.; vol. in-4., avec 29 planches. 1819. 21 fr.

VIIe. *Des Machines qui servent à confectionner les*

étoffes, contenant la manière de préparer les matières filamenteuses, animales ou végétales, l'examen comparatif des moyens mécaniques employés dans les filatures; la description des métiers avec leurs accessoires pour toutes espèces d'étoffes, depuis les plus simples jusqu'aux plus figurées; enfin, la manière de donner aux étoffes les derniers apprêts avant d'être livrées au commerce; volume in-4., avec 44 planches, 1820. Prix : 30 fr.

VIII°. *Des Machines qui imitent ou facilitent les fonctions vitales des corps animés*; suivi d'un appendice sur les machines théâtrales anciennes, et sur les procédés en usage dans les théâtres modernes, pour effectuer les changemens à vue, les vols directs et obliques et autres effets; vol. in-4., avec 27 pl. 21 fr.

X°. THÉORIE DE LA MÉCANIQUE USUELLE, ou Introduction à l'étude de la mécanique appliquée aux arts, contenant les principes de statique, de dynamique, d'hydrostatique et d'hydrodynamique applicables aux arts industriels; la théorie des moteurs, des effets utiles des machines, des organes mécaniques intermédiaires, et l'équilibre des supports, etc.; 1 vol. in-4, 1820. 15 fr.

X°. DICTIONNAIRE DE MÉCANIQUE, contenant la définition et la description sommaire des objets les plus importans ou les plus usités qui se rapportent à cette science, avec l'énoncé de leurs propriétés essentielles; suivi d'indications qui facilitent la recherche des détails plus circonstanciés; ouvrage faisant suite au *Traité complet de Mécanique appliquée aux Arts*, en 9 vol. in-4.; 1 vol. in-4, 1823. 13 fr.

TRAITÉ ÉLÉMENTAIRE DE CONSTRUCTION, APPLIQUÉE A L'ARCHITECTURE CIVILE, contenant les principes qui doivent diriger, 1° le choix et la préparation des matériaux; 2° la configuration et les proportions des parties qui constituent les édifices en général; 3° l'exécution des plans déjà fixés; suivi de nombreuses applications puisées dans les plus célèbres monumens antiques et modernes, etc.; in-4°, d'environ 650 pages et atlas de 30 planches; 2e édition, 1838. 36 fr.

BOUCHARLAT, Professeur de Mathématiques transcendantes aux écoles militaires, Docteur ès-Sciences, etc.
ÉLÉMENS DE CALCUL DIFFÉRENTIEL et de Calcul intégral, 5e édition, revue et augmentée, in-8., avec pl., 1838. 8 fr.

—— Théorie des Courbes et des Surfaces du second ordre, précédée des principes fondamentaux de la Géométrie analytique, 3e édition, augment., in-8. *Sous Presse*.

—— Élémens de Mécanique, 3e édition, revue et augmentée, in-8., avec 10 planches, 1840. 7 fr. 50 c.

BOURDÉ-DE-VILLEHUET. Le Manoeuvrier, ou Essai sur la Théorie et la Pratique des mouvemens du navire et des évolutions navales, augmenté, 1° d'un Appendice du même auteur, contenant les principes fondamentaux de l'arrimage des vaisseaux, suivi d'un Mémoire sur le même sujet; par *Groignard*, ingénieur constructeur; 2° des nouvelles Manœuvres du canon, à bord des vaisseaux; *cinquième édition*, 1 fort volume in-8., grand papier carré fin, avec 11 pl. gravées en taille-douce, 1832. 7 fr. 50 c.

BOURDON, Inspecteur-général de l'Université, Examinateur des Candidats pour l'Ecole Polytechnique. ÉLÉMENS D'ARITHMÉTIQUE, 18e édition, revue et augmentée, 1 vol. in-8., 1840. 5 fr.

—— ÉLÉMENS D'ALGÈBRE, 8e édition, 1 fort vol. in-8, 1837. 8 fr.

—— TRAITÉ D'APPLICAT. DE L'ALGÈBRE A LA GÉOMÉTRIE, 4e édition, 1 fort vol. in-8. avec 15 planches, 1837. 7 fr. 50 c.

BOUVARD. Voyez *Bureau des Longitudes*.

BRESSON. DE LA LIQUIDATION DES MARCHÉS A TERME à la Bourse de Paris; ouvrage contenant des détails sur la méthode des compensations, la circulation et l'endossement des noms, les délégations, la balance générale des feuilles de liquidation, les paiemens et les livraisons des effets publics, etc., in-12, 1826. 2 fr.

BRIANCHON, Capitaine d'Artillerie, ancien Élève de l'École polytechnique. Mémoires sur les lignes du second ordre, faisant suite aux Journaux de l'École polytechnique. 1 vol. in-8., avec 4 pl. 1817. 2 fr.

BRIANCHON. APPLICATION DE LA THÉORIE DES TRANSVERSALES. Cours d'opérations géométriques sur le terrain, etc.; in-8, 2e édition, *sous presse*.

BRISSON. DICTIONNAIRE RAISONNÉ DE PHYSIQUE, 6 vol. in-8., et atlas in-4. 36 fr.

—— Pesanteur spécifique des Corps, ouvrage utile à l'Histoire naturelle, à la Physique, aux Arts et au Commerce, 1 vol. in-4., avec pl. 15 fr.

BUQUOY (Comte de). Exposition d'un nouveau Principe général de DYNAMIQUE, dont le principe des Vitesses virtuelles n'est qu'un cas particulier; lu à l'Institut de France le 28 août 1815, in-4. 2 fr. 50 c.

BUREAU DES LONGITUDES DE FRANCE.

Observations astronomiques faites à l'Observatoire royal de Paris, publiées par le Bureau des Longitudes, in-fol., 1825 et 1838, 2 vol. 100 fr.

Le 2e volume se vend séparément. 50 fr.

Idem. Nouvelle série grand in-fol. impr. sur pap. vélin satiné. (Sous presse.)

Tables de Jupiter et de Saturne, 2e édition augmentée des Tables d'Uranus, par M. BOUVARD, Membre de l'Institut, in-4. 1821. 12 fr.

Tables de la Lune, par M. BURCKHARDT, membre de l'Institut, in-4. 1812. 8 fr.

Tables du Soleil, par M. DELAMBRE, et Tables de la Lune, par M. BURG, in-4. 1806. 18 fr.

Tables écliptiques des Satellites de Jupiter, d'après la théorie de M. Laplace et la totalité des Observations faites depuis 1662 jusqu'à l'an 1802; par M. Delambre, in-4. 1817. 10 fr.

Tables de la Lune, formées par la seule théorie de l'attraction et suivant la division de la circonférence en 360 degrés; par M. le baron de Damoiseau, Membre de l'Institut, lieut.-colonel d'Artillerie en retraite, Chevalier des Ordres royaux de Saint-Louis et de la Légion d'Honneur, Membre adjoint au Bureau des Long., et Membre de l'Acad. des Sciences, in-fol. 1828.

Tables des satellites de Jupiter, par M. Damoiseau, in-4., 1836. 15 fr.

Connaissance des Temps, à l'usage des Astronomes et des Navigateurs, pour les années 1841, 1842 et 1343. Prix, chaque année, sans Additions, 5 fr.

Avec Additions, 7 fr. 50 c.

On peut se procurer la Collection complète, ou des années séparées de cet Ouvrage, depuis 1760 jusqu'à ce jour.

ANNUAIRE pour 1841. 1 fr.

(Cet Ouvrage paraît tous les ans.)

BURCKHARDT, Membre de l'Institut et du Bureau des Longitudes de France. TABLES DES DIVISEURS POUR TOUS LES NOMBRES DU 1er, 2e ET 3e MILLION, avec les nombres premiers qui s'y trouvent; grand in-4., papier vélin, 1817. 36 fr.

Chaque million se vend séparément, savoir : le 1er million, 15 fr., et le 2e et le 3e chacun 12 fr.

CALLET. Tables de Logar., édit. stéréot., in-8. 15 fr.

CANARD, Professeur de Mathématiques transcendantes au Lycée de Moulins. TRAITÉ ÉLÉMENTAIRE DU CALCUL DES INÉQUATIONS, in-8., 1808. 6 fr.

CAGNOLI. Traité de Trigonométrie, traduit de l'italien, par M. Chompré, 2e édition, in-4., 1808. 18 fr.

— — CATALOGUE DE 501 ÉTOILES, suivi de Tables relatives d'aberration et de nutation, etc., Modène, 1807, in-4. 6 fr.

CARNOT. Principes de l'Équilibre, et du Mouvement, 1 vol. in-8., 1803. 5 fr.

—— Défense des Places fortes, in-8, avec atlas de 11 planches. 15 fr.

—— *Idem,* 1 vol. in-4., avec le Mémoire sur la Fortification primitive,

—— Le Mémoire sur la Fortification primitive, pour faire suite à la Défense des Places fortes, in-4., 1823, se vend séparément. 7 fr. 50 c.

—— Corrélation des Figures de Géométrie, in-8., 3 fr.

—— Géométrie de position, in 4., gr. pap. vél. 30 fr.

—— Réflexion sur la Métaphysique du Calcul infinitésimal, in-8. 3e édition, 1839. 4 fr.

CAUCHY. *Voyez le Supplément.*

CHARPENTIER, *capitaine au corps royal d'Artillerie de Marine,* etc. TRAITÉ D'ARTILLERIE NAVALE, contenant un exposé succinct de la théorie du pendule balistique et des expériences de Hutton; les principes fondamentaux de l'artillerie, appliquée plus particulièrement à l'artillerie navale, etc., etc., traduit de l'anglais de Douglas; in-8., 1826, figures. 7 fr.

CHLADNI. Traité d'Acoustique, avec 8 planches, in-8. 1809. 9 fr.

CHRISTIAN, directeur du Conservatoire royal des Arts et Métiers à Paris. TRAITÉ DE MÉCANIQUE INDUSTRIELLE, ou exposé de la science de la Mécanique, déduite de l'expérience et de l'observation; principalement à l'usage des manufacturiers et des artistes; 3 vol. in-4., et atlas de 60 pl. doubles. 90 f.

CHRISTIAN. Des Impositions et de leur influence sur l'industrie agricole, manufacturière et commerciale, et sur la prospérité publique, in-8. 2 fr. 50 c.

CLAIRAUT. ÉLÉMENS D'ALGÈBRE, 6e édition, avec des Notes et Additions très étendues, par M. Garnier, précédés d'un Traité d'Arithmétique par Théveneau, et d'une Instruction sur les nouveaux poids et mesures, 2 vol. in-8., 1801. 10 fr.

—— ÉLÉMENS DE GÉOMÉTRIE, nouvelle édit., à l'usage des Écoles élémentaires, in-8, 1830. 4 fr.

CLOQUET, ancien dessinateur au service de la Marine royale de France, et professeur de dessin à l'École des Mines et au Dépôt des fortifications. NOUVEAU TRAITÉ ÉLÉMENTAIRE DE PERSPECTIVE à l'usage des artistes et des personnes qui s'occupent du dessin, précédé des premières Notions de la Géométrie élémentaire, de la Géométrie descriptive, de l'Optique et de la Projection des Ombres, in-4., et atlas de 84 pl., dont plusieurs coloriées, 1823. 30 fr.

CONDORCET. MOYENS D'APPRENDRE A COMPTER avec facilité; 3e édition, in-12, 1841. 1 fr. 50 c.

CONNAISSANCE DES TEMPS, à l'usage des Astro-

nomes et des Navigateurs, publiée par le Bureau des Longit. de France, pour les ann. 1841, 1842, 1843.
Prix, chaque année, sans additions, 5 fr.
Avec les Additions, 7 fr. 50 c.
On peut se procurer la Collection complète, ou des années séparées de cet Ouvrage, depuis 1760 jusqu'à ce jour.

COSTE et PERDONNET. (*Voy.* le Supplément.)

COTTE. Tables des articles contenus dans le JOURNAL DE PHYSIQUE, in-4., 6 fr.

—— Table des matières contenues dans les Mémoires de l'Académie des Sciences, pour les années 1781 à 1790, t. X. 15 fr.

COULOMB, chevalier de Saint-Louis, capitaine du génie, membre de l'Institut de France. THÉORIE DES MACHINES SIMPLES, en ayant égard aux frottemens de leurs parties et à la raideur des cordages. *Nouvelle édition* à laquelle on a ajouté les Mémoires suivans du même auteur : 1°. Sur les frottemens de la pointe des pivots ; 2°. Recherches théoriques et expérimentales sur la force de torsion et sur l'élasticité des fils de métal ; 3°. Résultat de plusieurs expériences destinées à déterminer la quantité d'action que les hommes peuvent fournir par leur travail journalier, suivant les différentes manières dont ils emploient leurs forces ; 4°. Observations théoriques et expérimentales sur l'effet des moulins à vent et sur la figure de leurs ailes ; 5°. Sur les murs de revêtement et l'équilibre des voûtes, etc., vol. in-4, avec 10 pl. 1821. 15 fr.

COULOMB. Recherches sur les moyens d'exécuter sous l'eau toutes sortes de travaux hydrauliques sans employer aucun épuisement, in-8., avec pl., 3e édit. 1 fr. 80 c.

COUSIN. Traité du CALCUL DIFFÉRENTIEL ET INTÉGRAL, 2 vol. in-4., 6 pl. 21 fr.

—— Traité élémentaire de l'ANALYSE MATHÉMATIQUE ou d'ALGÈBRE, in-8. 4 fr.

D'ABREU. PRINCIPES MATHÉMATIQUES de da Cunha, traduits du portugais, in-8, 1816. 6 fr.

DARCET. Mémoire sur la constr. des latrines publiques, et sur l'assainissement des latrines et des fosses d'aisances, broch. in-8. 2 pl. 1822. 1 fr. 50 c.

—— Description d'un Fourneau de cuisine, avec 2 pl., 2 fr.

—— *Voyez* le Supplément.

DAUBUISSON. MÉMOIRE SUR LES BASALTES DE LA SAXE, accompagné d'Observations sur l'origine des Basaltes en général, lu à la Classe des Sciences physiques et mathématiques de l'Institut national, an 11, in-8. 2 fr. 50 c.

DECESSART, Inspecteur-général des ponts-et-chaussées. TRAVAUX HYDRAULIQUES. 1806. 2 vol. in-4., grand pap., avec 67 pl. gravées avec le plus grand soin, pa

Colin. Prix, cart. 84 fr.

Il reste encore quelques exemplaires du 2e vol. 45 fr.

DELAMBRE. TRAITÉ COMPLET D'ASTRONOMIE théorique et pratique, 3 volumes in-4. 60 fr.

—— Abrégé d'Astronomie, ou Leçons élémentaires d'Astronomie théorique et pratique, données au Collége de France, deuxième édit. revue et corrigée par M. MATHIEU, Membre de l'Institut et du Bureau des Longitudes, 1 vol. in-8. (*Sous presse.*)

—— Histoire de l'Astronomie ancienne, 2 vol. in-4. avec dix-sept planches, 1817. 40 fr.

—— Histoire de l'Astronomie moderne, 2 forts vol. in-4., avec dix-sept planches, 1821. 50 fr.

—— Histoire de l'Astronomie du moyen âge, in-4., avec dix-sept planches, 1819. 25 fr.

—— Histoire de l'Astronomie du XVIIIe siècle, publiée par M. Mathieu, membre de l'Institut et du Bureau des Longitudes; fort vol. in-4., avec planches, 1827. 36 fr.

—— Voyez *Bureau des Longitudes.*

DELAMBRE ET LEGENDRE. Méthode analytique pour la DÉTERMINATION D'UN ARC DU MÉRIDIEN, in-4., an VII. 9 fr.

DELAMETHERIE, Professeur au Collége de France, ancien Rédacteur du Journal du Physique, etc. CONSIDÉRATIONS SUR LES ÊTRES ORGANISÉS, 2 vol. in-8. 12 fr.

—— De la perfectibilité et de la dégénérescence des Êtres organisés, formant le tome III des Considérations sur les Êtres organisés, 1 vol. in-8. 6 fr.

—— De la Nature des Etres existans, ou Principes de la Philosophie naturelle, 1 vol. in-8. 6 fr.

—— Leçons de Minéralogie données au Collége de France, 2 vol. in-8. 1812. 14 fr.

DELAU. DÉCOUVERTE DE L'UNITÉ et généralité de principe, d'idée et d'exposition de la science des nombres, son application positive et régulière à l'Algèbre, à la Géométrie, et surtout à la pratique, aux développemens et à l'extension du précieux système décimal, in-8. 3 fr.

DELUC. Traité élémentaire de Géologie, in-8., 1819. Prix : 5 fr.

—— Recherches sur les modifications de l'Atmosphère, 4 vol. in-8. 20 fr.

DELUC. Précis de la philosophie de Bacon, et des progrès qu'ont fait les Sciences naturelles par ses préceptes et son exemple, etc., 2 vol. in-8. 10 fr.

DESTUTT-TRACY, Sénateur. ÉLÉMENS D'IDÉOLOGIE, 4 vol. in-8. 22 fr.

Idéologie proprement dite.

Grammaire. 5 fr.

Logique. 6 fr.

Traité de la Volonté. 6 fr.

Les trois derniers volumes se vendent séparément.

DEVELEY, Professeur de Mathématiques, etc. APPLICATION DE L'ALGÈBRE A LA GÉOMÉTRIE, in-4., nouvelle édition, 1824. 14 fr.

Voyez le Supplément,

DIDIEZ. (*Voyez* le Supplément.)

DIONIS-DU-SÉJOUR. TRAITÉ DES MOUVEMENS APPARENS DES CORPS CÉLESTES, 2 vol. in-4. 40 fr.

D'OBENHEIM. *Voyez* OBENHEIM (d').

DUBOURGUET, ancien Officier de Marine, Professeur de Mathématiques au Collége Louis-le-Grand. TRAITÉ ÉLÉMENTAIRE DE CALCUL DIFFÉRENTIEL ET DE CALCUL INTÉGRAL, indépendans de toutes notions de quantités infinitésimales et de limites: Ouvrage mis à la portée des commençans, et où se trouvent plusieurs nouvelles méthodes et théories fort simplifiées d'intégrations, avec des applications utiles aux progrès des Sciences exactes, 2 vol. in-8. Paris, 1810 et 1811. Prix : 16 fr.

DUBOURGUET. Traité de Navigation, ouvrage approuvé par l'Institut de France, et mis à la portée *de tous les navigateurs*, in-4., 1808, avec fig. 20 f

DUBRUNFAUT, Membre de la Société d'Encouragement pour l'industrie nationale, etc. TRAITÉ COMPLET DE L'ART DE LA DISTILLATION, contenant, dans un ordre méthodique, les instructions théoriques et pratiques les plus exactes et les plus nouvelles sur la préparation des liqueurs alcooliques avec les raisins, les grains, les pommes de terre, les fécules, et tous les végétaux sucrés ou farineux, 2me édit., 2 vol. in-8., fig., *Sous presse.*

DUCREST. VUES NOUVELLES SUR LES COURANS D'EAU, la Navigation intérieure et la Marine, in-8., 1803. 4 fr.

DUCOUEDIC. La Ruche pyramidale, méthode simple et facile pour perpétuer toutes les peuplades d'abeilles, etc., 2me édition, in-8. 1813. 3 fr.

DUFOUR. ESSAI DE GÉOLOGIE, in-8., 1 fr.

DUFRENOY, ÉLIE DE BEAUMONT, COSTE et PERDONNET. VOYAGE MÉTALLURGIQUE EN ANGLETERRE, etc., 2 volumes in-8., avec deux atlas. 50 fr.

DUHAMEL. Voyez le *Supplément.*

DULEAU, Ingénieur des Ponts-et-Chaussées. Essai théorique et expérimental sur la RÉSISTANCE DU FER FORGÉ, deuxième édition. *Sous presse.*

DUMAS (l'Abbé). Nouvelles Méthodes pour résoudre les Équations d'un degré supérieur, in-8., 1815 2 fr. 50 c.

DUPAIN. NOUVEAU TRAITÉ DE TRIGONOMÉTRIE RECTILIGNE, in-8. 6 fr.

DUPIN (Ch.), Membre de l'Institut. PROGRÈS DES SCIENCES ET DES ARTS de la Marine française depuis la paix. Brochure in-8. 1820. 1 fr. 25c.

—— DÉVELOPPEMENT DE GÉOMÉTRIE, avec des applications à la stabilité des vaisseaux, aux déblais et remblais, aux défilemens, à l'Optique, etc., pour faire suite à la Géométrie descriptive et à la Géométrie analytique de Monge, in-4., avec pl. 15 fr.

—— APPLICATION DE GÉOMÉTRIE ET DE MÉCANIQUE à la marine et aux ponts-et-chaussées, où l'on traite de la stabilité des vaisseaux, du tracé des routes civiles et militaires, du déblai et du remblai, des routes suivies par la lumière dans les phénomènes de la réflexion et de la réfraction, etc.; 1 vol. in-4., avec 17 planches, 1822. 15 fr.

—— ESSAI HISTORIQUE sur les services et les travaux scientifiques de G. Monge, etc., in-8, 1819. 4 fr. 50 c.

—— *Le même*, in-4., avec portrait parfaitement ressemblant. 7 fr. 50 c.

—— ESSAIS SUR DÉMOSTHÈNES et sur son éloquence, contenant une traduction des Harangues pour Olynthe, avec le texte en regard; des considérations sur les beautés des pensées et du style de l'Orateur athénien, in-8., 1814. 4 fr.

—— Tableau des Arts et Métiers et des Beaux-Arts, pour servir d'introduction à son *Cours de Géométrie et de Mécanique appliquées aux arts*, professé dans les villes de France; in-8., 1826. 2 fr.

—— Effets de l'Enseignement populaire, de la lecture, de l'écriture, de l'arithmétique, de la géométrie et de la mécanique appliquée aux arts, etc., 1826. 1 fr.

—— DISCOURS ET LEÇONS SUR L'INDUSTRIE, le Commerce, la Marine et sur les Sciences appliquées aux Arts, 2 vol. in-8., 1825. 10 fr. 50 c.

—— Du rétablissement de l'Académie de Marine, in-8., 1815. 1 fr. 50 c.

—— Lettre à Milady Morgan sur Racine et Shakespeare, in-8., 1818. 2 fr. 50 c.

—— Progrès des sciences et des arts de la Marine française depuis la paix, in-8. 1 fr. 25. c.

—— Considérations sur les avantages de l'industrie et des machines, en France et en Angleterre, br. in-8., 1821. 1 fr. 25 c.

DUPIN. Inauguration de l'amphithéâtre du Conservatoire des Arts et Métiers, in-8., 1822. 1 fr. 25 c.

—— Influence du commerce sur le savoir, sur la civilisation des peuples anciens, et sur leur force navale, in-8., 1822. 1 fr. 50 c.

——Système de l'Administration britann. en 1822, considérée sous les rapports des finances, de l'industrie, du commerce et de la navigation, d'après un exposé ministériel, in-8., 1823. 3 fr.

— — Du commerce et des travaux publics en Angleterre et en France, in-8., 1823. 1 fr. 50 c.

— — Tableau de l'Architecture navale au 18e siècle. br. in-4. 1 fr. 80 c.

Voyez page 1re *pour ses autres ouvrages, et au* Supplément, page 39.

DUPUIS. Mémoire explicatif du Zodiaque chronologique et mythologique, Ouvrage contenant le Tableau comparatif des maisons de la Lune chez les différens peuples de l'Orient, et celui des plus anciennes observations qui s'y lient, d'après les Égyptiens, les Chinois, les Perses, les Arabes, les Chaldéens et les calendriers grecs, in-4., 1806. 7 fr. 50 c.

DUTENS. Analyse raisonnée des Principes fondamentaux de l'économie politique, in-8., 1814. 3 fr.

DUVILLARD. Recherches SUR LES RENTES, LES EMPRUNTS, etc., in-4. 10 fr.

— — Analyse et tableau de l'INFLUENCE DE LA PETITE VÉROLE sur la mortalité à chaque âge, et de celle qu'un préservatif tel que la vaccine peut avoir sur la population et la longévité, 1806, in-4., 10 fr.

ÉCOLE de la Miniature, ou l'Art d'apprendre à peindre sans maître; nouvelle édition, revue, corrigée et augmentée de la méthode pour étudier l'art de la peinture, tant à fresque, en détrempe et à l'huile, que sur le verre, en émail, mosaïque et damasquinure; 1 vol. in-12, fig. 1816. 3 fr.

ÉCOLE POLYTECHNIQUE. *Voyez* le Supplément, page 39.

EULER. ÉLÉMENS D'ALGÈBRE, nouvelle édition, 1807. 2 vol. in-8. 15 fr.

— — Lettres à une Princesse d'Allemagne, sur divers sujets de Physique et de Philosophie. Nouvelle édition, conforme à l'édition originale de Saint-Pétersbourg, revue et augmentée de l'Éloge d'Euler, par Condorcet, et de diverses Notes, par M. Labey, docteur ès-Sciences de l'Université, Instituteur à l'École polytechnique, etc. 2 forts vol. in-8., de 1180 pages, imprimés en caractère neuf dit *Cicéro gros œil*, et sur papier carré fin, avec le portrait de l'auteur, *sous presse*.

ÉPURES A L'USAGE DE L'ÉCOLE POLYTECHNIQUE, contenant 105 planches gravées in-fol. (sans texte), sur la Géométrie descriptive, la Charpente, la Coupe des pierres, la Perspective et les Ombres. Prix en feuilles, 19 fr.

ÉPURES D'ARCHITECTURE, 13 feuil. in-fol. 4 fr.

ÉPURES (Collection d') DE TOPOGRAPHIE à lumière oblique, in-fol., sans texte. 6 fr. 50 c.

ÉPURES (Collection d') de TOPOGRAPHIE à lumière directe, in-fol., sans texte. 6 fr. 50 c.

ÉPURES (Collection d') RELATIVES A LA FORTIFICATION des places et de campagne, 56 planches in-fol., sans texte.

—— Épures de machines, 7 pl. 4 fr.

—— Epures de machines à vapeur, 2 pl. avec légende. 1 fr. 55 c.

—— Épures de fortifications. 4 fr. 50 c.

EXERCICES et Manœuvres du canon à bord des vaisseaux du Roi, et Réglement sur le mode d'exercice des officiers et des équipages ; nouvelle édition, augmentée de Nouvelles Manœuvres des deux bords, et de plusieurs Tables de Pointage, extraites de Churucca, par un officier de Marine (*Willaumez*) ; 1 vol. in-8., nouvelle édition, 1830. 2 fr.

EUCLIDE (OEUVRES d'), en grec, en latin et en français, d'après un manuscrit très ancien qui était resté inconnu jusqu'à nos jours ; par PEYRARD, traducteur des OEuvres d'Archimède ; ouvrage approuvé par l'Académie des Sciences. Paris, 1818. 3 vol in-4, au lieu de 90 fr., 45 fr.

EVANS (Olivier), de Philadelphie. MANUEL DE L'INGÉNIEUR MÉCANICIEN CONSTRUCTEUR DE MACHINES A VAPEUR, traduit de l'anglais par I. Doolittle, citoyen des États-Unis, membre de la Société d'Encouragement pour l'industrie nationale, précédé d'une Notice sur l'auteur, et suivi de Notes par le traducteur ; troisième édition, 1 vol. in-8, 1838, avec 7 pl. 5 fr.

FAVIER, Ingénieur en chef des Ponts-et-Chaussées. EXAMEN DES CONDITIONS DU MODE D'ADJUDICATION DES TRAVAUX PUBLICS, suivi de Considérations sur l'emploi de ce Mode et de celui de régie, br. in-8., 1824. 2 fr. 50 c.

FISCHER, Membre honoraire de l'Académie des Sciences de Berlin, etc. PHYSIQUE MÉCANIQUE, traduite de l'allemand, avec des Notes et un Appendice sur les anneaux colorés, la double réfraction et la polarisation de la lumière, par M. BIOT, Membre de l'Institut ; cinquième édition, revue et considérablement augmentée, 1 v. in-8., avec pl., sous presse, 7 fr. 50 c.

FLEURIEU, Membre de l'Institut national des Sciences et des Arts, et du Bureau des Longitudes, etc. VOYAGE AUTOUR DU MONDE, pendant les années 1790, 1791 et 1792, par ÉTIENNE MARCHAND, précédé d'une introduction historique, auquel on a joint des Recherches sur les Terres australes de Drake, et un examen critique du Voyage de Roggeween, avec cartes et figures ; 4 vol. in-4., 1809, au lieu de 60 fr., 30 fr.

—— *Le même ouvrage*, 5 vol. in-8. avec atlas in-4. 20 fr.

FRANCOEUR, Professeur de la Faculté des Sciences de

Paris, et ex-Examinateur des candidats de l'École polytechnique, etc. COURS COMPLET DE MATHÉMATIQUES PURES, dédié à S. M. Alexandre Ier, Empereur de Russie; ouvrage destiné aux élèves des Écoles normale et Polytechnique, et aux candidats qui se préparent a y être admis, etc., quatrième édition considérablement augmentée, 2 vol. in-8., avec figures. 1837. 15 fr.

— Élémens de Statique, in-8. 3 fr.

— URANOGRAPHIE, ou Traité élémentaire d'Astronomie, à l'usage des personnes peu versées dans les mathématiques, accompagné de planisphères, etc., cinquième édit., considérablement augmentée, dédiée à M. ARAGO, 1 vol. in-8., avec pl., 1837. 9 fr. 50 c.

— Traité élémentaire de MÉCANIQUE, 5e édition, in-8, 1825, fig.

— LA GONIOMÉTRIE, ou l'Art de tracer sur le papier des angles dont la graduation est connue, et d'évaluer le nombre de degrés d'un angle déjà tracé, accompagné d'une Table des Cordes de 1 à 10,000, broch. in-8., fig., 1 fr. 25 c.

Voyez le Supplément.

FRANCAIS, Professeur à Metz. MÉMOIRE SUR LE MOUVEMENT DE ROTATION d'un corps solide autour de son centre de masse, in-4. 1813, 2 fr. 50.

FORFAIT. TRAITÉ ÉLÉMENTAIRE DE LA MATURE DES VAISSEAUX, à l'usage des élèves de la Marine; seconde édition, augmentée d'un grand nombre de Notes et de Tables; par M. Villaumez, capitaine de vaisseau; suivi d'un Appendice contenant un Mémoire sur le Système de construction des Mâts d'assemblage en usage dans les ports de Hollande, et sur les Modifications que l'on propose d'y apporter; par M. Rolland, inspecteur-adjoint du Génie maritime, 1 vol. in-4., avec 25 pl., 1815. 18 fr.

FOURCROY. TABLEAUX SYNOPTIQUES DE CHIMIE, in-fol. cartonné. 9 fr.

FULTON (Robert). RECHERCHES SUR LES MOYENS DE PERFECTIONNER LES CANAUX DE NAVIGATION, et sur les nombreux avantages des petits Canaux, etc., in-8., avec le Supplément. 7 fr. 50 c.

GALLON. Recueil de Machines approuvées par l'Académie, 7 vol. in-4., avec 945 pl. 150 fr.

Le tome VII se vend séparément 40 fr.

GAUSS. Recherches arithmétiques, traduites par M. Poullet-Delisle, Élève de l'École polytechnique et Professeur de Mathématiques à Orléans, 1 vol. in-4; 1807.

GARNIER (F.), Ingénieur au Corps royal des Mines, ancien Élève de l'École polytechnique. TRAITÉ SUR LES PUITS ARTÉSIENS, ou sur les différentes espèces de Terrains dans lesquels on doit rechercher des eaux souterraines. Ouvrage contenant la description des procédés qu'il faut employer pour ramener une partie de ces eaux à la surface du sol, à l'aide de la sonde du mineur ou du fontainier; seconde édition, revue et augmentée avec 75 planches, in-4, 1825. 16 fr.

GARNIER, ex-Professeur à l'École polytechnique, Docteur de la Faculté des Sciences de l'Université, Professeur de Mathématiques à l'École royale militaire. TRAITÉ D'ARITHMÉTIQUE, deuxième édition, in-8., 1808. 2 fr. 50 c.

—— ÉLÉMENS D'ALGÈBRE à l'usage des Aspirans à l'École polytechnique, troisième édition, in-8., 1811, revue, corrigée et augmentée. 7 fr.

—— Suite de ces Élémens, 2e partie. ANALYSE ALGÉBRIQUE, nouvelle édition, considérablement augmentée, in-8., 1814. 8 fr.

—— GÉOMÉTRIE ANALYTIQUE, ou application de l'Algèbre à la Géométrie, seconde édition, revue et augmentée, 1 vol. in-8., avec 14 pl., 1813. 8 fr.

—— LES RÉCIPROQUES de la Géométrie, suivies d'un Recueil de Problèmes et de Théorèmes, et de la construction des Tables trigonométriques, in-8, 2e édition considérablement augmentée, 1810.

—— ÉLÉMENS DE GÉOMÉTRIE, contenant les deux Trigonométries, les élémens de la Polygonométrie et du levé des Plans, et l'Introduction à la Géométrie descriptive, 1 vol. in-8., avec planches, 1812. 5 fr.

—— LEÇONS DE STATIQUE à l'usage des aspirans à l'École polytechnique, un volume in-8., avec 12 planches, 1811. 5 fr.

—— LEÇONS DE CALCUL DIFFÉRENTIEL, 3e édition, 1 vol. in-8., avec 4 pl., 1811. 7 fr.

—— LEÇONS DE CALCUL INTÉGRAL, 1 vol. in-8., avec 2 pl., 1812. 7 fr.

—— DISCUSSION DES RACINES des Équations déterminées du premier degré à plusieurs inconnues, et élimination entre deux équations de degrés quelconques à deux inconnues, 2e édition, 1 volume in-8. 1 fr. 80 c.

GARNIER ET AZEMAR. TRISECTION DE L'ANGLE, suivie des recherches analytiques sur le même sujet, in-18., 1809. 2 fr. 50 c.

GERMAIN (Mademoiselle SOPHIE). RECHERCHES SUR LA THÉORIE DES SURFACES ÉLASTIQUES, 1 vol. in-4., 1821. 5 fr.

—— *Voyez le Supplément.*

GILBERT, ingénieur de la marine. ESSAI SUR L'ART DE LA NAVIGATION PAR LA VAPEUR; 1 vol. in-4., avec 3 grandes planches. 1820. 5 fr.

GIRARD, Ingénieur en chef des Ponts-et-Chaussées, Directeur du Canal de l'Ourcq et des eaux de Paris, etc. RECHERCHES EXPÉRIMENTALES SUR L'EAU ET LE VENT, considérés comme forces mo trices applicables aux moulins et autres machines à mouvement circulaire, traduit de l'Anglais de *Smeaton*, deuxième édition, 1827, in-4., avec pl. 9 fr.

— — DEVIS GÉNÉRAL DU CANAL DE L'OURCQ, depuis la première prise d'eau à Mareuil jusqu'à la barrière de Pantin, seconde édition, in-4., 1819. 6 fr.

— — MÉMOIRE SUR LES GRANDES ROUTES, les chemins de fer, traduit de l'allemand, avec une introduction de M. Girard, etc. in-8, 1827. 6 fr. 50 c.

— — *Et les autres Ouvrages du même Auteur.*

GICQUEL-DESTOUCHES, Capitaine de vaisseau, Membre de la Société de Littérature, Sciences et Arts de Rochefort. TABLES COMPARATIVES des principales Dimensions des bâtimens de guerre français et anglais de tous rangs, de leur mâture, grécment, artillerie, etc., d'après les derniers règlemens; avec plusieurs autres Tables relatives à un Système de mâture proposé comme plus convenable que celui actuel, aux bâtimens de guerre français; ouvrage utile aux officiers de la Marine royale, 1 vol. in-4. 9 fr.

GIROD-CHANTRANS, Membre de la Légion-d'Honneur, etc. ESSAI SUR LA GÉOGRAPHIE PHYSIQUE, le climat et l'histoire naturelle du Département du Doubs, 2 vol. in-8. 10 fr.

GOUDIN (Œuvres de M. B.), contenant un Traité sur les PROPRIÉTÉS COMMUNES A TOUTES LES COURBES, un Mémoire sur les ÉCLIPSES DE SOLEIL, nouv. édit., in-4. 7 fr. 50 c.

GREMILLET. Problèmes amusans et instructifs, 2 vol. in-8. 11 fr.

HACHETTE, ex-professeur à l'Ecole polytechnique. PROGRAMMES D'UN COURS DE PHYSIQUE, ou précis des leçons sur les principaux phénomènes de la Nature, et sur quelques applications des Mathématiques à la Physique, in-8., 1809. 5 fr. 50 c.

HAGEAU (A.), *inspecteur-divisionnaire au corps royal des ponts-et-chaussées*, DESCRIPTION DU CANAL DE JONCTION de la Meuse au Rhin, projeté et exécuté par l'auteur; 1819. 1 vol. in-4. grand papier, et atlas sur demi-feuille gr. aigle. 70 fr.

HAUY, Membre de l'Académie royale des Sciences, Professeur de Minéralogie au Jardin du Roi, etc., etc. TRAITÉ DES CARACTÈRES PHYSIQUES DES PIERRES PRÉCIEUSES, pour servir à leur détermination lorsqu'elles ont été taillées, 1 vol. in-8., 1817, avec 3 planches en taille-douce. 6 fr.

— — TRAITÉ DE MINÉRALOGIE, 2ᵉ édition, revue, corrigée et considérablement augmentée par l'auteur. 4 vol. in-8, avec un atlas de 120 planches, 1822. Prix, 60 fr.

— — TRAITÉ DE CRISTALLOGRAPHIE, suivi d'une application des principes de cette science à la détermination des espèces minérales, et d'une nouvelle méthode pour mettre les formes cristallines en projection; 2 vol. in-8., avec atlas de 84 planc. (1822). 30 fr.

— — TABLEAU COMPARATIF DES RÉSULTATS DE LA CRISTALLOGRAPHIE et de l'analyse chimique relativement à la classification des Minéraux, 1 vol. in-8. 5 fr. 50 c.

— TRAITÉ ÉLÉMENTAIRE DE PHYSIQUE, troisième édit., considérablement augmentée, adoptée par le Conseil royal de l'Instruction publique, pour l'enseignement dans les colléges, 2 vol. in-8., avec 19 pl., 1821. 10 fr.

HASSENFRATZ. LA SIDÉROTECHNIE, ou l'Art de traiter le Minerai de fer pour en obtenir la fonte, du fer ou de l'acier, etc., 4 vol. in-4, avec 66 pl., 1812. 80 fr.

HATCHETT. EXPÉRIENCES NOUVELLES, et Observations sur les différens ALLIAGES DE L'OR, leur pesanteur spécifique, etc., traduites de l'anglais par Lerat, contrôleur du monnoyage à Paris, avec des Notes, par Guiton-Morveau, in-4. 9 fr.

HISTOIRE ET MÉMOIRES DE L'ACADÉMIE ROYALE DES SCIENCES DE PARIS, 167 vol. in-4., reliés. 1500 fr.

Chaque volume, depuis 1666 jusqu'à 1790 (le dernier de cette collection), *se vend séparément.* 20 fr.

Table des matières contenues dans les Mémoires de l'Academie, 10 volumes; chaque vol. 15 fr.

— — Savans étrangers, 11 vol.; chaque vol. 20 fr.

— — Prix, tomes 7, 8 et 9, ensemble, 60 fr.

— — Machines, 7 vol. 150 fr.

— — Le tome 7, séparément, 40 fr.

HOMASSEL, ex-Chef des teintures de la Manufacture des Gobelins. COURS THÉORIQUE ET PRATIQUE sur l'art de la Teinture en laine, soie, fil, coton, fabrique d'indienne en grand et petit teint, suivi de l'Art du Teinturier-Dégraisseur et du Blanchisseur, avec les Expériences faites sur les végétaux colorans, 4e édition, 1 vol. in-8. (*sous presse.*)

INSTRUCTION SUR LA MANIÈRE DE SE SERVIR DE LA REGLE A CALCUL, 3e édition, corrigée et augmentée, in-12, 1837. 8 fr. 50 c.

— L'instruction seule, 2 fr. 50 c.

— L'instrument seul, 6 fr.

INSTRUCTION DU CONSEIL DE SALUBRITÉ, SUR LA CONSTRUCTION DES LATRINES PUBLIQUES, et sur l'assainissement des Fosses d'aisances : *Imprimé par ordre du Conseil général de la Société royale des Prisons*, in-4, 1825, avec de très grandes planches. 5 fr.

JANVIER. Manuel chronométrique, ou Précis de ce qui concerne le temps; ses divisions, ses mesures leurs usages, etc., 1822, in-12, avec pl. 4 fr.

JOURNAL DE L'ECOLE POLYTECHNIQUE, par MM. Lagrange, Laplace, Monge, Prony, Fourcroy, Berthollet, Vauquelin, Lacroix, Hachette, Poisson, Dulong, Sganzin, Guyton-Morveau, Barruel, Legendre, Haüy, Malus, Petit, Ampère, Biot, Thénard, Lefrançais, Binet, Dupin, Olivier, Liouville, Duhamel, etc., 29 cahiers en 27 vol. in-4. avec des planches. Prix: 250 fr. 50 c.

Il paraît chaque année un cahier. Le 28e est *Sous presse*.

Les cahiers ci-après se vendent séparément:

III	7 fr.	»
IV	7	»
V	7	»
VI	7	»
VII et VIII	10	»
VII et VIII *bis*. (Mécan. philos. de Prony.)	15	»
IX	7	»
XI	12	»
XII	12	»
XIII	15	»
XIV	15	»
XVI	15	»
XVII	15	»
XX	10	»
XXI	12	»
XXII	7	50
XXIII	7	»
XXIV	7	»
XXV	7	»
XXVI	7	»
XXVII	7	»
XXVIII *Sous presse*		

CORRESPONDANCE SUR L'ECOLE POLYTECHNIQUE, 3 vol. in-8. 40 fr.

Chaque volume est composé de plusieurs numéros. Les numéros ci-après se vendent séparément

Premier volume.

1	1 fr.	»
2	1	»
3	1	»
4	2	50
5	1	»
6	»	»
7	1	40
8	1	40

9..................	1	50
10..................	1	50

Second volume.

1..................	3	»
4..................	3	»
5..................	4	»

Troisième volume.

1..................	3	50
2..................	4	»
3..................	5	»

JOURNAL DE PHYSIQUE, DE CHIMIE, D'HISTOIRE NATURELLE ET DES ARTS, par Delamétherie, 96 vol. in-4., avec beaucoup de planches. 1500 fr. Chaque vol. se vend séparément. 20 fr.

JUVIGNY. MOYEN DE SUPPLÉER PAR L'ARITHMÉTIQUE A L'EMPLOI DE L'ALGEBRE dans les questions d'intérêts composés, d'annuités, d'amortissemens, etc., terminé par une application spéciale du même procédé à l'extinction de la dette publique, in-8, 1825, 2 fr.

LABEY, ex-Professeur à l'École Polytechnique. TRAITÉ DE STATIQUE, vol. in-8. 3 fr. 50 c.

LACAILLE. LEÇONS D'OPTIQUE, augmentées d'un TRAITE DE PERSPECTIVE, n. éd., in-8 1808. 5 fr.

— LEÇONS ELEMENTAIRES DE MATHEMATIQUES, augmentées par Marie, avec des notes par M. Labey, Professeur de Mathématiques et Examinateur des candidats pour l'École polytechnique; ouvrage adopté par l'Université, pour l'enseignement dans les Lycées, etc., in-8, fig., 1811. 7 fr. 50 c.

LACROIX, Membre de l'Institut et de la Légion-d'Honneur, Doyen des Sciences à l'Université, Professeur au Collége de France, etc. COURS DE MATHÉMATIQUES à l'usage de l'École centrale des Quatre-Nations, ouvrage adopté par le Gouvernement pour les Colléges, Ecoles secondaires, etc., 10 vol. in-8. 49 fr.

Chaque volume du cours de M. Lacroix *se vend séparément, savoir :*

—— Traité élémentaire d'Arithm., 19e édit., 1836. 2 fr.

—— Élémens d'Algèbre, 16e édition, 1836. 4 fr.

—— Élémens de Géométrie, 15e édit., 1836. 4 fr.

—— Traité élémentaire de Trigonométrie rectiligne et sphérique, et d'Application de l'Algèbre à la Géométrie, 8e édition, 1837. 4 fr.

—— Complément des Élémens d'Algèbre, sixième édition augmentée; 1835. 4 fr.

—— Complément des Élémens de Géométrie, ou Élémens de Géométrie descriptive, 7e édit. 1840. 3 fr.

—— Traité élémentaire de Calcul différentiel et de Calcul intégral, 5e édition, 1837. 9 fr.

—— Essais sur l'Enseignement en général, et sur celui des Mathématiques en particulier, ou Manière d'étudier et d'enseigner les Mathématiques, 4e édition, revue et augmentée, 1838. 5 fr.

—— Traité élémentaire du Calcul des Probabilités, in-8, 3e éd., revue et corrigée, avec planche. 1833. 5 fr.

—— Introduction à la Géographie mathématique et critique et à la Géographie physique, in-8, avec cartes. 10 fr.

—— Traité complet de Calcul différentiel et intégral, 3 vol. in-4. 66 fr.

LAGRANGE, Membre de l'Institut. LEÇONS SUR LE CALCUL DES FONCTIONS, in-4. 15 fr.

—— Les mêmes, in-8., *sous presse*.

—— Mécanique analytique, nouvelle édition, revue et augmentée par l'auteur, 2 vol. in-4., 1811 et 1815. Prix : 36 fr.

—— Le tome 2e séparément. 18 fr.

—— Théorie des fonctions analytiques, in-4. 15 fr.

—— DE LA RÉSOLUTION DES ÉQUATIONS NUMÉRIQUES de tous les degrés, avec des Notes sur plusieurs points de la Théorie des Équations algébriques, 3e édit. in-4. 15 fr.

LAGRIVE. Manuel de Trigonométrie pratique, revu par les Professeurs du Cadastre, MM. Reynaud, Haros, Plauzol et Bozon, et augmenté des Tables des Logarithmes à l'usage des Ingénieurs du Cadastre, 1 vol. in-8. 7 fr.

LALANDE, Membre de l'Institut, Directeur de l'Observatoire. TABLES DES LOGARITHMES pour les nombres et les sinus, etc., revues par Reynaud, Examin. des Candidats de l'Ecole polyt., édit. *stéréotype*, 1 vol. in-18. 2 fr.

—— TABLES DE LOGARITHMES A SEPT DÉCIMALES. *Voyez* REYNAUD, page 32. 3 fr. 50.

LALANDE. HISTOIRE CÉLESTE FRANÇAISE, in-4. 15 fr.

—— BIBLIOGRAPHIE ASTRONOMIQ., in-4. 30 fr.

LAMÉ, Examen des différentes méthodes employées pour résoudre les PROBLÈMES DE GÉOMÉTRIE, 1 vol in-8, avec planches. 1818. 2 fr. 50 c.
Voy. le Supplément.

LAPEYROUSE (DE). TRAITÉ SUR LES MINES DE FER et les forges du comté de Foix, in-8., avec 6 grandes planches. 5 fr.

LAPLACE (M. le Marquis de). Ses OEuvres ; contenant l'Exposition du système du Monde, le Traité de Mécanique céleste, et la théorie analytique des Probabilités. 7 vol. in-4°. Prix, 228 fr.

Chaque ouvrage se vend séparément, savoir :

LAPLACE. Exposition du Système du Monde ; sixième édit., précédée de son éloge par M. Fourier, 1835, in-4 avec portrait, 18 fr.

—— Le Même, 2 vol. in-8, 1835. 15 fr.

—— Essai philosophique sur les probabilités, in-8, sixième édition, 1840. 5 fr.

—— Traité de Mécanique céleste, 5 vol. in-4. 170 fr. Le 5e vol. se vend, avec le Supplément imprimé en 1827, 29 fr.

—— Le Supplément au 5e vol. 3 fr.

—— La Théorie analytique des Probabilités, in-4.

—— Le quatrième Supplément à la Théorie des Probabilites, in-4, 1825, se vend séparément, 2 fr. 50 c.

LAROUVRAYE (de). L'art des combats sur mer, in-4., avec pl., 6 fr.

LASALLE. TRAITÉ ÉLÉMENTAIRE D'HYDROGRAPHIE appliquée à toutes les parties du pilotage, etc., 1 vol. in-8., avec pl., 1817. 6 fr.

LANCELIN. Introduction a l'analyse des Sciences ou de la génération des fondemens et des instrumens de nos connaissances, 3 vol. in-8. 15 fr.

LANZ et BETANCOURT. Essai sur la composition des machines, *troisième* édition, revue, corrigée et augmentée, vol. in-4., avec un atlas de 13 grandes planches, 1840. 15 fr.

LE BLANC, *dessinateur et graveur du Conservatoire royal des Arts et Métiers*. RECUEIL DE MACHINES, instrumens et appareils qui servent à l'économie rurale, etc. Il paraît 24 livraisons grand in-folio. Prix de chaque livraison. 6 fr.

—-NOUVEAU SYSTÈME COMPLET DE FILATURE DE COTON, usité en Angleterre, et importé en France par la Compagnie établie à Ourscamp, près Compiègne, publié par ordre de M. le ministre de l'intérieur ; par M. Le Blanc, dessinateur et graveur du Conservatoire des Arts et Métiers ; précédé d'un Texte descriptif, par Molard jeune, sous-directeur du Conservatoire des Arts et Métiers, etc. ; 1 vol. in-4 et atlas de 30 pl. sur pap. demi-grand-aigle, br. 50 fr.

Voyez le Supplément.

LEFEBURE DE FOURCY (L.), *examinateur des aspirans à l'École Polytechnique, docteur ès-sciences, etc.* Leçons de Géométrie analytique, données au Collége royal de Saint-Louis, 3e édit., 1 vol. in-8. 7 fr. 50 c.

Voyez *le Supplément*.

LEFRANCOIS. ESSAI DE GÉOMÉTRIE ANALYTIQUE, deuxième édition, revue et augmentée, 1 vol. in-8., 1804. 2 fr. 50 c.

LENORMAND. MANUEL PRATIQUE DE L'ART DU DÉGRAISSEUR, ou Instruction sur les moyens faciles d'enlever soi-même toutes sortes de taches; *troisième édition*, revue, corrigée et considérablement augmentée, et suivie d'un APPENDICE renfermant : 1°. Une Instruction sur la préparation du lac-lacke et du lac-dye; 2°. Des Observations sur le Bablah ou tannin oriental, etc.; in-12. 1826. 3 fr.

LENORMAND. Manuel de l'art du fabricant de verdet, in-8. 3 fr.

—— L'ART DU DISTILLATEUR des eaux-de-vie et des esprits, 2 vol. in-8., fig., 1817. 18 fr.

LEFEVRE, Géomètre en chef du Cadastre. NOUVEAU TRAITÉ DE L'ARPENTAGE, à l'usage des personnes qui se destinent à l'état d'arpenteur, au levé des plans et aux opérations du nivellement, ouvrage contenant tout ce qui est relatif à l'arpentage, à l'aménagement des bois et à la division des propriétés; ce qu'il faut connaître pour les grandes opérations géodésiques et le nivellement; 4e éd., 2 vol. in-8., avec 30 pl. 1826. PRIX :

—— Manuel du Trigonomètre, servant de guide aux jeunes ingénieurs qui se destinent aux opérations géodésiques, suivi de diverses solutions de géométrie pratique, de quelques notes et de plusieurs tableaux, 1 vol. in-8, avec planches, 1819. 5 fr.

Voyez *le Supplément*.

LEGENDRE, Membre de l'Institut et de la Légion-d'Honneur, Conseiller titulaire de l'Université. ESSAI SUR LA THÉORIE DES NOMBRES, 3e édition, revue et considérablement augmentée, in-4., 36 fr.

Supplémens imprimés en 1816 et 1825, pour compléter la 2e édition. 6 fr.

Chaque supplément se vend séparément. 3 fr.

Nouvelle Méthode pour la détermination des Orbites des Comètes, avec deux Supplémens contenant divers perfectionnemens de ces méthodes et leur application aux deux Comètes de 1805, 1806, in-4. 10 fr.

Le deuxieme Supplément, 1820, figures, se vend séparément. 4 fr.

—— Exercices de calcul intégral sur divers ordres de transcendantes et sur les quadratures, 3 vol. in-4, avec les Supplémens, 1811 à 1819. 75 fr.

LEGENDRE et DELAMBRE. Méthode analytique pour la détermination d'un arc du méridien, in-4. 9 fr.

LEPAUTE, Horloger du Roi. TRAITÉ D'HORLOGERIE, contenant tout ce qui est nécessaire pour bien connaître et pour régler les pendules et les montres, la description des pièces d'horlogerie les plus utiles, etc., vol. in-4, avec 17 pl., 24 fr.

LHUILLIER, membre de la Société d'Encouragement de Rouen. QUELQUES IDÉES NOUVELLES SUR L'ART D'EM-

PLOYER L'EAU comme moteur des roues hydrauliques, in-8, 1823, fig. 2 fr. 50 c.

LIBES, Professeur de Physique au Lycée Charlemagne à Paris, etc. HISTOIRE PHILOSOPHIQUE DES PROGRÈS DE LA PHYSIQUE, 4 vol. in-8., 1811 et 1814. 20 fr.
Le quatrième volume se vend séparément. 5 fr.

—— Traité complet et élémentaire de Physique, présenté dans un ordre nouveau, d'après les découvertes modernes; deuxième édition, revue, corrigée et considérablement augm., 3 vol. in-8., avec fig. 1813. 18 fr.

MARCEL-DE-SERRES. Essai sur les Arts et les Manufactures de l'empire d'Autriche, 1814. 3 vol. in-8. avec 34 planches. 21 fr.

MARIE (F.-C.), profess. de Mathém. et de Topographie. PRINCIPES DU DESSIN ET DU LAVIS DE LA CARTE TOPOGRAPHIQUE, présentés d'une manière élémentaire et méthodique, avec tous les développemens nécessaires aux personnes qui n'ont pas l'habitude du dessin. Accompagné de 9 modèles, dont 8 sont coloriés avec soin; in-4. oblong, 1825. 15 fr.
Voyez le Supplément.

MAUDUIT, Professeur de Mathématiques au Collége de France à Paris. LEÇONS ÉLÉMENTAIRES D'ARITHMÉTIQUE, ou Principes d'Analyse numérique, in-8, nouvelle édition, 1804. 5 fr.

—— Leçons de Géométrie théorique et pratique, nouvelle édition, revue, corrigée et augmentée, 2 vol. in-8., 1817, avec 17 planches. 10 fr.

—— INTRODUCTION AUX SECTIONS CONIQUES, pour servir de suite aux Elémens de Géométrie de M. Rivard, in-8. 3 fr.

MAZEAS. Abregé des Élémens d'Arithmétique d'Algèbre et de Géométrie, etc., in-12, 3 fr.

MAZURE-DUHAMEL. Mémoire sur l'Astronomie nautique, 1 vol. in-4. avec tableaux. 1822. 7 fr. 50 c.

MALUS, Lieutenant-Colonel au Corps du Génie, Membre de l'Institut. THÉORIE DE LA DOUBLE RÉFRACTION DE LA LUMIÈRE dans les substances cristallisées, in-4., avec pl. 15 fr.

MASCHERONI. PROBLÈMES DE GÉOMÉTRIE, résolus de différentes manières, trad. de l'ital.; deuxième édition, in-8, 1838. 4 fr.

—— GÉOMÉTRIE DU COMPAS, in-8, 2e édit., aug. d'une Notice biographique sur l'auteur, 1828. 6 fr

MÉMOIRES DE L'INSTITUT, vol. in-4.

Sciences physiques et mathématiques.

Tome 1.	18 fr.
2.	24
3.	18
4.	18
5.	20
6.	20
7.	24
8.	20
9	20
10.	20
11.	22
12.	25
13.	22
14.	18

Savans étrangers.

Tome 1 (*rare*).	30 fr.
2.	20

Base du système métrique.

Tomes 1, 2 et 3.	100 fr.
4.	21

MÉMOIRES DE L'ACADÉMIE ROYALE DES SCIENCES.

Tome 1, 1816.	18 fr.

Mémoires de l'Académie.

Tomes 2, 1817.	20 fr.
3, 1818.	25
4, 1819 et 1820	30
5, 1821 et 1822	20
6, 1823.	20
7, 1824.	20
8, 1825.	20
9, 1826.	20
10, 1827.	20
11, 1828.	25
12, 1833.	25
13, 1835.	25
14, 1838.	25
15, 1833.	25
16, 1838.	25
17, 1840.	30

Savans étrangers, Académie des Sciences.

Tome 1.	20 fr.
2.	20
3.	20
4.	25
5.	25
6.	25

—— Sciences morales et politiques, 5 v. in-4, chac. 18 *fr.* — Littérature, Beaux-Arts, 5 vol. chacun 20 fr. — Littérature ancienne, ou Académie des Inscriptions, vol. in-4.

Prix décennaux, 1 vol. 12 fr.

MOLLET, ex-doyen de la Faculté des Sciences de Lyon, etc. GNOMONIQUE GRAPHIQUE, ou Méthode simple et facile pour tracer les cadrans solaires sur toutes sortes de plans, et sur les surfaces de la sphère et du cylindre droit, sans aucun calcul, et en ne faisant usage que de la règle et du compas, *quatrième édition;* suivie de la Gnomonique analytique, etc., 1 vol. in-8., avec pl. 1837. 3 fr. 50 c.

Et les autres Ouvrages du même Auteur.

MONGE. *Voyez le Supplément.*

MONTEIRO-DA-ROCHA, MÉMOIRES SUR L'ASTRONOMIE PRATIQUE, traduits du portugais par M. de Mello, in-4., 1808. 7 fr. 50 c.

MONTUCLA. Histoire des Mathématiques, dans laquelle on rend compte de leurs progrès depuis leur origine jusqu'à nos jours, où l'on expose le tableau et le développement des principales découvertes dans toutes les parties des Mathématiques, les contestations qui se sont élevées entre les Mathématiciens, et les principaux traits de la vie des plus célèbres. *Nouvelle édition*, considérablement augmentée, et prolongée jusque vers l'époque actuelle, achevée et publiée par Jérôme de Lalande, 4 vol. in-4., avec figures. 80 fr.

Cet ouvrage est ce qui existe de plus complet jusqu'à présent sur cette partie. *Voyez le Supplément.*

MONTGÉRY, Capitaine de frégate, etc. TRAITÉ DES FUSÉES DE GUERRE, nommées autrefois Rochettes, et maintenant Fusées à la Congrève; précédé d'une Notice sur Fulton, in-8°, fig. 6 fr.

NICHOLSON, Ingénieur civil. DESCRIPTION DES MACHINES A VAPEUR et détail des principaux changemens qu'elles ont éprouvés depuis l'époque de leur invention, et des améliorations qui les ont fait parvenir à leur état actuel de perfection, traduit de l'anglais par T. DUVERNE; in-8 avec planches, troisième édition, 1837. 5 fr.

NOUVELLES EXPÉRIENCES D'ARTILLERIE faites pendant les années 1787, 1788, 1789 et 1791, où l'on détermine la force de la poudre, la vitesse initiale des boulets de canon, les portées des pièces à différentes élévations, la résistance que l'air oppose au mouvement des projectiles, les effets des différentes longueurs des pièces, des différentes charges de poudre, etc., etc., traduites de l'anglais de Hutton, par O. Terquem, professeur de mathématiques aux Écoles royales, bibliothécaire du Dépôt central d'artillerie, etc., seconde partie, in-4, 1826, avec pl. 10 fr.

PAIXHANS (H. J.), Lieutenant-Colonel d'artillerie. EXPÉRIENCES FAITES PAR LA MARINE FRANÇAISE, sur une arme nouvelle, changemens qui paraissent devoir en résulter dans le système naval, et examen de quelques questions relatives à la Marine, à l'Artillerie, à l'attaque et à la défense des Côtes et des Places; in-8, 1825. 3 fr.

—— NOUVELLE FORCE MARITIME et application de cette force à quelques parties du service de l'armée de terre, in-4., avec 7 pl. 1822. 18 fr.

Voyez *le Supplément.*

PARISOT. Traité du Calcul conjectural, ou l'Art de raisonner sur les choses futures, in-4, 1810. 15 fr.

PERSON. Recueil de Mécanique et Description de Machines relatives à l'Agriculture et aux Arts, in-4, avec dix-huit planches. 10 fr.

POISSON, pair de France, Membre de l'Institut, Professeur à l'École polytech. et à la Faculté des Sciences de Paris, Membre du Bureau des Longitudes. TRAITÉ DE MÉCANIQUE, 2 forts vol. in-8., 2e éd. considérablement augmentée, 1833. 18 fr.

Cette édition est entièrement différente de la première, pour la rédaction, et pour l'ordre que l'auteur a suivi dans l'exposition des matières ; cet ordre est celui que l'on a adopté, dans ces derniers temps, à l'École Polytechnique, et qui paraît le mieux convenir à l'enseignement. Quoique cet ouvrage soit un traité de Mécanique rationnelle, l'auteur n'a cependant pas négligé d'indiquer les principales applications de cette science à la Mécanique pratique. Les autres exemples nécessaires pour éclaircir les questions générales ont été multipliés et choisis, surtout, dans l'Astronomie et dans la Physique, et quelques-uns dans l'Artillerie. De cette manière, l'ouvrage pourra servir à faciliter la lecture de la *Mécanique céleste;* on y trouvera aussi tous les principes de la *Physique Mathématique* dont l'auteur s'est occupé dans différens mémoires, et dans l'ouvrage publié récemment sous le titre de *Nouvelle théorie de l'Action capillaire.* Le traité de Mécanique que nous annonçons sera une introduction à d'autres ouvrages où l'auteur se propose de réunir et de développer les théories physiques auxquelles on a appliqué jusqu'à présent, avec quelques succès, l'analyse mathématique.

—— TRAITÉ DE PHYSIQUE MATHÉMATIQUE.

—— Nouvelle théorie de l'action capillaire, in-4., 1831. *Épuisé.*

—— Théorie mathématique de la chaleur, in-4. 1835, avec supplément. 32 fr.

Le supplément se vend séparément. 7 fr.

—— RECHERCHES SUR LA PROBABILITÉ DES JUGEMENTS en matière civile et en matière criminelle, précédés des règles générales du Calcul des Probabilités, in-4°, 1837. 25 fr.

Voyez le Supplément.

POINSOT, Membre de l'Institut. ÉLÉMENS DE STATIQUE, 7e édition, 1837. 6 fr.

—— RECHERCHES SUR L'ANALYSE DES SECTIONS ANGULAIRES, par *le même;* in-4, 1825, 5 fr.

—— MÉMOIRE SUR LA ROTATION DES CORPS, in-8., 1834. 1 fr. 50 c.

PONCELET, ancien Élève de l'École polytechnique, Capitaine au Corps royal du Génie. TRAITÉ DES PROPRIÉTÉS PROJECTIVES DES FIGURES, ouvrage utile à ceux qui s'occupent des applications de la Géométrie descriptive, et d'opérations géométriques sur le terrain. in-4, 1822, 16 fr.

—— MÉMOIRE SUR LES ROUES HYDRAULIQUES VERTICALES à aubes courbes, mues par-dessous, suivi d'expériences sur les effets mécaniques de ces roues, in-4°, deuxième édition, 1826, fig. 7 fr. 50 c.

Voyez le *Supplément.*

PONTÉCOULANT (DE). *Voyez le Supplément.*

POULLET-DELISLE, Professeur de Mathématiques au Lycée d'Orléans. APPLICATION DE L'ALGÈBRE A LA GÉOMÉTRIE, in-8., 1806. 4 fr. 50 c

—— Recherches arithmétiques, trad. du latin de Gauss, in-4. 20 fr.

PRONY. Leçons de Mécanique analytique, données à l'École Polytechnique, 2 vol. in-4. 30 fr.

PUISSANT, Membre de l'Institut, lieut.-colonel au corps royal des Ingénieurs-Géographes. TRAITÉ DE GÉODÉSIE, ou Exposition des Méthodes astronomiques et trigonométriques, appliquées soit à la mesure de la terre, soit à la confection du canevas des cartes et des plans, nouv. édit., considérabl. aug., 3 vol. in-4., avec 13 pl., 1819, et Supplément, 1827.

—— Le Supplément se vend séparément 7 fr. 50 c.

—— Traité de Topographie, d'Arpentage et de Nivellement, seconde édition considérablement augmentée, 1 vol. in-4., 1820, avec planches.

—— RECUEIL DE DIVERSES PROPOSITIONS DE GEOMETRIE, résolues ou démontrées par l'Analyse, *troisième édition*, augmentée d'un précis sur le LÈVE DES PLANS, in-8, avec planches, 1824, 7 fr. 50 c.

—— Méthode générale pour obtenir le résultat moyen dans une série d'observations astronomiques faites avec le cercle répétiteur de Borda, in-4., 1823, 6 fr.

—— TRAITÉ DE LA SPHÈRE ET DU CALENDRIER de Rivard, 8e édition, augmentée des Notes de M. Puissant, in-8., 1837, avec 3 pl. 5 fr.

Ouvrages de M. le baron REYNAUD, *ex-Examinateur des Candidats de l'Ecole polytechnique et de l'Ecole spéciale militaire.*

REYNAUD. ARITHMÉTIQUE, à l'usage des élèves qui se destinent à l'École Polytechnique et à l'École militaire, 22e édition, augmentée, 1840; suivie d'une table des Logarithmes des nombres entiers, depuis un jusqu'à dix mille, 1 vol. in-8. 5 fr.

—— Traité d'Algèbre à l'usage des Élèves qui se destinent à l'École royale polytechnique et à l'École spéciale militaire, 1 vol. in 8., 10e édit. 1839. 5 fr.

—— Trigonométrie rectiligne et sphérique, troisième édition, suivie des Tables des Logarithmes des nombres, etc., de LALANDE, in-18, avec fig., 1818. 3 fr.

Les Tables des Logarithmes de Lalande seules, sans la Trigonométrie, se vendent séparément, 1838. 2 fr.

—— Tables de Logarithmes étendues à 7 DÉCIMALES, par F.-C.-M. Marie, précédées d'une Instruction dans laquelle on fait connaître les limites des erreurs qui peuvent résulter de l'emploi des Logarithmes des nombres et des lignes trigonométriques; par le baron REYNAUD, 1 volume in-12, 1838. STÉRÉOTYPE. 3 fr. 50 c.

—— TRAITÉ D'APPLICATION DE L'ALGÈBRE A LA GÉOMÉTRIE et de Trigonométrie, à l'usage des élèves qui se destinent à l'École polytechnique, etc., 1 vol. in-8, avec dix planches, 2e édit., *sous presse*.

— — TRAITÉ ÉLÉMENTAIRE DE MATHÉMATIQUES ET DE PHYSIQUE, suivi de quelques notions DE CHIMIE et d'ASTRONOMIE à l'usage des Élèves qui se préparent aux examens pour le Baccalauréat ès-lettres, 3e édit., aug., 2 vol. in-8, avec 21 pl. 1836 et 1839. 12 fr. 50 c.

Le tome 1er contenant : l'Arithmétique, l'Algèbre, la Géométrie et la Trigonométrie, se vend séparément. 7 fr.

Le tome II, contenant un Traité de Physique et des notions de Chimie et d'Astronomie, se vend aussi séparément. 7 fr.

REYNAUD et POMIÈS. MANUEL de l'Ingénieur du cadastre, in-4°. 15 fr.

— — TRAITÉ DE TRIGONOMÉTRIE de Lagrive, avec les Notes de Reynaud, in-8. 7 fr.

— — ET DUHAMEL. Problèmes et Développemens sur diverses parties des Mathématiques, in-8., avec 11 planches. 6 fr.

Notes de M. le baron Reynaud sur Bezout.

— — *Sur l'Arithmétique* 15e édit., in-8., 1832. 2 fr. 50 c.

— — *Sur la Géométrie ou Théorèmes et Problèmes*, in-8, 10e édition, 1838. 4 fr. 50 c.

— — *Sur l'Algèbre*, in-8., 1834. 4 fr. 50 c.

Voyez le Supplément.

RECUEIL COMPLET DES TABLES UTILES A LA NAVIGATION (*Voyez* VIOLAINE). 10 fr.

RIVARD. TRAITÉ DE LA SPHÈRE ET DU CALENDRIER, 8e édition, revue et augmentée de notes et addit., par M. Puissant, membre de l'Institut, Académie des Sciences, 1 v. in-8., avec 3 pl. bien gravées, 1837. 5 f.

RUGGIERI. ÉLÉMENS DE PYROTECHNIE, divisés en 5 parties, la 1re contenant le traité des matières ; la 2e, les feux de terre, d'air et d'eau ; la 3e, les feux d'aérostation, les feux de théâtre, et les feux de guerre ; suivis d'un vocabulaire et de la description de quelques feux d'artifice, etc. ; *troisième édition*, revue, corrigée et augmentée de trois articles, et d'une planche relative à de nouvelles découvertes et inventions faites par l'auteur, telles que les beaux feux verts, baguettes détonantes pour éviter la chute dangereuse des fusées volantes, etc. 1 vol. in-8., avec 28 planch. 1821. 9 fr.

— — Pyrotechnie militaire, 1 vol. in-8. 6 fr.

SAURI. INSTITUTIONS MATHÉMATIQUES, 6e édition, 1385. 6 fr.

SEGUIN aîné, Entrepreneur de Bâtimens. MANUEL D'ARCHITECTURE, ou Principes des Opérations primitives de cet Art, où l'on expose des Méthodes abrégées tant pour l'évaluation des surfaces et solides circulaires que pour le développement des courbes, et pour l'extraction des racines carrées et cubiques, par c nouvelles règles fort simples. Cet ouvrage est terminé par une table des carrés et des cubes, dont les racines commencent par l'unité et vont jusqu'à dix mille; in-8, avec 10 planches. 6 fr.

— — TABLE DES NOMBRES CARRÉS ET CUBIQUES, et des Racines de ces nombres, depuis un jusqu'à dix mille, in-8. 3 fr.

SIMMENCOURT (de). Tableaux des Monnaies de change et des monnaies réelles, des poids et mesures, des cours des changes et des usages commerciaux des principales villes du Monde, ou Répertoire du banquier in-4. 1817. 3 fr.

SINGER. *Voyez* THILLAYE.

SOULAS. La Levée des Plans et l'Arpentage rendus faciles, précédés de notions élémentaires de Trigonométrie rectiligne à l'usage des employés au Cadastre de la France, deuxième édition, revue et corrigée, 1 vol. in-18, 1820, avec 8 planches. 3 fr.

STAINVILLE (de), Répétiteur à l'École polytechnique. Mélanges d'Analyse algébrique et de Géométrie, 1 vol. in-8 de 600 pages, 1815, avec 3 planches. 7 fr. 50 c.

STEPHENSON. Description de la machine locomotive; trad. de l'anglais par M. Mellet, vol. in-4. avec 5 gr. planches. 1839. 12 fr.

SUZANNE, Docteur ès-Sciences, Professeur de Mathématiques au Lycée Charlemagne, à Paris, etc. DE LA MANIÈRE D'ÉTUDIER LES MATHÉMATIQUES; Ouvrage destiné à servir de Guide aux jeunes gens, à ceux surtout qui veulent approfondir cette science, ou qui aspirent à être admis à l'École Normale, ou à l'École polytechnique; 3 vol. in-8., avec fig. *Chaque partie se vend séparément, savoir :*

— — 1re *Partie*. PRÉCEPTES GÉNÉRAUX ET ARITHMÉTIQUE, seconde édition, considérablement augmentée, in-8. 6 fr.

— — 2e *Partie*. ALGÈBRE, in-8., *épuisée*.

— — 3e *Partie*. GÉOMÉTRIE, in-8. 6 fr. 50 c.

THILLAYE, Professeur au Collége royal de Louis-le-Grand. ÉLÉMENS D'ÉLECTRICITÉ ET DE GALVANISME, traduits de l'anglais de George SINGER, avec des notes, 1 vol. in-8., avec pl., 1816. 8 fr.

THIOUT aîné. TRAITÉ D'HORLOGERIE THÉORIQUE ET PRATIQUE, approuvé par l'Académie royale des Sciences, 2 vol. in-4., avec 91 planches, 36 fr.

TREDGOLD (Thomas), Ingénieur, Membre de l'Institut des Ingénieurs civils, etc., etc. PRINCIPES DE L'ART DE CHAUFFER ET D'AÉRER LES ÉDIFICES PUBLICS, LES MAISONS D'HABITATION, les Manufactures, les Hôpitaux, les Serres, etc., et de construire les Foyers, les Chaudières, les Appareils pour la vapeur, les Grilles, les Étuves, démontrés par le Calcul et appliqués à la Pratique; avec des remarques sur la nature de la Chaleur et de la Lumière, et plusieurs Tables utiles dans la Pratique; traduits de l'anglais, sur la deuxième édition, par T. Duverne; 1 vol. in-8, avec planches. 7 fr.

— — ESSAI PRATIQUE SUR LA FORCE DU FER COULÉ ET D'AUTRES MÉTAUX, destiné à l'usage des Ingénieurs, des Maîtres de forges, des Architectes, des Fondeurs, et de tous ceux qui s'occupent de la construction des Machines, des Bâtimens, etc., contenant des Règles pratiques, des Tables et des Exemples, le tout fondé sur une suite d'Expériences nouvelles; et une Table étendue des propriétés de divers matériaux; traduit de l'anglais sur la 2e édition, par T. Duverne; 1 vol. in-8, avec pl., 1825. 6 fr.

— — TRAITÉ PRATIQUE SUR LES CHEMINS EN FER et les voitures destinées à les parcourir, principes d'après lesquels on peut évaluer leur force, leurs proportions et les dépenses annuelles qu'ils nécessitent, ainsi que leur produit; conditions à remplir pour les rendre à la fois utiles, économiques et durables. Théorie des chariots à vapeur, des machines stationnaires et de celles où l'on emploie le gaz; leur effet utile et les frais qu'elles occasionent, contenant beaucoup de tables. Traduit de l'anglais de Tredgold, par T. Duverne, in-8, 1826, figures. 5 fr.

— — TRAITÉ DES MACHINES A VAPEUR, et de leur application à la Navigation, aux Mines, aux Manufactures, etc., comprenant l'Histoire de l'invention et des perfectionnemens successifs de ces machines, l'exposé de leur théorie et des proportions les plus convenables de leurs diverses parties, accompagné d'un grand nombre de tableaux synoptiques, contenant les résultats les plus utiles pour la pratique; traduit de l'anglais, de Tredgold, avec des Notes, par M. Mellet, ancien élève de l'École Polytechnique, seconde édition revue, corrigée et augmentée d'une onzième section sur les *machines locomotives;* 1 fort vol. in-4, et atlas de 25 pl., 1838. 38 fr.

VAN BECK. DE L'INFLUENCE que le fer des vaisseaux exerce sur la boussole, et sur un moyen d'estimer la déviation que l'aiguille éprouve de ce chef. Ouvrage traduit du hollandais, par M. Lipkins, ingénieur, in-8, 1826. 2 fr. 50 c.

VASTEL. L'Art de conjecturer, traduit du latin de J. Bernoulli, avec des Observations, Éclaircissemens et Additions, in-4, 1801. 7 fr. 50 c.

VIAL. ANALYSE DE LA LUMIÈRE, déduite des lois de la Mécanique, etc., 1 fort vol. in-8; figures, 1826. 9 fr.

VINCENT (*Professeur au collége St.-Louis*). Précis de Géométrie élémentaire à l'usage des classes de mathématiques des colléges royaux. Extrait du cours adopté par l'Université, 1836, in-8. 6 fr.

VOIRON. Histoire de l'Astronomie depuis 1781 jusqu'à 1811, pour servir de suite à l'Histoire de l'Astronomie de Bailly, in-4., 1811. 12 fr.

WILLAUMEZ, Vice-Amiral. DICTIONNAIRE DES TERMES DE MARINE, 3e édit., revue et considérablement augmentée, 1 vol. in-8, grand papier avec 8 planches, dessinées et gravées par *Baugean*, 15 fr.

— *Le même* avec 157 pavillons, flammes et guidons coloriés avec soin, 18 fr.

Les 157 pavillons se vendent séparément 3 fr.

VIOLLET. THÉORIE DES PUITS ARTÉSIENS, suivie d'une Instruction pratique sur les moyens d'utiliser ces puits dans les Arts et dans l'Agriculture etc, 1 vol in-8. avec planches. 1840. 7 fr. 50 c.

—— Essai pratique sur l'Etablissement et le contentieux des usines hydrauliques, 1 vol. in-8. avec pl. 1840. 6 fr. 50 c.

SUPPLÉMENT.

ANNUAIRE DE L'ECOLE POLYTECHNIQUE pour l'an 1837, 1 vol. in-18, 4me année. 1 fr. 50 c.

ADHÉMAR. Cours complet de Mathématiques à l'usage de l'Ingénieur civil. — Arithmétique, 1 vol. in-8., 4 fr.
— Géométrie descriptive, in-8 et 52 pl. in-fol., 20 fr.
— Coupe des Pierres, 1 vol. in-8 et 60 pl. in-fol., 25 fr.
— Traité des Ombres, 30 pl. avec texte, 15 fr.
— Perspective, 1 vol., in-8, et atlas in-fol. de 60 pl 20 f.

ALLIX (*Ingénieur de la Marine*). EXPLICATION D'UN NOUVEAU SYSTÈME DE TARIFS, ou Nouvelle Méthode de trouver en mesures métriques sans aucun calcul, le poids des métaux en barres ou en feuilles, le cube des bois bruts ou équarris, le cube des pierres de taille et la capacité des tonneaux, in-8. 3 fr.

AMADIEU. NOTIONS ÉLÉMENTAIRES DE GÉOMÉTRIE DESCRIPTIVE exigées pour l'admission aux diverses écoles du Gouvernement; 1838, in-8. 2 fr. 50 c.

AMPÈRE, *de l'Institut*. MÉMOIRE sur l'Action mutuelle d'un conducteur voltaïque et d'un aimant, in-4., 1828. (Tiré à 100 exemplaires seulement) 5 fr.
— — ESSAI SUR LA PHILOSOPHIE DES SCIENCES, ou exposition analytique d'une classification naturelle de toutes les connaissances humaines, in-8°, 2 vol. 10 fr.
Le tome deuxième se vend séparément 5 fr.

ARAGO. NOTICE SUR LE TONNERRE; sa formation, sa nature; sur le danger qu'il fait courir et des moyens imaginés à diverses époques pour s'en garantir. — Des paratonnerres modernes, des meilleures dispositions à donner aux diverses parties dont ils se composent; 2e édition, revue et augmentée, vol. in-18 de plus de 400 pages, 1840. (*Sous presse.*)
—— Sur les Fortifications de Paris. vol. in 8. 1841. 3 fr.
—— Et BIOT. MÉMOIRE sur les affinités des corps pour la lumière, et particulièrement sur les forces réfringentes des différents gaz, lû à l'Académie en 1806, in-4. 7 fr. 50 c.

ARCLAI (D') DE MONTAMI. TRAITÉ DES COULEURS POUR LA PEINTURE EN EMAIL et sur porcelaine, in-12, 3 fr.

BAADER (Joseph), Conseiller des Mines, etc. Sur l'avantage de substituer des Chemins de fer d'une construction améliorée à plusieurs canaux navigables projetés en France, 1 vol in-8., 1829. 3 fr. 50 c.

AILLY. Histoire de l'Astronomie ancienne, 1 vol, in-4 12 fr.

BAILLY. Histoire de l'Astronomie moderne, 3 vol. in-4. 30 fr.

BABBAGE, Membre de la Société royale de Londres, Professeur à l'Université de Cambridge. TRAITÉ SUR L'ÉCONOMIE DES MACHINES ET DES MANUFACTURES, offrant l'exposition générale des principes qui règlent l'application des machines aux opérations des arts et de l'industrie manufacturière, avec des exemples tirés de toutes les classes de fabriques anglaises; traduit de l'anglais par M. *Édouard BIOT*, l'un des gérans du chemin de fer de St-Étienne à Lyon, Membre de la Société d'Encouragement, in-8., 1833. 7 fr. 50 c.

BARROIS. Essai sur l'application du calcul des probabilites aux assurances contre l'incendie, etc., in-8. 5 f.

BAUDIN. MANUEL DU PILOTE DE LA MER MEDITERRANEE, ou Description des côtes d'Espagne, de France, d'Italie et d'Afrique dans la Méditerranée, depuis le détroit de Gibraltar jusqu'au cap Bon, pour l'Amérique, et jusqu'en dehors du détroit de Messine, pour l'Europe; trad. de l'espagnol. 2 v. in-8., 12 fr.

BEER (*Guill.*) et J.-H. MÄDLER. FRAGMENTS SUR LES CORPS CELESTES du Système solaire, etc., in-4., avec 7 planches, 1840. 10 fr.

BERTRAND. Élémens de Géométrie, in-4. 12 fr.

BLEIN (Baron). THÉORIE DES VIBRATIONS et son Application à divers phénomènes de Physique. 1 vol. in-8. 3 fr.

—— PRINCIPES de Mélodie et d'Harmonie déduits de la théorie des vibrations, in-8., 1832. 3 fr.

BOUGUER. Traité d'optique sur la gradation de la lumière, publié par L. ç ille. in-4. 18 fr.

BRESSON (C.). TRAITÉ ÉLÉMENTAIRE DE MÉCANIQUE APPLIQUÉE AUX ARTS (première partie, Mécanique des corps solides), vol. in-4, avec un atlas de 16 pl. doubles, 1841. 25 fr.

CICCOLINI (March. d'). IL CAVALLO DEGLI SCACCHI, con 25 tavole, 4°, 1836. 6 fr.

DU CANAL MARITIME DE ROUEN A PARIS, publié par la Compagnie soumissionnaire, et rédigé par Stéphane FLACHAT, Directeur des études; 4 vol. in-8., avec carte, imprimés sur grand raisin vélin par Firmin Didot. Prix, 16 fr.

1er vol., Introduction. — 2e vol., Statistique hydrographique et commerciale. — 3e vol., Mémoire sur le travail d'art et sur la dépense de construction. — 4e vol., résumé et exposé de l'entreprise.

CARDINALI. SUL CALCOLO INTEGRALE dell equazioni de differenze parziali, con applicationi. Bologne, 1807, in-4. 10 fr.

CASTELLANO. PROJET DE STATISTIQUE pour

les Fleuves de premier ordre, adapté à la Seine, in-4., avec un très grand Tableau de la Statistique de la Seine. 7 fr. 50 c.

CHAPMAN. TRAITÉ DE LA CONSTRUCTION des Vaisseaux, trad. du suédois par Vial de Clairbois, in-4 avec planches. 20 fr.

COSTE ET PERDONNET, Ingénieurs des Mines. MÉMOIRES MÉTALLURGIQUES sur le traitement des Minerais de fer, d'étain et de plomb, dans la Grande-Bretagne; faisant suite au Voyage métallurgique de MM. DUFRÉNOY et ÉLIE DE BEAUMONT, Ingénieurs des Mines. 1 vol. in-8., avec un atlas, 1830. 9 fr.

—— MÉMOIRE SUR LES CHEMINS A ORNIÈRE, 1 volume in-8., avec 3 grandes planches, 1830. 5 fr

COMTE (AUG.). COURS DE PHILOSOPHIE POSITIVE, 6 vol. in-8. Prix. 48 fr.

Le *premier* volume contient les Préliminaires généraux et la Philosophie Mathématique;

Le *deuxième* volume l'Astronomie et la Physique;

Le *troisième* volume la philosophie de la Chimie;

Le *quatrième* volume la partie dogmatique de la Philosophie sociale;

Le *cinquième* et le *sixième* volume la partie historique de la Philosophie sociale et les Conclusions générales.

COULIER. Description générale des Phares et Fanaux, et Remarques existant sur les places maritimes du globe, à l'usage de la navigation, 4e Edition in-18, 1839. 4 fr.

CROS. THEORIE DE L'HOMME INTELLECTUEL ET MORAL, 2 vol. in-8o, 1836. 12 fr.

CRESPE. Essais sur les Montres à répét., in-8. 5 fr.

D'ARCET. Instruction du Conseil de Salubrité sur la construction des Latrines publiques et sur l'assainissement des Fosses d'aisance, etc., in-4., 1825, avec de très gr. pl. 5 fr.

—— Description d'une salle de bain présentant l'application des perfectionnemens et des appareils accessoires convenables à ce genre de construction, in-4., 1827. 2 fr.

—— NOTE SUR LA PRÉPARATION ET L'USAGE DES PASTILLES ALCALINES DIGESTIVES contenant du bicarbonate de soude, 2e édition 1828. 60 c.

—— LELIEVRE ET PELLETIER. Description de divers procédés pour extraire la soude du sel marin, avec 11 planches représentant d'une manière très détaillée les plans et élévations des ateliers de soudières, les foyers, fourneaux et instrumens nécessaires à la manipulation de la soude, in-4. 6 fr.

—— RAPPORT SUR LA FABRICATION DES SAVONS, sur leurs différentes espèces suivant la matière des huiles et des alcalis qu'on emploie pour les fabriquer, et sur les moyens d'en préparer partout avec les diverses matières huileuses et alcalines que la nature présente suivant les localités, brochure in-4. 3 fr. 50 c.

—— INSTRUCTION sur l'art de séparer le métal des cloches, brochure in-4. avec pl. 3 fr.

DANGER. L'Art du Souffleur à la lampe, ou moyen facile de faire soi-même, à très peu de frais, tous les instrumens de Physique et de Chimie, tels que thermomètres, baromètres, pèse-liqueurs, siphons, etc., au moyen d'un appareil qui remplace avec avantage la table d'émailleur, et offre au moins les cinq sixièmes de diminution de prix; in-12, 1829, avec pl. 2 fr. 50 c.

DÉAL. NOUVEAUX PRINCIPES DE PHILOSOPHIE NATURELLE, déduits d'observations et d'expériences de Physique très faciles à renouveler, et appliqués à la Physiologie universelle, au Magnétisme et à l'Électricité, à la théorie de la Lumière et des Couleurs, ainsi qu'à la théorie de l'Audition, et servant à démontrer qu'il ne peut pas ne point y avoir de mouvement spontané dans la nature, 1832, in-8. avec 2 planches coloriées. 6 fr.

—— Les plus grandes Matières dans le plus petit des Traités, ou Essai sur la destinée des mondes, et sur celle de tous les êtres qui en dépendent; à l'usage des commençans, in-8, 1836 1 fr.

DECROOS. TRAITÉ DES SAVONS SOLIDES, ou Manuel du Savonnier et du Parfumeur, traitant des matières propres à la fabrication du savon du commerce et de toilette, etc., in-8., 1829, avec planches. 8 fr.

DELAISTRE. LA SCIENCE DE L'INGÉNIEUR, divisée en trois parties, où l'on traite des Chemins, des Ponts, des Canaux et des Aqueducs; revue et augmentée par un ingénieur du Corps royal des Ponts-et-Chaussées; 2 vol. in-4., et atlas de 55 pl. 40 fr

DEVELEY. Algèbre d'Émile, nouvelle édition, 1828. 7 f. 50 c.

—— Essai de Méthodologie ou Recherches sur quelques points relatifs à la Méthode considérée dans les Sciences, 1831. 3 fr.

DIDIEZ. PETIT COURS ÉLÉMENTAIRE D'ARITHMÉTIQUE théorique et pratique, à l'usage des commençans, in-18, 1833. 1 fr.

—— TRAITÉ DE GÉOMÉTRIE, in-8. 6 fr.

DIEN. DESCRIPTION ET USAGES DE L'URANOGRAPHIE, dressée sous l'inspection de M. BOUVARD, Astronome, Membre de l'Académie des Sciences et du Bureau des Longitudes; broch. in-8. avec la carte su-

papier grand aigle, parfaitement exécutée. 12 fr.
La position des étoiles est déterminée d'après le nouveau catalogue qui a été réduit à cet effet, par M. Mathon, calculateur du Bureau des Longitudes. 12 fr.

DUBIEF. L'Art d'extraire la fécule des pommes de terre, ses usages dans l'économie domestique, sa conversion en sirop, sucre, vin, eau-de-vie et vinaigre; son emploi dans la fabrication de la bière, du cidre, dans les apprêts, la chapellerie, la boulangerie, les arts chimiques, etc.; avantage que procure cette opération aux cultivateurs; divers emplois remarquables de ses résidus, 1 vol. in-8., avec planches; 1829. 3 fr. 50 c.

DUBREUIL, lieutenant de vaisseau. Manuel de matelotage et de manœuvre, etc., imprimé par ordre du ministre de la marine, 2e édition, 1 vol. in-8°, avec 4 gr. planches, *Paris*, 1838. 6 fr.

DUFOUR (de Genève). Description d'un Pont suspendu en fil de fer, construit à Genève, in-4., fig. 5 fr.

DUFRENOY, ELIE DE BAUMONT, COSTE ET PERDONNET, Ingénieurs des Mines. VOYAGE METALLURGIQUE EN ANGLETERRE, etc, 2 forts vol. in-8, avec atlas de 39 grandes planches et une grande carte géologique de l'Angleterre, de l'Écosse, etc., 1837 et 1839. 50 fr.

DUHAMEL. Cours d'Analyse de l'École Polytechnique, 1re année, in-8, 1841, 5 fr.
—— Cours de 2e année, 1840. 5 fr.

DUPIN (Pair de France, Membre de l'Institut). Rapport sur une Enquête relative à la situation des Routes et des Canaux, br. in-8, 1831. 2 fr.
—— Essai sur l'administration de la marine et des colonies, 1834, gros vol. in-8. 8 fr.
—— DU TRAVAIL DES ENFANTS qu'emploient les ateliers, les usines et les manufactures, considéré dans les intérêts mutuels de la société, des familles et de l'industrie, 1840, in-8. 3 fr.

ÉCOLE CENTRALE DES ARTS ET MANUFACTURES, destinée à former des ingénieurs civils, des directeurs d'usines, des chefs de fabriques et de manufactures, des professeurs de sciences appliquées, etc. Le prospectus se distribue *gratis* à l'école, rue de Thorigny, et chez Bachelier, imprimeur-libraire de cet établissement.

FERRY, Professeur à l'École centrale des Arts et Manufactures. PROCÉDÉ DE LA FABRICATION DU FER; Notice publiée en 1831 par la Société formée dans la Grande-Bretagne pour la propagation des Connaissances usuelles, traduit de l'anglais, in-8., avec planche, 1833, 3 fr.

FONTENELLE. La Pluralité des mondes, avec des remarques et des figures en taille-douce, par Bode, astr. à Berlin, in-8 5 fr.

FOURNIER ET LENORMAND. Essai sur la préparation, la conservation, la désinfection des substances alimentaires, et sur la construction des fourneaux économiques, etc.; 1 vol. in-8 de plus de 650 pages, avec 3 planches. 7 fr. 50 c.

FRANCFORT. Essai analytique de Géométrie plane, première partie, in-4., 1831. 4 fr. 50 c.

FRANCOEUR. L'Enseignement du Dessin linéaire d'après une Méthode applicable à toutes les écoles primaires, etc., 3e édition, in-8, avec atlas. 7 fr. 50 c.

—— ASTRONOMIE PRATIQUE, et usage de la Connaissance des Tems pour les résoudre; ouvrage destiné aux Astronomes, aux Marins et aux Ingénieurs. 2e édit., 1 vol. in-8., 1840. 7 fr. 50 c

—— GÉODÉSIE ou Traité de la figure de la terre et de ses parties, comprenant la topographie, l'arpentage et le nivellement, etc., in-8o, 2e éd., 1839. 7 f. 50

—— Notice sur Plombières et ses eaux thermales, 1839, in-18. 60 c.

FRAY. Essai sur l'origine des Corps organisés et inorganisés, et sur quelques phénomènes de Physiologie animale et végétale, in-8., 1817. 5 fr.

GARIDEL (de), capitaine du Génie. TABLES DES POUSSÉES DES VOUTES, en plein cintre (calculées par M. de Garidel, in-4., 1837. 5 fr.

GASCHEAU. Géométrie descriptive. (Traité des surfaces réglées), in-8. 2 fr. 50 c.

GAUTHIER D'HAUTESERVE. Traité élémentaire sur les Probabilités; 1 vol. in-8. 1834, 3 fr.

GERMAIN (Mlle). Remarques sur les bornes et l'étendue de la question des Surfaces élastiques, etc., in-4. 1 fr. 50 c.

GIAMBONI. ÉLÉMENS D'ALGÈBRE, D'ARITHMÉTIQUE ET DE GÉOMÉTRIE, ou l'Arithmétique et la Géométrie se déduisant des premières notions de l'Algèbre, traduit de l'italien sur la 3e édition, par Roux de Genève, 2 vol. in-8., 1829. 9 fr.

GIROUD et LESPROS. TABLES DES SINUS pour la levée des plans de mines et pour faciliter quelques opérations de Trigonométrie, calculées jusqu'à 100 mètres; un vol. in-8., 1829. 5 fr.

GOURÉ (Edouard), professeur de mathématiques, à Limoges. ÉLÉMENS DE GÉOMÉTRIE ET DE TRIGONOMÉTRIE, suivis d'un précis d'arpentage et de lever des plans, 2e édit. in-8., ouvrage adopté par l'Université pour l'enseignement, 1838. 6 fr.

GUENYVEAU, Ingénieur en chef des mines, etc. NOUVEAUX PROCEDES POUR FABRIQUER LA FONTE ET LE FER EN BARRES, avec des considérations sur la substitution dans les hauts-fourneaux à fer, etc., in-8., 1835. 3 fr. 50 c.

IMBARD. DE LA MESURE DU TEMPS et description de la méridienne verticale portative du temps vrai et du temps moyen pour régler les pendules et les montres, in-18. 1 fr.

JARS. ELEMENS de la Géométrie souterraine pratique et théorique, d'après les leçons de Koenig, inspecteur des mines, etc., in-8. avec 7 pl. 4 fr.

JURGENSEN. PRINCIPES DE L'EXACTE MESURE DU TEMPS PAR LES HORLOGES, ou résumé des principes de construction des Horloges pour la plus courte mesure du temps, etc., in-4°. avec Atlas de 17 pl. gravées par Leblanc, 1838. 25 fr.

— MEMOIRES SUR L'HORLOGERIE EXACTE, contenant des Remarques sur l'Horlogerie exacte, et proposition d'un échappement libre, etc.; in-4., avec 5 pl. gr., 1832. 6 fr. 50.

LACROIX (Membre de l'Institut). Introduction à la connaissance de la Sphère, 1832, in-18, avec deux planches. 1 fr. 25 c.

LAMÉ, Professeur à l'École Polytechnique, et CLAPEYRON. PLAN D'ÉCOLES GÉNÉRALE ET SPÉCIALES pour l'agriculture, l'industrie manufacturière le commerce et l'administration, etc., in-8., 1833, Prix, 3 fr.

— COURS DE PHYSIQUE DE L'ECOLE POLYTECHNIQUE, seconde Édition, revue et augmentée, 3 vol. in-8. 1840. 18 fr.

LAPLACE (marquis de). PRÉCIS DE L'HISTOIRE DE L'ASTRONOMIE, in-8., 1821. 3 fr.

LEBLANC. CHOIX DE MODÈLES appliqués à l'enseignement des machines, vol. in-4. avec atlas de 60 pl. 22 fr.

— Et POUILLET. (*Voyez page* 48)

LEFEBURE DE FOURCY. TRAITÉ DE GÉOMÉTRIE DESCRIPTIVE, 2 vol. in-8., dont 1 de planches. 10 fr.

— TRAITÉ D'ALGÈBRE, 1835. 7 fr. 50 c.

— TRIGONOMÉTRIE, in-8. 2 fr.

LEFEVRE. Application de la Géométrie à la mesure des lignes inaccessibles et des surfaces planes, ou Longiplanimétrie pratique, 1 vol. in-8., 1827. 5 fr.

LENTHERIE, professeur à la Faculté des Sciences de Montpellier. TRIGONOMÉTRIE ET GÉOMÉTRIE ANALYTIQUE, in-8, 1841. 6 fr. 50 c.

LENORMAND et DE MOLÉON. Description des Expositions des Produits de l'Industrie française, faite à Paris, depuis leur origine jusqu'à celle de 1819 ; ouvrage orné de 48 pl., 4 vol. in-8., 1824. 36 fr.

LERICHE (Architecte). TABLES DU PRODUIT cubique des bois de charpente, calculées de décimètre en décimètre depuis 10 centimètres juqu'à 10 mètres de longueur, et depuis 5 centimètres jusqu'à 60 mètres de grosseur, in-4. 5 fr.

LEROY (Professeur à l'École Polytechnique). COURS DE L'ÉCOLE POLYTECHNIQUE. ANALYSE APPLIQUÉE A LA GÉOMÉTRIE DES TROIS DIMENSIONS, contenant les surfaces du 2e ordre, avec la théorie générale des surfaces courbes et des lignes à double courbure ; 2e édit., revue, corrigée et augmentée, in-8., 1835. 5 fr.

—— TRAITÉ ÉLÉMENTAIRE DE GÉOMÉTRIE DESCRIPTIVE, 2 vol. in-4., dont 1 de pl. 20 fr.

LESBROS et PONCELET. (Voyez PONCELET.)

LESCALLIER. Traité pratique du gréement des vaisseaux et autres bâtimens de mer ; 2 vol. in-4., dont 1 de planches et tableaux des dimensions et proportions. 27 fr.

LETERRIER (géom. de prem. classe). METHODE ET TABLE, à l'usage des Géomètres, pour rapporter sans le secours d'autres instrumens que l'échelle et le compas, les angles observés avec le graphomètre et déduits de parallèles ; 1834, in-18 avec une planche. 1 fr.

LHUILLIER. Elémens d'Algèbre, 2 vol. in-8. 12 fr.

—— Élémens d'Analyse géométrique et d'Analyse algébrique, appliqués à la recherche des lieux geométriques, in-4., 1809. 15 fr.

L'HUILLIER et PETIT. Dictionnaire de Marine, espagnol et français, 2 parties in-8. 8 fr.

LIBRI. Histoire des Mathématiques en Italie, tomes I et II, in-8. 16 fr.

L'ouvrage aura 6 volumes.

LIOUVILLE. Membre de l'Institut, professeur à l'École Polytechnique. JOURNAL DE MATHEMATIQUES PURES ET APPLIQUEES, etc. (*Voyez page* 48.)

—— GUIDE PRATIQUE ET MÉMORATIF DE L'ARPENTEUR, particulièrement destiné aux personnes qui n'ont point étudié la Géométrie ; contenant toutes les méthodes nécessaires pour l'arpentage, le levé des plans, l'aménagement des bois, le nivellement, le toisé, etc., etc., suivi de l'exposé d'un nouveau mode d'observer les angles d'une triangulation, 1 gros vol. in-12 avec 18 pl., dont une coloriée, 1833. 6 fr. 50 c.

LOBATTO. Mémoire sur la théorie des caractéristiques Employées dans l'analyse mathématique. *Amst.* 1837, in-4. 15 fr.

— Mémoire sur l'intégration des équations linéaires aux différentielles et aux différences finies. *Amst.*, 1837, in-4. 5 fr.

— Mémoire sur l'intégration des équations linéaires aux différentielles partielles à trois variables. *Amst.*, 1837, in-4. 5 fr.

LOUPOT, Professeur au Collége Bourbon. COURS DE COSMOGRAPHIE ELEMENTAIRE fait au Collége Bourbon en 1837, in-8. avec pl., 1838. 5 fr. 50 c.

LUBBE (Professeur à l'Université de Berlin). TRAITÉ ÉLÉMENTAIRE de Calcul différentiel et de Calcul intégral, trad. de l'allemand par M. Kartscher, 1 vol. in-8, 1832. 7 fr.

MARESTIER Mémoires sur les Bateaux à vapeur des États-Unis d'Amérique, avec un Appendice sur diverses Machines relatives à la Marine, in-4.; l'atlas de 17 pl. in-fol.

MARIE. PRINCIPES DES ÉCRITURES en caractères ordinaires et en caractères moulés, appliqués aux plans et aux cartes, suivis de dix Modèles gravés avec soin, etc., in-4. oblong, 1830. 6 fr.

— GEOMETRIE STEREOGRAPHIQUE, ou reliefs des polyèdres pour faciliter l'étude des corps, en 25 pl. gravées, dont 24 sur carton et découpées, etc., etc., 1835. 8 fr.

MAYER, ancien élève de l'École Polytechnique, chef d'une institution préparatoire pour cette École, et CHOQUET, professeur de Mathémat. TRAITÉ ÉLÉMENTAIRE D'ALGEBRE, in-8., 3me édit., 1841. 7 fr. 50 c.

MAZURE-DUHAMEL. Construction et usage de quelques tables particulières pour abréger les calculs d'Astronomie nautique, vol. in-4., 1825. 3 fr. 50 c.

MONGE (G.), ancien Sénateur, Membre de l'Institut. GÉOMÉTRIE DESCRIPTIVE, 6e édition, augmentée d'une théorie des Ombres et de la Perspective, extraite des papiers de l'Auteur, par M. BRISSON, ancien élève de l'École Polytechnique, Ingénieur en chef des Ponts-et-Chaussées, 1 vol. in-4. avec 28 pl., 1837. 12 fr.

— TRAITÉ ÉLÉMENTAIRE DE STATIQUE à l'usage des Écoles de la Marine, in-8., 6e édit. rev. par M. Hachette, ex-Instituteur de l'École Polytechnique. Ouvrage adopté par l'Université pour l'enseignement dans les Lycées. 4 fr.

MONTGÉRY. Règles de Pointage à bord des vaisseaux, etc., avec deux tableaux de pointage, 2e édit., 1832. 5 fr. 50 c.

MONTUCLA. HISTOIRE DES RECHERCHES sur la Quadrature du Cercle; nouvelle édition avec des Notes, par S.-L. (M. LACROIX) de l'Institut, 1 vol. in-8., 1830, avec figures. 6 fr.

MORIN, Capitaine d'artillerie. NOUVELLES EXPÉRIENCES SUR LE FROTTEMENT, faites à Metz en 1831, 1832 et 1833, 3 v. in-4., avec 23 gr. pl., 30 fr.

Le 3me volume se vend séparément 10 fr.

NICEVILLE. MÉMOIRE SUR L'UTILITÉ DES TARARES DANS LA FABRICATION DES FARINES, suivi d'un traité sur les moulins à blé et sur les roues hydrauliques, etc. broch. in-4., avec une pl. 3 fr.

NICOLLET et REYNAUD (*Voyez* REYNAUD ci-après.)

ODDI. RECHERCHES MÉCANIQUES SUR LA THÉORIE DU TIRAGE DES VOITURES, ou application des principes de la Mécanique à cette même théorie, etc., in-8. 1 fr. 50.

ORDONNANCE DU ROI sur le service des Officiers, des Élèves et des Maîtres à bord des bâtimens de la Marine royale, 1 vol. in-8, avec un grand nombre de tableaux et de modèles, 1827 (*Imprimerie royale*). 6 fr.

PAIXHANS (Lieutenant-colonel d'artillerie). FORCE ET FAIBLESSE MILITAIRES DE LA FRANCE. Essai sur la question générale de la défense des États et sur la guerre défensive en prenant pour exemples les frontières actuelles et l'armée de France; 1830, 1 vol. in-8., grand papier vélin 7 fr. 50 c.
et de l'influence politique des Grecs du Fanal. in-8., 1822. 3 fr.

— DE LA DÉFENSE DE PARIS, in-8. 1834 avec un plan colorié. 5 fr.

PAMBOUR (G. DE), ancien élève de l'Ecole Polytechnique, etc. TRAITÉ THÉORIQUE ET PRATIQUE DES MACHINES LOCOMOTIVES, ouvrage destiné à faire connaître le mode de construction, le jeu de ces machines et leur emploi pour le transport des fardeaux; à donner les moyens de calculer à vue de la machine, les vitesses auxquelles elle conduira des charges déterminées et les services qu'elle pourra rendre en toute circonstance; à fixer les proportions qu'il convient d'adopter dans la construction pour en obtenir des effets voulus; à faire connaître sa consommation d'eau et de combustible, etc., recherches basées sur un grand nombre d'expériences en grand, exécutées dans la pratique ordinaire sur des machines différentes et avec des trains considérables de voitures, in-8. avec 4 grandes planches, 2e édit., revue, corrigée et considérablement augmentée, 1840. 10 fr.

— THÉORIE ANALYTIQUE DE LA MACHINE A VAPEUR, ouvrage démontrant l'inexactitude des méthodes ordinaires, au moyen desquelles on cherche à évaluer les effets ou les proportions des Machines à vapeur ; et contenant, pour les Machines stationnaires ou locomotives à haute ou à basse pression, avec ou sans détente et avec ou sans condensation, une série de formules propres à déterminer analytiquement la vitesse que prendra la machine sous une résistance fixée; la charge qu'elle pourra mettre en mouvement à une vitesse connue; la vaporisation dont elle doit être capable pour satisfaire à des conditions prescrites; les effets utiles qu'elle produira, tant à une vitesse fixée qu'à sa vitesse de maximum d'effet évalués en forces de chevaux ou en poids élevé à une hauteur donnée dans l'unité de temps; l'effet utile résultant de la consommation d'une quantité connue d'eau ou de combustible; etc., in-8°. 1838. 7 fr. 50 c.

PASCAL. COURS DE GEOMETRIE, in-8., 1835. 7 fr.

PLANCHE. Cahiers de Géométrie élémentaire, pour servir de complément aux Traité de Legendre, 1er et 2e cahier. 3 fr.

PLANCHE et CHRISTIAN. Cours de Cosmographie à l'usage des Colléges royaux et communaux, des écoles secondaires, rédigé d'après le programme de l'Université. 5 fr.

POISSON, membre de l'Académie des Sciences.

— FORMULES RELATIVES AUX EFFETS DU TIR sur les différentes parties de l'affût, 2e édition, 1838, br. in-8., avec une grande planche. Tirée à un petit nombre d'exemplaires. 3 fr.

Nota. Cet opuscule manquant dans le commerce, on en a fait une réimpression à laquelle on a joint deux notes d'un ancien professeur à l'Ecole de Metz.

— RECHERCHES SUR LE MOUVEMENT DES PROJECTILES DANS L'AIR, en ayant égard à leur figure et à leur rotation, et à l'influence du mouvement diurne de la terre, in-4. 1839. 1[illegible] fr.

PONCELET et LESBROS. EXPÉRIENCES HYDRAULIQUES SUR LES LOIS DE L'ÉCOULEMENT DE L'EAU A TRAVERS LES ORIFICES RECTANGULAIRES VERTICAUX A GRANDES DIMENSIONS, entreprises à Metz, d'après les ordres du Ministre de la Guerre, sur la proposition de M. le général Sabatier, Inspecteur du Génie, Commandant en chef de l'École d'application de l'Artillerie et du Génie; 1 vol. in-4 avec 7 grandes pl. gravées avec soin ; Paris, Imprimerie royale, 1832. 14 fr

— Théorie des effets mécaniques de la Turbine

Fourneyron, in-4. 1838. 1 fr. 60 c.

PONTÉCOULANT (G. de). THÉORIE ANALYTIQUE DU SYSTÈME DU MONDE; 3 vol. in-8., 1829 et 1835. 30 fr.

— — Le TOME 3e, 1835, et le supplément, se vendent séparément 14 fr. 50 c.

—— Le TOME 4e est sous presse.

—— NOTICE sur la comète de Halley et sur son retour en 1835, vol. in-18, 8135. 2 fr.

PERRONET. MÉMOIRE SUR UNE NOUVELLE MANIÈRE D'APPLIQUER LES CHEVAUX AU MOUVEMENT DES MACHINES, en employant de plus leur poids et celui de leur conducteur; 2e édition 1834, in-4., avec une planche. 3 fr

PIERRE (I.-J.), professeur de Mathématiques et de Physique. EXERCICES SUR LA PHYSIQUE, ou Recueil de QUESTIONS, de PROBLÈMES et D'ÉCLAIRCISSEMENS pour les différentes parties de cette science, avec les SOLUTIONS, etc., in-8., avec fig., 1838.

PRONY (Baron de), Pair de France, membre de l'Académie. Leçons de mécanique analytique, données à l'École Polytechnique, 2 vol. in-4. 1815. 30 fr.

— — Mémoire sur un moyen de convertir les mouvements circulaires continus en mouvements rectilignes, dont les allées et venues sont d'une grandeur arbitraire, 2e édit., 1839, in-4. avec 2 planches. 3 fr.

PUISSANT. Supplément au Traité de Géodésie, contenant de nouvelles remarques sur plusieurs questions de Géographie mathématique, et sur l'Application des Mesures géodésiques et astronomiques à la détermination de la Figure de la Terre, etc., in-4., 1827. 7 fr. 50 c.

QUETELET. SUR L'HOMME ET LE DÉVELOPPEMENT DE SES FACULTÉS, ou Essai de Physique sociale, 2 vol. in-8, avec pl., 1835. 15 fr.

QUILHET, Ingénieur civil, ancien élève de l'École Polytechnique. Expériences sur la force et les propriétés du Fer malléable relativement à son emploi pour les barres de *Railways*, traduit de l'anglais de *Barlow*, in-8, avec 1 pl. 1838. 3 fr. 50 c.

RABUTÉ. TARIF GÉNÉRAL du poids spécifique des métaux (du fer, du cuivre, du plomb, de l'étain et du zinc) employé en grand dans l'architecture et la mécanique, 2e édition, 1841. 5 fr.

REYNAUD. PETIT TRAITÉ ÉLÉMENTAIRE D'ARITHMÉTIQUE, 2 parties, 1 volume in-12, 1835. 3 fr. 50 c.

Chaque partie se vend séparément 2 fr.

—— THÉORÈMES ET PROBLÈMES DE GÉOMÉTRIE, suivis de la théorie des plans et des préliminaires de la Géométrie descriptive, comprenant partie exigée pour l'admission à l'Ecole Polytechnique, etc., servant de notes à la géométrie de Bezout, etc., 10e édit. 1838, avec 21 planches. 5 fr.

— — THÉORIE du plus grand commun Diviseur et de l'Élimination, précédé de la Règle des Signes de Descartes, br. in-8., 1833, 2 fr.

REYNAUD et NICOLLET, Examinateurs pour la Marine. COURS DE MATHÉMATIQUES a l'usage des Écoles royales de Marine et des aspirans a ces Écoles; 3 vol. in-8., 1830. Chaque vol. se vend séparément.

Le 1er contenant l'Arithmétique et l'Algèbre, *épuisé*.

Le 2e, contenant la Géométrie, la Trigonométrie rectiligne, la Trigonométrie sphérique et applications diverses. 7 fr.

La 3e partie, contenant la Statique appliquée à l'équilibre des principales Machines employées sur les vaisseaux, par M. Gerono, in-8., 1828. 5 fr.

SEGONDAT. Traité général de la Mesure des Bois, contenant : 1° celui de la mesure des bois équarris, avec le Tarif de la réduction en pieds cubes; 2° celui de la mesure des bois ronds, avec le Tarif de la réduction en pieds cubes; 3° celui de la mesure des mâts et de leurs excédans, avec le Tarif de la réduction en pieds cubes; 4° celui de la mesure du sciage des bois, avec le Tarif de la réduction en pieds carrés; 5° celui de la recette des bois, avec le Tarif de l'appréciation des pièces de construction, et les figures desdites pièces; 6° enfin les Tables pour convertir les pieds, pouces et lignes en mètres, et les pieds cubes et cordes de bois en stères; 2 vol. in-8., nouvelle édition, revue et corrigée, 1829. 8 fr.

SUZANNE. Le Guide du Mécanicien, ou Principes fondamentaux de Mécanique expérimentale et théorique, appliqués à la composition et à l'usage des Machines, 2 vol. in-8, dont un de planches. 20 fr.

TABLES DE MULTIPLICATION à l'usage des géomètres et des ingénieurs-vérificateurs du Cadastre, in-4, 15 fr.

TABLES DE LA DÉCLINAISON DU SOLEIL. 2 fr.

TREUIL. Essai de Mathématiques, in-8. 2 fr.

TACTIQUE NAVALE à l'usage de la marine française, Imprimerie royale, in-4., 1832. 2 fr. 50 c.

THIERRY. MÉTHODE GRAPHIQUE ET GÉOMÉTRIQUE, ou le DESSIN LINÉAIRE APPLIQUÉ AUX ARTS EN GÉNÉRAL, et particulièrement à la *Coupe des pierres*. -- A la *Projection des ombres*. -- A la *Pratique de la coupe des pierres*. -- A la *Perspective linéaire*. -- Et aux *cinq ordres d'Architecture*. 1832, in-4. oblong de 104 pages de texte et de 50 planches. 10 fr.

TOALDO. ESSAI METEOROLOGIQUE sur la véritable influence des astres, des saisons, des changemens de temps; trad. de l'italien par D'Aquin, in-4. (*rare.*) 15 fr.

VALLÉE, *Inspecteur divisionnaire des Ponts-et-Chaussées.* TRAITÉ DE GÉOMÉTRIE DESCRIPTIVE, SECONDE ÉDITION revue, corrigée et augmentée, et mise à la portée des personnes qui n'ont étudié que la Géométrie élémentaire, vol. in-4. avec un atlas de 67 épures. 2e édit. 20 fr.

— TRAITÉ DE LA SCIENCE DU DESSIN, contenant la théorie générale des ombres, la perspective linéaire, la théorie générale des images d'optique et la perspective aérienne appliquée au lavis, et pour faire suite à la géométrie descriptive, 2e édition, revue et augmentée, 1838. 1 vol. in-4. et atlas de 56 pl. 20 fr.

— TRAITÉ DE LA COUPE DES PIERRES, 1 vol. in-4. (*Sous presse.*)

Cet ouvrage sera composé de dix Livres, du prix de 2 fr. 50 c. chacun: deux seulement sont publiés. 5 fr.

— LETTRE à M *Urbain Sartoris.*

— AMÉLIORATIONS à introduire dans les Ponts-et-Chaussées, no 1.

— DE L'ALIÉNATION des canaux, no 2, faisant suite à l'écrit précédent.

— DES VOIES DE COMMUNICATION considérées sous le point de vue de l'intérêt public, no 3, faisant suite à l'écrit précédent.

— CONCESSION des chemins de Paris en Belgique, no 4. faisant suite à l'écrit précédent.

— MÉMOIRE sur les réservoirs d'alimentation des canaux, extrait, revu et corrigé, des *Annales des Ponts-et-Chaussées.*

— EXPOSÉ GÉNÉRAL des études faites pour le tracé des chemins de fer de Paris en Belgique et en Angleterre et d'Angleterre en Belgique.

— DE TROIS LOIS à faire sur les travaux publics.

VÈNE, Chef de bataillon du génie. PRÉCIS théorique et pratique sur les forces industrielles, et notamment sur les Machines à vapeur, etc., in-4. 1838. 5 fr.

VIOLLE. TRAITÉ COMPLET DES CARRÉS MAGIQUES, 2 vol. in-8. avec atlas. 30 fr.

Journaux scientifiques et ouvrages publiés par souscription.

JOURNAL DE MATHÉMATIQUES PURES ET APPLIQUÉES, ou Recueil mensuel de Mémoires sur les diverses parties des Mathématiques, par J. LIOUVILLE, Membre de l'Institut, professeur à l'École Polytechnique.

Il paraît régulièrement un numéro par mois, de 32 à 48 pages in-4°.

Prix de l'abonnement, par an, pour Paris. 30 fr.
Pour les départemens. 35
Pour l'étranger. 40

Ce Recueil a commencé à paraître en 1836.

COMPTES RENDUS HEBDOMADAIRES DES SÉANCES DE L'ACADÉMIE DES SCIENCES, publiés conformément à une Décision de l'Académie, en date du 18 juillet 1835 ; par MM. ARAGO et FLOURENS, Secrétaires perpétuels.

Ces Comptes Rendus paraissent régulièrement tous le samedis, en un cahier de 24 à 80 pages.

Le prix de la souscription, par an, est *franco* de 20 fr. pour Paris; pour les départemens 32 fr.; et pour l'étranger 44 fr.

JOURNAL DE L'ÉCOLE POLYTECHNIQUE, par MM. Lagrange, Laplace, Monge, Prony, Fourcroy, Berthollet, Vauquelin, Lacroix, Hachette, Poisson, Dulong, Sganzin, Guyton-Morveau, Barruel, Legendre, Haüy, Malus, Petit, Ampère, Biot, Thenard, Lefrançais, Binet, Dupin, etc., 29 cahiers en 27 vol. in-4, avec des planches. Prix : 250 fr. 50 c. Divers cahiers se vendent séparement. *Voyez* page 22. Il paraît chaque année un cahier. LE 28me *est sous pr.*

PORTEFEUILLE INDUSTRIEL DU CONSERVATOIRE DES ARTS ET METIERS. Recueil périodique contenant la description des machines, appareils, instrumens et outils employés dans l'agriculture, et dans les différens genres d'industrie, par MM. POUILLET, professeur administrateur du Conservatoire, etc., et LE BLANC, professeur conservateur des collections, publié mensuellement par livraisons de 4 pl. avec le texte nécessaire à leur explication. Prix 24 et 28 fr. franco.

ANNALES DE L'INDUSTRIE NATIONALE ET ÉTRANGÈRE, ou MERCURE TECHNOLOGIQUE, recueil de Mémoires sur les Arts et Métiers, les Manufactures, le Commerce, l'Industrie, l'Agriculture, etc. ; et J.-G.-V. de MOLÉON, commencées en 1820 et terminées en 1826 inclusivement ; 28 v. in-8. 210 f. Les années, vol. et numéros, se vendent séparément.

JOURNAL DE PHYSIQUE, DE CHIMIE, D'HISTOIRE NATURELLE ET DES ARTS, in-4., par feu J.-C. DELAMÉTHERIE, et continué par M. H. DE BLAINVILLE, Docteur en Médecine de la Faculté de Paris, Professeur de Zoologie, d'Anatomie et de Physiologie comparées, etc., etc., 96 vol. in-4.

Le prix de chacun des volumes, depuis le tome 50 jusqu'au tome 96 inclusivement, est de 20 fr. ; ceux antérieurs ne coûtent que 15 fr. Le prix de chaque numéro est de 5 fr.

ANNALES DE MATHÉMATIQUES PURES ET APPLIQUÉES ; ouvrage périodique, rédigé par M. J.-D. GERGONNE, Professeur de Mathématiques transcendantes à la Faculté des Sciences de Montpellier, Secrétaire de la Faculté des Lettres, Membre de l'Académie du Gard, et Associé de celle de Nancy.

Les volumes, qui ont paru jusqu'au 30 juin 1831, sont au nombre de 21. Chaque vol. se vend sépar: 18 f.

Cet ouvrage renferme une grande quantité de Mémoires curieux et intéressans sur les Mathématiques et toutes les parties qui en dépendent.

JOURNAL für die reine und andgewandte mathematik in zwanglosen heften, herausgegeben von S.-L. CRELLE, mit thatiger beforderung hoher kœnisglich-preussicher behœrden. JOURNAL DE MATHÉMATIQUES PURES ET APPLIQUÉES, publié à Berlin, sous les auspices du gouvernement, par M. CRELLE, membre de l'Académie royale des Sciences, conseiller intime du roi de Prusse.

Il paraît chaque année au moins un volume, d'environ 50 à 60 feuilles in-4., avec pl. Le prix de chaque vol., franc de port pour toute la France, est de 25 f.

Il a déjà paru 18 volumes.

ASTRONOMISCHE NACHRICHTEN, herausgegben von H. C. Schumacher. *Nouvelles astronomiques*, publiées par M. Schumacher.

Prix de la souscription par an,

Franco pour Paris, 20 f.

——— pour les départemens, 25 fr.

CORRESPONDANCE MATHÉMATIQUE ET PHYSIQUE, publiée par M. QUETELET, Professeur à l'Athénée royal et au Musée des Sciences et des Lettres de Bruxelles, etc., 8 vol. in-8°, qui se vendent séparément. 19 fr.

ANNALES MARITIMES ET COLONIALES, contenant ce qui a paru depuis 40 ans de plus intéressant sur la Marine et les Colonies, publiées avec l'approbation de S. Exc. le Ministre de la Marine et des Colonies, par M. BAJOT, Commissaire de Marine, Membre de la Légion-d'Honneur. Prix: 25 fr.

Franc de port pour la France, 35 fr.

pour l'étranger, 45 fr.

Il paraît un cahier par mois.

Il reste encore quelques Collections complètes de ce Journal, depuis 1816. Prix de chaque année, de 1816 à 1840 inclusivement, 30 fr.

SOUS PRESSE.

APPLICATION DE L'ANALYSE à la Géométrie; par MONGE, cinquième édition, revue et annotée par M. LIOUVILLE, Membre de l'Académie des Sciences, professeur d'analyse à l'École Polytechnique; in-4.

CONNAISSANCE DES TEMPS pour 1844.

TRAITÉ ÉLÉMENTAIRE DE MÉCANIQUE APPLIQUÉE AUX SCIENCES PHYSIQUES ET AUX ARTS, par G. BRESSON.

Cet Ouvrage sera divisé en deux parties;

La première partie formera 1 vol. in-4. d'environ 80 feuilles avec 16 planches doubles; il contiendra les élémens de Statique et de Dynamique; le résumé des expériences sur la force des hommes et des chevaux, considérés comme moteurs; la résistance des bois et des métaux; le frottement, la raideur des cordes et les freins; des détails sur la construction des machines et les engrenages.

La deuxième partie, en 1 volume in-4. d'environ 50 feuilles avec 20 planches doubles, contiendra l'Hydrostatique et l'Hydrodynamique, les principales Machines hydrauliques, telles que les roues hydrauliques, la Machine à colonne d'eau, la Presse hydraulique, etc., et les Machines à vapeur.

La théorie sera exposée d'après les principes de Mathématiques, avec tous les exemples nécessaires pour les rendre intelligibles aux personnes qui n'ont étudié que les premiers élémens de ces sciences.

Les principales opérations de la Mécanique pratique seront décrites d'après les observations recueillies pendant les cinq dernières années, en visitant les établissemens dans lesquels ont été construites les meilleures Machines en activité dans les usines et les manufactures.

Les Machines représentées dans les planches sont dessinées sur échelles, avec les détails nécessaires pour en donner une connaissance exacte.

LEÇONS ÉLÉMENTAIRES DE MATHÉMATIQUES, par *Lacaille*, revues et augmentées par MARIE; SIXIÈME ÉDITION.

TRAITÉ DE GÉODÉSIE, ou Exposition des méthodes trigonométriques et astronomiques applicables soit à la confection des cartes et des plans topographiques; par M. PUISSANT, Membre de l'Académie des Sciences, Colonel d'État-Major. TROISIÈME ÉDITION, revue et augmentée, 2 vol. in-4.

Imprimerie de BACHELIER, rue du Jardinet, n° 12.

www.ingramcontent.com/pod-product-compliance
Ingram Content Group UK Ltd.
Pitfield, Milton Keynes, MK11 3LW, UK
UKHW012017240726
13965UKWH00002B/411

9 782013 575201